世纪英才中职项目教学系列规划教材（电工电子类专业）

机械常识与钳工技术基本功

雍照章 主 编

人 民 邮 电 出 版 社
北 京

图书在版编目（CIP）数据

机械常识与钳工技术基本功 / 雍照章主编. -- 北京
: 人民邮电出版社, 2010.10
（世纪英才中职项目教学系列规划教材. 电工电子类
专业）
ISBN 978-7-115-23193-2

Ⅰ. ①机… Ⅱ. ①雍… Ⅲ. ①机械学－专业学校－教
材②钳工－专业学校－教材 Ⅳ. ①TH11②TG9

中国版本图书馆CIP数据核字(2010)第115360号

内容提要

本书共包括锯割工件、锉削工件、加工工件孔、加工工件螺纹、按图纸要求加工工件、装配简单机械、维修简单机械7个项目，每个项目中又有若干个任务，可以帮助学生更快地掌握各学习内容。本书以能力为本位、以职业实践为指引、以项目为载体，实行专业课程综合化、理论和实践一体化的编写方式，按钳工基本技能的逻辑顺序编排，相关机械知识有机地贯穿其中。理论学习和实践操作同步进行，让使用者在学习钳工技能的过程中掌握相应的机械知识。

本书主要为电工电子类专业编写，适用于非机类相关专业，也可为机械、机电类专业的学生及相关人员所用，尤其可作为自学教材。

世纪英才中职项目教学系列规划教材（电工电子类专业）

机械常识与钳工技术基本功

◆ 主　　编　雍照章
　责任编辑　丁金炎
　执行编辑　洪　婕

◆ 人民邮电出版社出版发行　　北京市崇文区夕照寺街14号
　邮编　100061　　电子函件　315@ptpress.com.cn
　网址　http://www.ptpress.com.cn
　北京铭成印刷有限公司印刷

◆ 开本：787×1092　1/16
　印张：13.75
　字数：306千字　　2010年10月第1版
　印数：1－3 000册　　2010年10月北京第1次印刷

ISBN 978-7-115-23193-2

定价：25.00元

读者服务热线：(010)67132746　印装质量热线：(010)67129223
反盗版热线：(010)67171154
广告经营许可证：京崇工商广字第0021号

世纪英才中职项目教学系列规划教材

编 委 会

丛书前言

2008 年 12 月 13 日，教育部“关于进一步深化中等职业教育教学改革的若干意见”【教职成〔2008〕8 号】指出：中等职业教育要进一步改革教学内容、教学方法，增强学生就业能力；要积极推进多种模式的课程改革，努力形成就业导向的课程体系；要高度重视实践和实训教学环节，突出“做中学、做中教”的职业教育教学特色。教育部对当前中等职业教育提出了明确的要求，鉴于沿袭已久的“应试式”教学方法不适应当前的教学现状，为响应教育部的号召，一股求新、求变、求实的教学改革浪潮正在各中职学校内蓬勃展开。

所谓的“项目教学”就是师生通过共同实施一个完整的“项目”而进行的教学活动，是目前国家教育主管部门推崇的一种先进的教学模式。“世纪英才中职项目教学系列规划教材”丛书编委会认真学习了国家教育部关于进一步深化中等职业教育教学改革的若干意见，组织了一些在教学一线具有丰富实践经验的骨干教师，以国内外一些先进的教学理念为指导，开发了本系列教材，其主要特点如下。

（1）新编教材摒弃了传统的以知识传授为主线的知识架构，它以项目为载体，以任务来推动，依托具体的工作项目和任务将有关专业课程的内涵逐次展开。

（2）在“项目教学”教学环节的设计中，教材力求真正地去体现教师为主导、学生为主体的教学理念，注意到要培养学生的学习兴趣，并以“成就感”来激发学生的学习潜能。

（3）本系列教材内容明确定位于“基本功”的学习目标，既符合国家对中等职业教育培养目标的定位，也符合当前中职学生学习与就业的实际状况。

（4）教材表述形式新颖、生动。本系列教材在封面设计、版式设计、内容表现等方面，针对中职学生的特点，都做了精心设计，力求激发学生的学习兴趣，书中多采用图表结合的版面形式，力求学习直观明了；多采用实物图形来讲解，力求形象具体。

综上所述，本系列教材是在深入理解国家有关中等职业教育教学改革精神的基础上，借鉴国外职业教育经验，结合我国中等职业教育现状，尊重教学规律，务实创新探索，开发的一套具有鲜明改革意识、创新意识、求实意识的系列教材。其新（新思想、新技术、新面貌）、实（贴近实际、体现应用）、简（文字简洁、风格明快）的编写风格令人耳目一新。

如果您对本系列教材有什么意见和建议，或者您也愿意参与到本系列教材中其他专业课教材的编写，可以发邮件至 wuhan@ptpress.com.cn 与我们联系，也可以进入本系列教材的服务网站 www.ycbook.com.cn 留言。

丛书编委会

前言

Foreword

本书是“世纪英才中职项目教学系列规划教材”之一，在编写过程中，编者注重了以下几个方面。

一、以学生发展为本，编写理论和实践一体化教材

本书注重引导学生自主、自觉、更好、更快地发展。一是把握中职学生的特点，不断激发学生的学习热情；二是充分考虑学生的学业基础实情，用学生能够接受的、形象化的方式呈现理论知识，尽量让学生学得进；三是根据学生在开始学技能时尚有“做中学”的愿望，编写理论和实践一体化教材，并逐步引导学生进行研究性学习，在各项目、各任务学习中体现学生的主体意识，着力使学生学得好；四是不但对学生进行学法指导，还注意指导教师如何教好学生，由教师来“导”学生，使学生、教师共同发展。

二、以实践为导向，开发项目课程教材

第一，本书内容都来自企业实际。以企业专家进行工作任务分析确定的职业能力为基础，确定课程结构；依据职业实践，细化课程目标；依据提炼的企业工作来编写项目课程内容；模拟企业运行，实施项目课程；反映企业的需求和发展趋势，体现新标准、新材料、新工艺及企业管理新理念。第二，在编写过程中，本书力求在企业人才需求、学校培养目标和学生实际水平间找到“公共面”。第三，本书经过了一轮试用，取得了很好的效果，学生、教师、学校的评价都很高。在此基础上，编者综合采纳各方面的建议，认真修改实验稿为本书。

三、充分利用各种课程资源

本书注意开发利用从日常生活到课堂、从课内到课外、从学校到企业、从教师和学生到企业师傅和工程技术人员等各式各样的课程资源；同时，对于互联网上越来越多的有关本课程的优质资源，本书也注意充分利用。

四、教材使用的专业性与广泛性

本书主要为电工电子类专业编写。在编写过程中，也考虑到教育部新颁布的非机类相关专业的《中等职业学校机械常识与钳工实训教学大纲》和机械类与工程类相关专业的《中等职业学校金属加工与实训教学大纲》（钳工实训）中的相关内容，所以本书适用于非机类相关专业，也可供机械、机电类专业的学生及相关人员选用，尤其可作为自学教材。书中标“※”的为选学内容。

本书内容学习导图如下表所示。

任　　务	首次出现的基本技能	首次出现的基本知识
开篇导学（4学时）		
课程简介	拆装台虎钳 本课程学习方法	钳工简介 几个基本的机械概念 台虎钳工作原理
项目一　锯割工件（12学时）		
任务一 锯割圆柱工件	工件划线 夹持工件 安装锯条 锯削工件 测量长度尺寸 检测平面度	图线、尺寸标注方法 平面度简介 游标卡尺、高度游标卡尺、钢直尺 划线平台、划针、划规、划线盘 锯条规格、锯路、锯齿粗细及选择 锯条损坏的形式、原因及应采取的措施
任务二 锯割六角钢	平面划线 立体划线	三视图的形成及投影规律
任务三 锯割深缝工件	平行线、垂直线、圆弧线划法 打样冲眼 棒料、管子、薄板料的锯削方法 使用手持式电动切割机	尺寸公差的概念
项目二　锉削工件（20学时）		
任务一 锉削长方体铸铁	安装锉刀柄、锉削工件 使用与保养锉刀	锉刀 常用工程材料
任务二 锉削有平面度要求的工件	平面不平的形式、原因与改进措施	形位公差的基本概念
任务三 锉削有垂直度要求的工件	检查工件的垂直度 工件倒角与倒棱	形位公差的特征项目及其符号 形位公差的标注方法
任务四 锉削有平行度要求的工件	使用百分表 检测平行度	形位误差的检测原则 形位误差的评定准则
任务五 锉削有尺寸精度要求的工件	使用电动角向磨光机及抛光机	形状公差及公差带 位置公差及公差带
项目三　加工工件孔（13学时）		
任务一 工件钻孔	使用台钻、立钻、摇臂钻床 使用手电钻、装夹钻头 装夹工件 钻孔	麻花钻钻头、装夹钻头的工具 分析钻削运动 选择切削液与切削用量 分析钻削废品和钻头损坏的原因 带传动、链传动

续表

任　务	首次出现的基本技能	首次出现的基本知识
任务二 工件铰孔	扩孔 铰孔	尺寸公差初步知识 铰刀的种类及结构特点 选择铰孔切削液与铰削用量 铰孔常见缺陷分析
※任务三 工件锪孔	刃磨钻头 使用与保养砂轮机 锪孔	视图、剖视图 锪孔钻的种类及结构特点 注：如果不选本任务，刃磨钻头、使用与保养砂轮机的技能以及视图、剖视图的知识，必须并入本项目的任务一、任务二中学习
项目四　加工工件螺纹（8 学时）		
任务一 在工件上攻螺纹	使用丝锥和铰杠 确定钻孔直径、选择钻头 攻螺纹 攻螺纹时切削液的选用 从螺孔中取出断丝锥	螺纹的形成和种类 螺纹的主要参数 常用螺纹的特点及应用 螺纹代号与标记
任务二 在工件上套螺纹	使用板牙和板牙架 确定套螺纹前圆杆直径 套螺纹	螺纹的规定画法 螺纹连接件及其画法 螺旋传动
项目五　按图纸要求加工工件（35 学时）		
任务一 制作凸形块	使用千分尺	对称度
任务二 制作工形板	錾削	—
任务三 制作 E 形板	—	线轮廓度
任务四 制作角度样板	使用万能游标角度尺	断面图
任务五 锉配凹凸体	锉配修正、使用塞尺 维护与保养量具	—
任务六 制作小锤	—	零件图的内容 识读典型零件图
项目六　装配简单机械（10 学时）		
任务一 装配简单机床夹具	螺纹连接的装配技术	装配工艺过程及规程

续表

任　务	首次出现的基本技能	首次出现的基本知识
任务二 装配一级齿轮减速器	部件装配技术 预装零件 分组件装配 总装配 装配检验与调整 空运转试车	装配图的内容 识读装配图 一些机械常用件标准件的表示方法 齿轮传动 常用起重设备及其安全操作规程 表面处理与油漆简介 设备的润滑、密封与治漏
※项目七　维修简单机械（10 学时）		
任务一 修理 Z525 立式钻床	拆卸设备 使用电磨头	设备修理的类别、方法及设备的检查 设备修理过程、修理与起吊安全 设备磨损零件的修换标准和更换原则 立式钻床的一级保养

本书各任务后的“成绩评定”，都以达到全部技术要求作为满分（100 分）。企业进行产品检测，只有“合格”与“不合格”两种结论，达到全部技术要求的产品是合格品，否则就是废品。本书在进行基本功训练时也是这样，只有加工的工件、零件达到全部技术要求，才算达到了训练要求，否则要补训。学习本课程与学习其他课程不同，成绩评定得到 60 分也不能过关。成绩评定的总得分越高，说明越接近要求。

本书由雍照章主编，顾为鹏、卞建俊、周勇参编。在此向参与课程开发的各位专家和参与本书实验的苏中地区的学校和教师表示感谢。课程改革需要学校、教师、学生等方方面面的共同努力，编者恳切希望各位读者能够对此书提出批评和建议、对课程改革提出各自的见解，使课程改革取得更好的效果。对于本书存在的不足之处，有任何意见或建议请发电子邮件到 txzjyqs@163.com，我们来共同探讨课程改革。

编　者

目录

Contents

开 篇 导 学

本课程是专门为非机械类相关专业设计的一门专业基础课程。与机械专业本科相比，它强调的是钳工技术基本功，学习的重心是实作训练。本课程操作实践和理论学习同步进行，要求学生在学习钳工技能的过程中掌握相应的机械知识。

一、机械钳工对应的工作

机械设备都是由若干零件组成的，这些零件大部分是用金属材料制成的，并且大多需要经过机械切削加工。钳工是机械加工的基础工种，大多用手工工具在台虎钳上进行操作。钳工主要工作内容见表 0-1。

表 0-1　钳工主要工作

工作种类	工作内容
加工零件	一些采用机械方法不适宜或不能解决的加工，可由钳工来完成。如零件加工过程中的划线，精密加工，检验（如刮削、研磨精密的导轨面和轴瓦等）
装配	把零件按机械设备的各项技术要求装配成合格的机械设备
维修设备	维护机械正常运行，修理机械设备故障
制造和修理工具	制造和修理各种工具、夹具、量具、模具及各种专用设备

二、钳工技术基本功

钳工尽管专业分工不同，但都必须掌握好钳工的各项基本操作技能。钳工基础训练内容见表 0-2。基本操作技能是钳工专业技能的基础，因此必须熟练掌握，才能在今后工作中运用自如。

1．钳工基础训练内容（见表 0-2）

表 0-2　钳工基础训练内容

名称	内容
钳工入门	熟悉钳工工作场地的常用设备，了解钳工的特点，掌握钳工安全文明操作规程
常用量具	了解常用量具的类型及长度单位基准，掌握量具选用与维护方法
划线	了解划线种类，熟悉划线工具及其使用方法；掌握基本线条划法，能进行一般零件的平面划线
锯削	能使用手锯或手持式电动切割机，掌握锯削板料、棒料及管料的方法和要领
锉削	了解锉刀的结构、分类和规格，会正确选用常用锉削工具、电动角向磨光机及抛光机等；掌握平面锉削的方法，会锉削简单平面立体
钻孔	了解钻床、钻头的结构，会操作台钻和手电钻；熟练掌握钻头的装卸方法，能在工件上钻孔
攻螺纹	了解攻螺纹工具的结构、性能，能正确使用攻螺纹工具，掌握攻螺纹的方法

续表

名　称	内　容
综合训练	能按图制作简单零件
拆装典型机械产品	能正确选用拆装机械部件的工具，会拆装简单机械部件

2．钳工基本功应知应会要求

通过如表 0-2 所示的钳工基础训练，并在训练过程中学习相关知识，学生应达到钳工基本功要求，如表 0-3 所示。

表 0-3　钳工基本功应知应会要求

应　知	应　会
（1）掌握机械制图国家标准常用规定； （2）掌握基本几何体的三视图特征，掌握用形体分析法识读简单机械图，理解作简单几何体展开图的基本方法； （3）了解公差配合及表面粗糙度的基本知识，了解简单装配图的基本知识； （4）了解机械传动的一般常识，了解机械密封与润滑的作用和方法； （5）了解常用工程材料的性质和牌号； （6）了解钳工在电子电器设备（产品）安装与维修中的任务，掌握常用量具的维修及其使用方法	（1）会正确使用常用制图工具、制图标准和手册； （2）会识读专业范围内的一般机械图； （3）掌握钳工加工基本技能，掌握常用工具、量具的使用方法； （4）能按图进行基本的钳工加工； （5）能按图进行简单部件的拆装作业

3．几个基本的机械概念

（1）零件

零件是机器及各种设备的基本组成单元，也是机器的制造单元，有时也将用简单方式连成的单元件称为零件。例如，螺栓、螺母、轴、套等都是零件。

（2）构件

构件是机构中的运动单元体，一般由若干个零件连接而成（如螺栓与螺母的配合件），也可以是单一的零件（如普通剪刀的一刃）。

（3）机构

机构是具有确定相对运动的构件的组合，它是传递和变换运动与力的构件系统。例如，自行车上的链传动机构、汽车上的齿轮传动机构等。

（4）机器

机器是根据使用要求设计制造的执行机械运动的装置，用来变换或传递能量、物料和信息，从而代替或减轻人类的体力劳动和脑力劳动。机器是由若干个零件组装而成的。例如，洗衣机、发动机、电动机、各种机床、起重机、电脑、手机等。机器的组成部分如图 0-1 所示。

（5）机械

通常将机器和机构统称为机械。

机械、机器、机构、构件、零件的关系如图 0-2 所示。

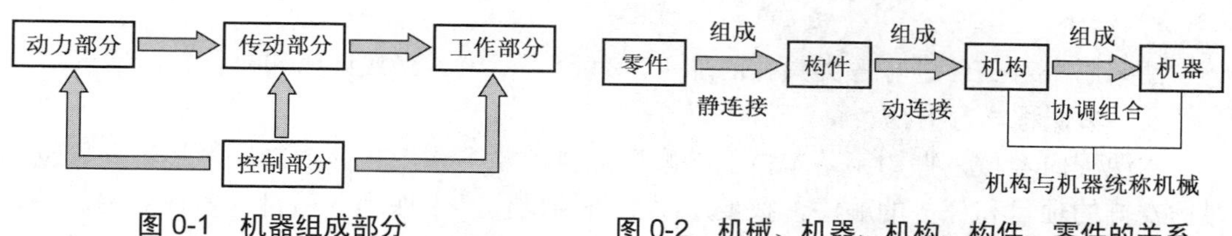

图 0-1 机器组成部分　　图 0-2 机械、机器、机构、构件、零件的关系

三、钳工训练规范

为了保证安全，钳工必须从思想上重视安全，切实执行行之有效的训练制度。

（1）热爱集体，尊师守纪；听从指挥，勤学苦练。

（2）不迟到早退，不无故缺席，不擅自离开实习岗位，不擅自开动与自己训练无关的机械设备。

（3）进入实习场地必须穿好工作服和工作鞋，女生要戴好工作帽；操作机床时严禁戴手套。

（4）使用的机床和工具（如钻床、砂轮机、手电钻等）要经常检查，发现损坏应及时上报，在未修复前不得使用。离开使用的机床前应关车、关灯，切断电源。

（5）使用电动工具时，要有绝缘防护和安全接地措施。使用砂轮时，要戴好防护眼镜。在钳台上进行錾削时，要有防护网。清除切屑时要用刷子，不要直接用手清除或用嘴吹。

（6）毛坯和加工零件应放置在规定位置，排列整齐，便于取放，并避免碰伤已加工表面。

（7）爱护设备及工具、量具、刃具，工作场地要保持清洁整齐，每天训练结束前应清理好个人用的工具并把场内打扫干净。

（8）工具、量具安放，应按下列要求布置：

① 在钳台上工作时，为了取用方便，右手取用的工具、量具放在右边，左手取用的放在左边，各自排列整齐，且不能使其伸到钳台边以外；

② 量具不能与工具或工件混放在一起，应放在量具盒内或专用格架上；

③ 常用的工具、量具要放在工作位置附近；

④ 工具、量具收藏时要整齐地放入工具箱内，不应任意堆放，以防损坏和取用不便。

四、钳工常用设备

1．台虎钳

台虎钳是用来夹持工件的通用夹具，如图 0-3 所示。

2．钳台

钳台用来安装台虎钳、放置工具和工件等。钳台高度为 800～900mm，装上台虎钳后，钳口高度以恰好齐人的手肘为宜（见图 0-3）；长度和宽度视工作需要而定。

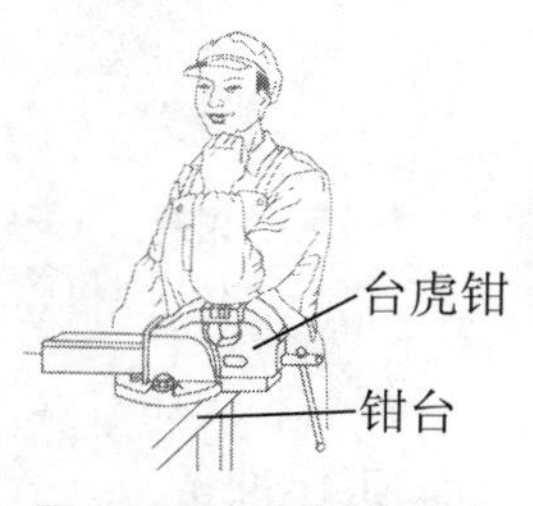

图 0-3 台虎钳的高度

3．砂轮机

砂轮机用来刃磨钻头、錾子（凿子）等刀具或其他工具等，由电动机、砂轮和机体组成。

4．钻床

钻床用来对工件进行各类圆孔的加工，有台式钻床、立式钻床和摇臂钻床等。

五、本课程学习方法

本课程内容按掌握钳工基本技能的顺序编排。学习钳工技能要循序渐进，要根据本课程安排的项目和任务的顺序，按要求学好每项操作。本课程各项目、各任务中的基本知识，是指导学生完成训练任务和扩充机械知识的，也必须掌握好。训练时，要遵守钳工训练规范，有吃苦耐劳精神。

学习本课程的每个项目时，都要边思考边学习，边实践操作边学习理论。

第 1 步：明确学习目标，接受任务。

第 2 步：行动前需要思考：要完成这一任务，需要获取哪些信息，具备哪些知识与技能？

第 3 步：按照工作步骤精心操作、用心训练，做到精益求精，尤其要掌握基本技能和技术要领。

第 4 步：思考解决操作中发现的问题，包括学习理论和听教师指导。

第 5 步：检测训练质量，包括自评、同学间互评和教师评定，及时纠正错误，高质量地完成学习任务，直到成功。

第 6 步：工作后的反思：反思遇到的问题和学习过程中的得失，研究解决问题的办法，琢磨更高级的机械操作技能，探究更深入的机械知识。

通过以上步骤，学生要努力形成善于分析问题、基于思维引导下的主动行动，并在行动中发现问题的训练过程，从而在主动解决问题的过程中建构知识、形成能力。

六、训练任务：拆装台虎钳

台虎钳的构造如图 0-4 所示。具体拆装步骤如下。

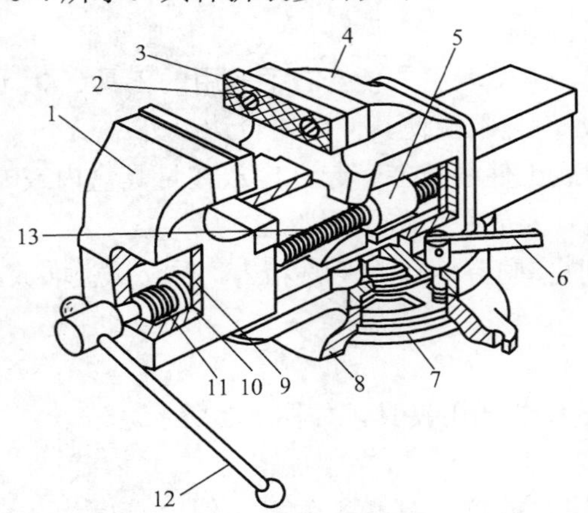

1—活动钳身；2—螺钉；3—钳口；4—固定钳身；5—螺母；6—手柄；7—夹紧盘；
8—转盘座；9—销钉；10—挡圈；11—弹簧；12—手柄；13—丝杠

图 0-4　台虎钳的构造

1．工作准备

准备以下器材：① 钳工桌；② 台虎钳；③ 螺丝刀、活络扳手、钢丝刷、毛刷、油枪、润滑油、黄油等。

2．操作台虎钳

对照台虎钳的构造和工作原理（见本任务后的“知识链接——台虎钳”），认识台虎钳的各零件，转动手柄12（见图0-4），夹紧与放松台虎钳。

3．拆台虎钳

拆卸顺序如下。

① 逆时针转动手柄12，将活动钳身1退出；

【技术要领】 活动钳身1将要卸下时，要用左手托住，以免钳身掉落到地面，甚至砸伤操作人员的脚。

② 拔出销钉9，卸下挡圈10，拆下弹簧11，将丝杠13从活动钳身取出；

③ 转动手柄6，松开锁止螺钉，将固定钳身从转盘座8上取出；

④ 用活络扳手松开螺母5的紧固螺钉，拆出螺母5；

⑤ 用螺丝刀或内六角扳手松开钳口3的紧固螺钉2，卸下钳口3（2只）；

⑥ 用活络扳手松开紧固转盘座和钳桌的连接螺栓，拆下转盘座8和夹紧盘7。

4．保养零部件

① 用毛刷把拆下的各个零部件清理干净，一些积留在钳口、转盘座和夹紧盘上的切屑可用钢丝刷清除。

② 对丝杠、丝杠螺母等活动表面涂润滑油，其他螺钉涂防锈油。

5．装台虎钳

按照与拆卸相反的顺序装好台虎钳。丝杠旋转、活动钳身移动要灵活。

【技术要领】 ① 安装钳口3时，要用螺丝刀拧紧螺钉2，否则台虎钳在使用时易损坏钳口3和螺钉2，也会使工件夹不稳；② 安装螺母5时，要用扳手拧紧，否则在用力夹工件时易使螺母5毁坏。

6．清理工作现场

7．检测拆装质量（本任务成绩评定填入表0-4）

表0-4　　成绩检测表　　总得分________

项次	项目和技术要求	配分	评 分 标 准	自检结果	小组互评	教师评价	得分
1	拆台虎钳	30	拆卸顺序正确，工具、零部件排列有序				
2	保养台虎钳零部件	20	各零部件擦洗干净，涂油方法正确				
3	装台虎钳	30	安装后，使用要活络				
4	遵守工作场地规章制度	20	有关规章制度要牢记在心				
5	安全文明生产		违者扣1～10分				

【知识链接——台虎钳】

台虎钳的工作原理如下。

活动钳身1通过导轨与固定钳身4的导轨孔作滑动配合；丝杠13装在活动钳身上，与安装在固定钳身内的丝杠螺母5配合；摇动手柄12使丝杠旋转，带动活动钳身相对于固定钳身作轴向移动，起夹紧或放松工件的作用；弹簧11借助挡圈10和销钉9固定在丝杠上；在固定钳身和活动钳身上，各装有钢质钳口3，钳口的工作面上制有交叉的网纹，使工件夹紧后不易产生滑动，钳口经过热处理淬硬，具有较好的耐磨性；固定钳身装在转盘座8上，并能绕转盘座转动，当转到需要的位置时，扳动手柄6使夹紧螺钉旋紧，便将固定钳身固紧。转座上有3个螺栓孔，用来将台虎钳固定在钳台上。

台虎钳的规格以钳口的宽度表示，有100mm、125mm、150mm等。

台虎钳在钳台上安装时，必须使固定钳身的工作面处于钳台边缘以外，以保证夹持长条形工件时，工件的下端不受钳台边缘的阻碍。

【思与行——思考是进步的阶梯，实践能完善自己】

仔细观察你见过的螺纹的形状，根据螺纹的形状分类，然后和同学、教师讨论螺纹的种类。逆时针转动台虎钳手柄，将钳口打开，再顺时针转动手柄一点点时，钳口并没有动，这是为什么？原因是起传动作用的内外螺纹间存在间隙，此间隙是螺纹尺寸有偏差造成的。零件的加工尺寸不可能很准确，往往有一个范围，在这一范围内的尺寸都是合格的。你注意到这一细节了吗？要注意操作过程中的细微处。

思考练习题

（1）机械、机器、机构、构件、零件之间是什么关系？

（2）钳工安全训练规范有哪些？

（3）拆卸台虎钳的技术要领有哪些？

（4）简述台虎钳的工作原理。

（5）如何学好本课程？

【多媒体——这部分内容由同学们利用课余时间上网浏览、阅读书籍、请教师长或实地考察，自我探索、自我提高、自我发展】

（1）机械知识：零件、零件图、台虎钳等工量具使用的润滑剂、连接与传动、误差。

（2）参观机械厂，了解机械产品的制造过程及与机械产品制造过程相关的工种分类和特点，了解机械产品制造的相关规程，培养环保、节能意识。

项目一　锯割工件

项目情境创设

传说鲁班发明了锯，自从锯发明以后，各种固体锯割的问题便迎刃而解。尽管现在许多企业有线切割等各种自动化的切割方法，但手工锯割在机械制造，特别是在机电产品维修等方面仍是不可缺少的。手工锯割是钳工重要的基本功之一，要锯得“缝直面平”，就必须掌握锯割方法，用心练习，才能熟能生巧，手起“锯”落。

项目学习目标

学习目标	学习方式	学时
（1）学会正确安装锯条、夹持工件和起锯； （2）学会锯削姿势和锯削运动，熟练锯削； （3）掌握锯割工件达到规定的技术要求； （4）学会使用相关工具； （5）学会进行深缝锯削； （6）学会进行一般划线； （7）学会使用相关量具进行一般检测； （8）掌握图线、尺寸标准； （9）掌握三视图知识； （10）学会识读简单零件图； （11）理解尺寸公差	按照各任务中“基本技能”的顺序，逐项训练。对不懂的问题，查看后面的“基本知识”。为了掌握正确的锯削姿势和锯削运动等操作技能，要请同学帮助，请教师指点。项目中所列各项技能，都要用心训练，做到精益求精，力争在项目评价时取得优秀成绩。还要能对照实际零件识读简单零件图，通过实际训练掌握划线技巧和各种材料的锯削方法	12

项目基本功

任务一　锯割圆柱工件

一、读懂工作图样

本次任务是锯削如图 1-1（b）所示的圆柱工件。在图 1-1 中，图（b）所示为圆柱的立体图，图（a）所示是圆柱的零件图，零件图是根据国家标准（GB）规定的方法画成的表示零件的图形。一个零件放在我们面前，从零件的正面看，得到的图为零件的主视图，如零件图（a）中左边的图所示（圆柱工件水平横放时）。零件图（a）中右边的图，是从零件的左边看得到的图形，为零件的左视图。在国家标准中，规定本图中除零件轮廓线为粗线外，其他都为细线，点画线为对称中心线（图线画法见本任务的基本知识一）。这里，圆柱备料的直径尺寸为ϕ40mm，长度尺寸为70mm，尺寸标注如图1-1（a）所示（尺寸标注方法见本任务的基本知识“一、机械制图国家标准”），在图上长度单位“mm”省略。锯割的技术要求为：① 距左端44±0.8mm锯断；② 锯后的端面平面度为0.8。（表示方法为[▱ 0.8]，对“平面度”的理解见本任务的基本知识“二、平面度简介”）

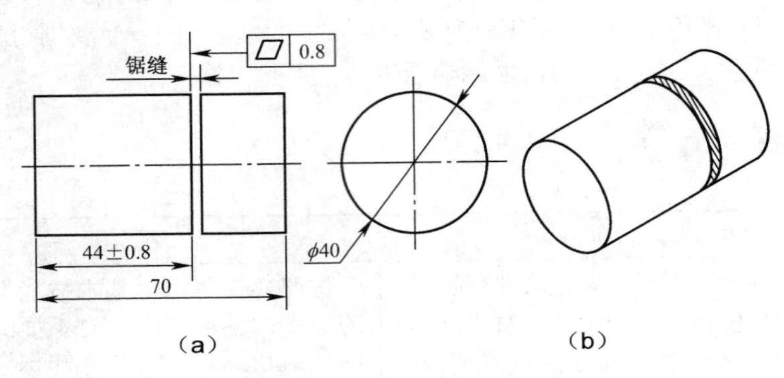

图1-1 圆柱工件

零件图中，“44±0.8”的意思为：由于加工时不可能绝对准确，这里的理想尺寸为44mm，最长可为44+0.8=44.8（mm），最短为44－0.8=43.2（mm），43.2～44.8mm的尺寸都是合格的，当然越接近44mm越好。

二、工作过程和技术要领

1．工作准备

① 备料：ϕ40×70铸铁（直径40mm、长70mm的圆柱体铸铁，以“mm”为单位的尺寸，单位“mm”可省略），左右两端面符合加工要求。

② 台虎钳。

③ 锯弓、锯条。（相关知识见本任务的基本知识“十、锯条规格、锯路、锯齿粗细的选择”）

④ 游标卡尺、高度游标卡尺。（其使用方法见本任务的基本知识中的“三、游标卡尺”和“四、高度游标卡尺”）

⑤ 划线平台及划线工具。（其使用方法见本任务的基本知识中的“五、划线平台”～“九、钢直尺”）

⑥ 刀口角尺。

2．工件划线

在工件锯缝附近涂色（可用粉笔），把工件竖放在划线平台上，用高度游标卡尺在距底端44mm处划线。划线示意图见图1-2，高度游标卡尺量取44mm，用量爪紧贴工件，绕工件转动划线。

【特别提醒】 划线不准，会使零件尺寸不准，从而造成废品。

3．夹持工件

工件一般应夹在台虎钳的左面。本工件横向夹持如图1-3所示，以便操作。工件伸出钳口不应过长，应使锯缝距离钳口侧面约20mm，防止工件在锯割时产生震动。锯缝线要与钳口侧面保持平行（使锯缝线与铅垂线方向一致），便于控制锯缝不偏离划线线条。工件夹紧要牢靠，同时要避免将工件夹变形和夹坏已加工面。

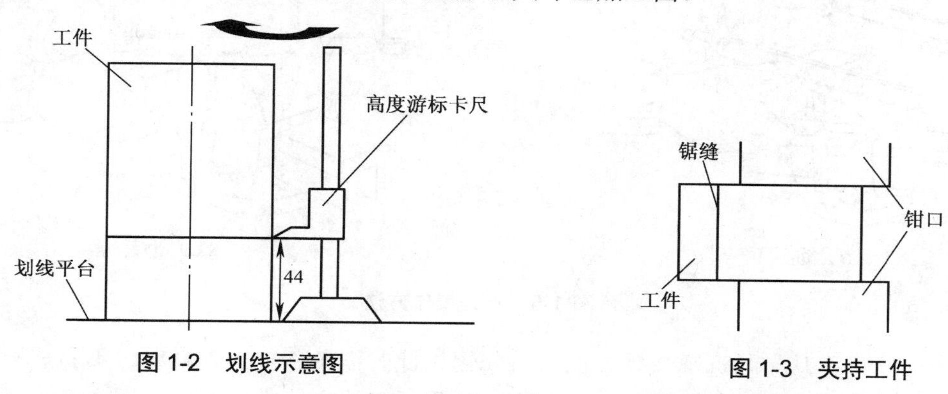

图1-2　划线示意图

图1-3　夹持工件

【技术要领】 ① 夹紧工件时松紧要适当，只能用手力拧紧，而不能借用助力工具加力，一是防止丝杆与螺母及钳身受损坏，二是防止夹坏工件表面；② 装夹工件时应稳固，工件被加工部位在钳口以外的部分一般不宜过长；③ 强力作业时，力的方向应朝固定钳身，以免增加活动钳身和丝杆、螺母的负载，影响其使用寿命；④ 不能在活动钳身的光滑平面上敲击作业，以防止破坏它与固定钳身的配合性；⑤ 对丝杆、螺母等活动表面，应经常清洁、润滑，防止生锈。

4．安装锯条

将锯条如图1-4（a）所示装在锯弓上。

手锯在前推时才起切削作用，因此，锯条安装应使齿尖的方向朝前［见图1-4（a）］，如果装反了［见图1-4（b）］，就不能正常锯割。在调节锯条松紧时，蝶形螺母不宜旋得太紧或太松，太紧时锯条受力太大，在锯割中用力稍有不当，就会折断；太松则锯割时锯条容易扭曲，也易折断，而且锯出的锯缝容易歪斜。其松紧程度可用手扳动锯条，以感觉硬实即可。锯条安装后，要保证锯条平面与锯弓中心平面平行，不得倾斜和扭曲，否则锯割时锯缝极易歪斜。

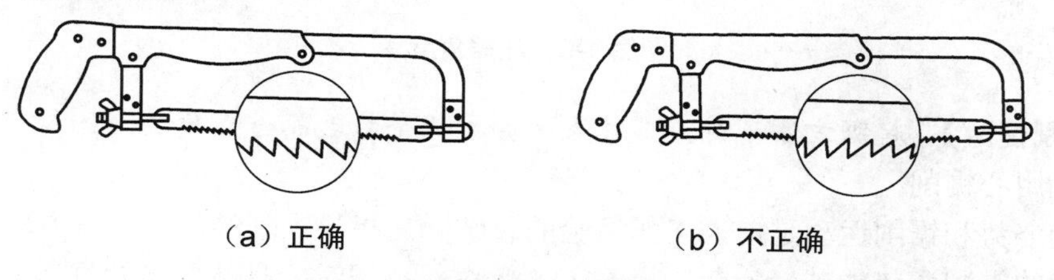

（a）正确　　（b）不正确

图1-4　安装锯条

5．锯削工件

（1）起锯

起锯是锯削工作的开始。起锯质量的好坏直接影响锯削质量。起锯分远起锯和近起锯两种，如图 1-5 所示。

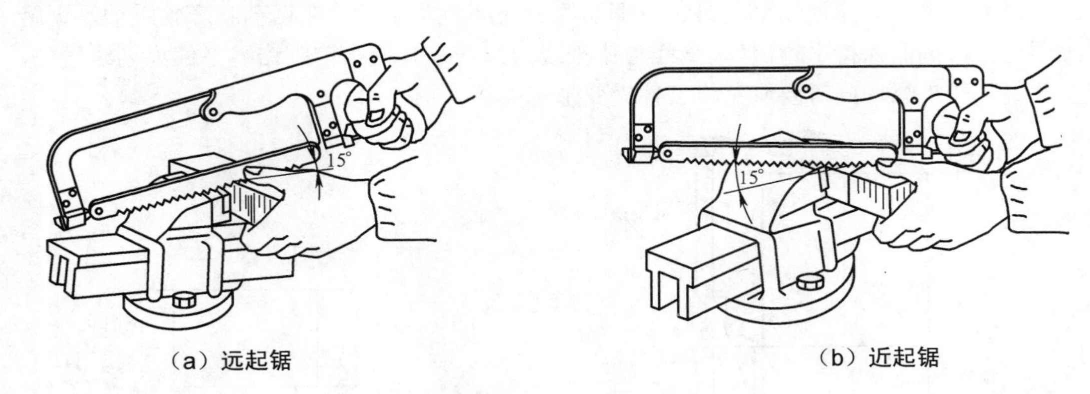

（a）远起锯　　（b）近起锯

图 1-5　起锯操作方法

远起锯是指从工件远离操作者的一端起锯，此时锯条逐步切入材料，不易被卡住。近起锯是指从工件靠近操作者的一端起锯。如果近起锯方法掌握不好，锯齿会一下子切入较深而易被棱边卡住，使锯齿崩裂。因此，一般应采用远起锯的方法。

无论用哪一种起锯方法，起锯角度都要小些，一般不大于 15°，如图 1-6（a）所示。如果起锯角太大，锯齿易被工件的棱边卡住，如图 1-6（b）所示。但如果起锯角太小，同时与工件接触的齿数就会过多，锯齿不易切入材料，锯条还可能在工件表面打滑。如果锯条打滑，锯缝就会发生偏离，工件表面就会被拉出多道锯痕而影响表面质量，如图 1-6（c）所示。为了使起锯平稳、位置准确，可用左手大拇指确定锯条位置，如图 1-6（d）所示。起锯时要做到压力小、行程短。

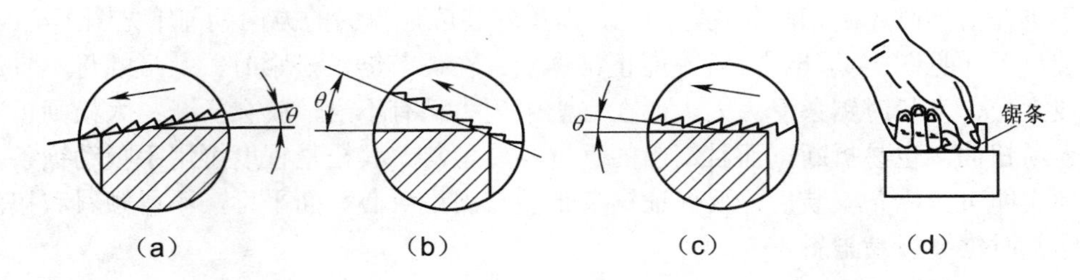

（a）　（b）　（c）　（d）

图 1-6　起锯角度

【特别提醒】 起锯方法不对，工件表面会被锯条拉毛而造成废品。

（2）用心锯削

锯削姿势和锯削运动是前人工作经验的总结，是指导锯削的基本工作方法。

正确的锯削姿势能减轻疲劳，提高工作效率。握锯时，身体要自然舒展，右手握手柄，左手轻扶锯弓前端。在台虎钳前站立时，身体正前方与台虎钳中心线大约成45°角，右脚与台虎钳中心线成75°角，左脚与台虎钳中心线成30°角（见图1-7）。锯削时右腿伸直，左腿弯曲，身体向前倾斜，重心落在左脚上，两脚站稳不动，靠左膝的屈伸使身体作往复摆动。只在起锯时，身体稍向前倾，与竖直方向约成10°角，此时右肘尽量向后收［见图1-8（a）］，随着推锯行程的增大，身体逐渐向前倾斜［见图1-8（b）］。行程达2/3时，身体倾斜约18°角，左右臂均向前伸出［见图1-8（c）］。当锯削最后1/3行程时，用手腕推进锯弓，身体随着锯削的反作用力退回到15°角位置［见图1-8（d）］。锯削行程结束后，取消压力，将手和身体都退回到最初位置。

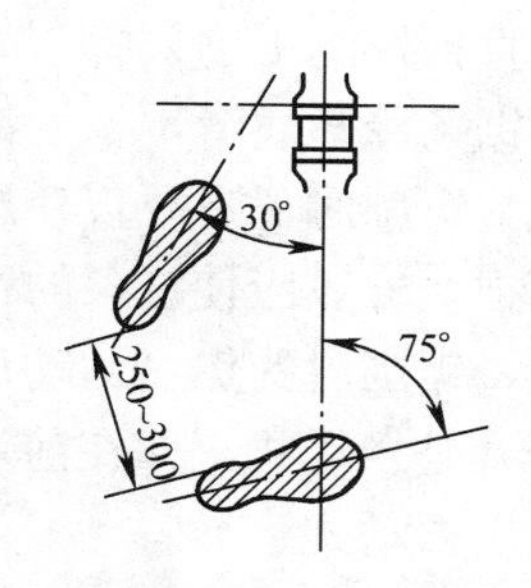

图1-7　使用台虎钳站位图

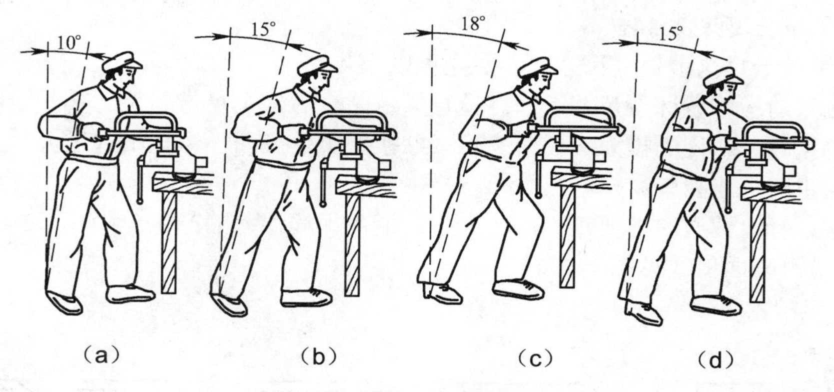

（a）　（b）　（c）　（d）

图1-8　锯削操作姿势

本任务锯削示意图见图1-9，锯弓前进时［见图1-9（a）］，一般要加不大的压力，而后拉时［见图1-9（b）］不加压力。

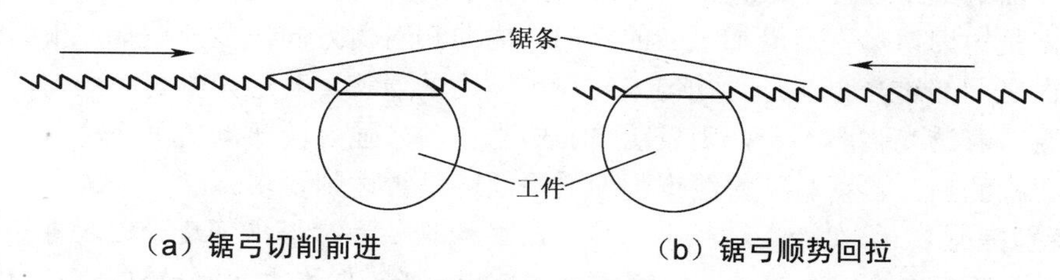

（a）锯弓切削前进　（b）锯弓顺势回拉

图1-9　锯削示意图

【特别提醒】 锯缝歪斜会造成废品。主要原因：①锯条装得过松；②锯削时目测不及时。预防措施：①适当绷紧锯条；②安装工件时使锯缝的划线与钳口平行，锯削过程中经常目测；③扶正锯弓，按线锯削。

【技术要领】 起锯和锯削过程中要始终使锯条与划线重合。若锯条偏离划线，会使零件尺寸不准，零件偏大或偏小而造成废品。要锯断时，注意要轻锯，避免零件开裂。

锯削速度以每分钟30～60次为宜。速度过快，易使锯条发热，磨损加重；速度过慢，又直接影响锯削效率。一般锯削软材料可快些，锯削硬材料应慢些。必要时可用切削液对锯条冷却润滑。初学锯削时，速度宜慢。

锯削时，不要仅使用锯条的中间部分，而应尽量在全长度范围内使用。为避免局部磨损，一般应使锯条的行程不小于锯条长的2/3，以延长锯条的使用寿命。

锯削时的锯弓运动形式有两种：一种是直线运动式，适用于锯薄形工件和直槽；另一种是摆动式，即在前进时，右手下压而左手上提，操作自然省力。锯断材料时，一般采用摆动式运动。

工件锯断后，将锯断的工件重新装夹，多锯几条缝（工件长度尺寸作适当调整），直到符合技术要求为止。

6．清理工作现场

7．检测加工工件（本任务成绩评定填入表1-6）

（1）测量长度尺寸44±0.8

使用游标卡尺测量长度尺寸时，要注意以下几点：

① 测量前应将游标卡尺擦干净。检查量爪贴合后，主尺与副尺的零刻线要对齐；

② 测量时，所用的推力应使两量爪紧贴接触工件表面，力量不宜过大；

③ 测量时，不要使游标卡尺歪斜；

④ 在游标上读数时，要正视游标卡尺，避免视线误差的产生。

（2）检测平面度（见图1-10）

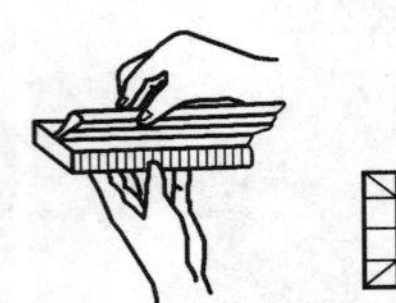
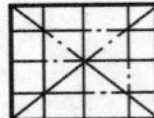
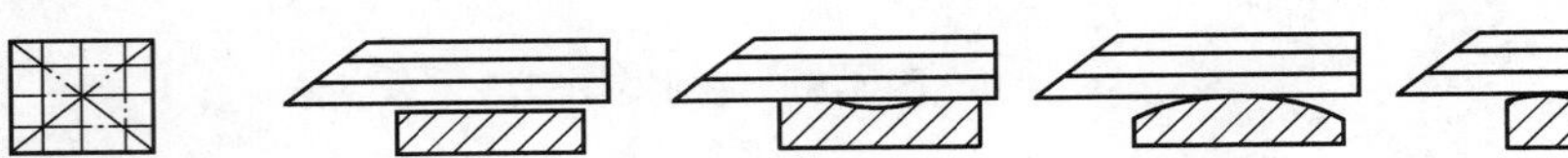
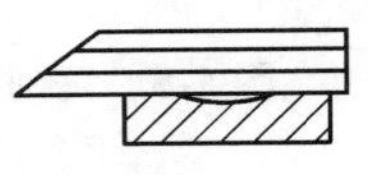
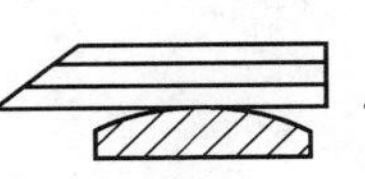
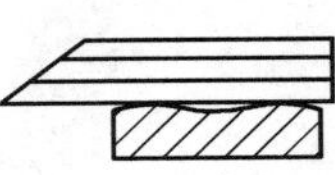

图1-10　检验平面度误差

在平面的加工过程中或完工后，常用钢直尺或刀口形直尺以透光法来检验其平面度。具体方法是：刀口形直尺沿加工面的纵向、横向和对角方向作多处检查，根据测量面与被测量面之间的透光强弱是否均匀来判断平面度的误差。若透光微弱而均匀，表明表面已较平直；若透光强弱不一，则表明平面不平整，光强处较低，光弱处较高。

自己检测后，再请教师检测锯削面的平面度是否达到要求。

【特别提醒】 ①在检查过程中，当需改变检验位置时，应将尺子提起再轻放到新的检验处，而不能在平面上移动，以防磨损直尺测量面；②在本项目的任务一、任务二中，如果你的产品没有达到要求，可向教师申请在你用过的材料上再加工，外形尺寸作适当调整，直到达标。

【思与行——思考是进步的阶梯，实践能完善自己】

（1）锯完第一条缝，断了几根锯条？原因是什么？如何避免？（可参考本任务的基本知识“十一、锯条损坏的形式、原因及应采取的措施”）

（2）锯第几条缝时才达到技术要求？从锯削过程中体会到哪些锯割的窍门？

（3）有位同学锯第一条缝时一“锯”成功，但锯第二条缝时却锯成了废品，你是怎么认为的？为什么？

（4）比一比，哪位同学在本任务中被教师表扬得多。其实每个同学的锯削姿势都应受到教师的表扬！

一、机械制图国家标准（GB）

机械图样是设计和制造机械的重要技术文件，是交流技术思想的一种工程语言。国家标准《技术制图》、《机械制图》规定了机械图样的画法。读图时遇到看不懂的，应查阅机械制图国家标准，要熟练掌握查阅国家标准的技能技巧。

1．图线（GB/T 4457.4—2002、GB/T 17450—1998）

绘图时应采用国家标准规定的图线线型和画法。国家标准《技术制图 图线》（GB/T 17450—1998）规定了绘制各种技术图样的15种基本线型（见表1-1）。根据基本线型及其变形，国家标准《机械制图 图样画法 图线》（GB/T 4457.4—2002）中规定了9种图线，其名称、线型及应用示例见表1-2和图1-11。

表1-1 基本线型

代码	基本线型	名称
01		实线
02		虚线
03		间隔画线
04		点画线
05		双点画线
06		三点画线
07		点线
08		长画短画线
09		长画双短画线
10		画点线
11		双画单点线
12		画双点线
13		双画双点线
14		画三点线
15		双画三点线

表1-2 图线的线型及应用（根据GB/T 4457.4—2002）

图线名称	图线类型	图线宽度	一般应用
粗实线		粗	可见轮廓线
细实线		细	尺寸线及尺寸界线 剖面线 重合断面的轮廓线 过渡线

续表

图线名称	图线类型	图线宽度	一般应用
细虚线	— — — — — — — —	细	不可见轮廓线
细点画线	———— · ————	细	轴线 对称中心线
粗点画线	———— · ————	粗	限定范围表示线
细双点画线	———— · · ————	细	相邻辅助零件的轮廓线 轨迹线 极限位置的轮廓线 中断线
波浪线	～～～	细	断裂处的边界线 视图和剖视图的分界线
双折线	—∧/—∧/—	细	同波浪线
粗虚线	— — — — — — — —	粗	允许表面处理的表示线

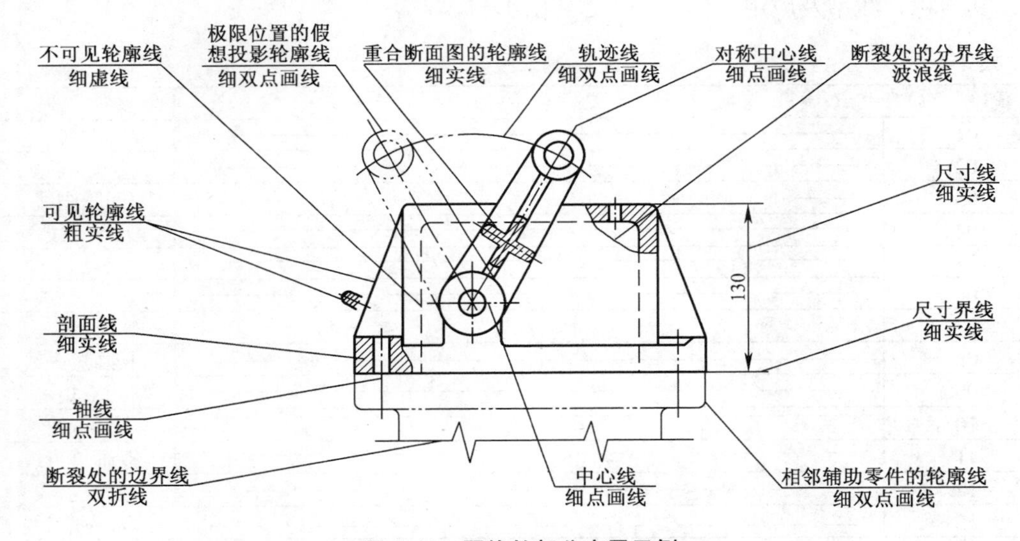

图 1-11　图线的部分应用示例

所有线型的图线宽度（d）应按图样的类型和尺寸大小在下列数系中选择：0.13mm、0.18mm、0.25mm、0.35mm、0.5mm、0.7mm、1.0mm、1.4mm、2.0mm。

机械制图中通常采用两种线宽，粗、细线的比率为 2:1，粗线宽度优先采用 0.5mm、0.7mm（练习时一般用 0.7mm）。为了保证图样清晰、便于复制，应尽量避免出现线宽小于 0.18mm 的图线。

2．尺寸标注方法（GB/T4458.4—2003、GB/T16675.2—1996）

在图样上，图形只表示物体的形状，物体的大小及各部分相互位置关系则需要用标注尺寸来确定。国家标准《机械制图 尺寸注法》（GB/T4458.4—2003）、《技术制图 简化表示法第 2 部分：尺寸注法》（GB/T16675.2—1996）规定了图样中尺寸的标注方法。

（1）基本规则

① 机件的真实大小应以图样上所注的尺寸数值为依据，与图形的大小及绘图的准确度无关。

② 图样中（包括技术要求和其他说明）的尺寸以毫米为单位时，不需标注单位符号（或名称）；如采用其他单位，则必须注明相应的单位符号。

③ 图样中所标注的尺寸为该图样所示机件的最后完工尺寸，否则应另加说明。

④ 机件的每一尺寸一般只标注一次，并应标注在反映该结构最清晰的图形上。

（2）尺寸数字、尺寸线和尺寸界线

一个标注完整的尺寸应标注出尺寸数字、尺寸线和尺寸界线。尺寸数字表示尺寸的大小，尺寸线表示尺寸的方向，而尺寸界线则表示尺寸的范围，如图 1-12 所示。

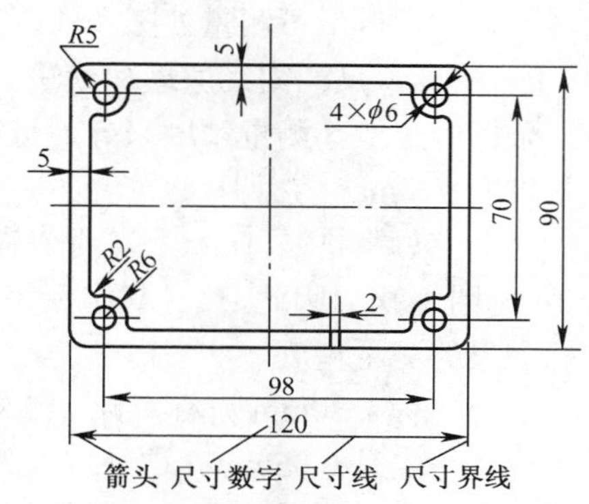

图 1-12 尺寸数字、尺寸线和尺寸界线

二、平面度简介

几何平面是理想的，实际零件表面（如放大观察）总是不平的。平面度用来表示零件的平整程度。平面度公差是实际表面对照标准平面所允许的最大变动量，也就是在图样上给定的、用以限制实际表面加工误差所允许的变动范围。

三、游标卡尺

游标卡尺是一种中等精度的量具，可以直接量出工件的外径、孔径、长度、宽度、深度和孔距等尺寸。

1．游标卡尺的结构

图 1-13 所示是两种常用游标卡尺的结构形式。

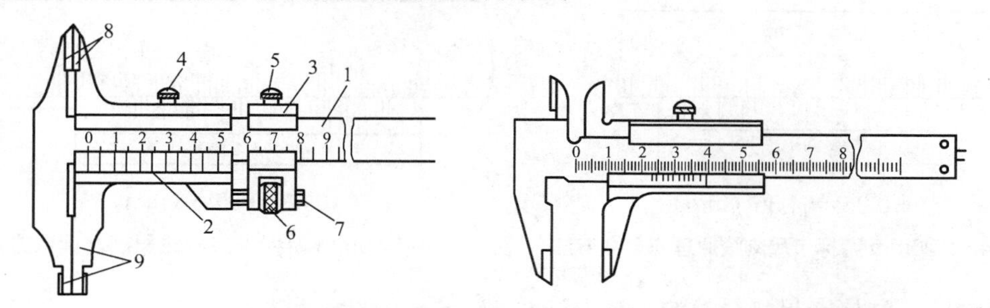

1—尺身；2—游标；3—辅助游标；4、5—螺钉；6—微动螺母；7—小螺杆；8、9—量爪

（a）可微动调节的游卡尺　　（b）带测深杆的游标卡尺

图 1-13 游标卡尺

如图 1-13（a）所示，游标卡尺由尺身 1 和游标 2 组成，3 是辅助游标。松开紧固螺钉 4 和 5 即可推动游标在尺身上移动，通过两个量爪 9 可测量尺寸。需要微动调节时，可将螺钉 5 紧固，松开螺钉 4，转动微动螺母 6，通过小螺杆 7 使游标微动。量得尺寸后，

可拧紧螺钉 4，使游标紧固。

游标卡尺上端有两个量爪 8，可用来测量齿轮公法线长度和孔距尺寸。下端两个量爪 9 的内侧面可测量外径和长度；外侧面是圆弧面，可测量内孔或沟槽。

图 1-13（b）所示的游标卡尺比较简单轻巧，上端两个量爪可测量孔径、孔距及槽宽，下端两个量爪可测量外圆和长度等，还可用尺后的测深杆测量内孔和沟槽深度。

2．游标卡尺的刻线原理和读法

游标卡尺按其测量精度来分，有 1/20mm（0.05）和 1/50mm（0.02）两种。

（1）1/20mm 游标卡尺

尺身上每小格是 1mm，当两个量爪合并时，游标上的 20 格刚好与尺身上的 19mm 对正（见图 1-14）。因此，尺身与游标每格之差为 20−19/20=0.05（mm），此差值即为 1/20mm 游标卡尺的测量精度。

还有一种 1/20mm 游标卡尺，游标上的 20 格刚好与尺身上的 39mm 对正，尺身与游标每格之差也是 0.05mm。这种放大刻度的游标卡尺线条清晰，容易看准。

用游标卡尺测量工件时，读数方法分为以下 3 个步骤：

① 读出游标上零线左面尺身的毫米整数；

② 读出游标上哪一条刻线与尺身刻线对齐（第 1 条零线不算，从第 2 条起每格算 0.05mm）；

③ 把尺身和游标上的尺寸加起来即为测得尺寸。

图 1-14 中，主尺读数 54，游标读数 0.35，则测得尺寸为 54+0.35＝54.35（mm）。

（2）1/50mm 游标卡尺

尺身上每小格 1mm，当两个量爪合并时，游标上的 50 格刚好与尺身上的 49mm 对正（见图 1-15），尺身与游标每格之差为 50−49/50=0.02（mm），此差值即为 1/50mm 游标卡尺的测量精度。

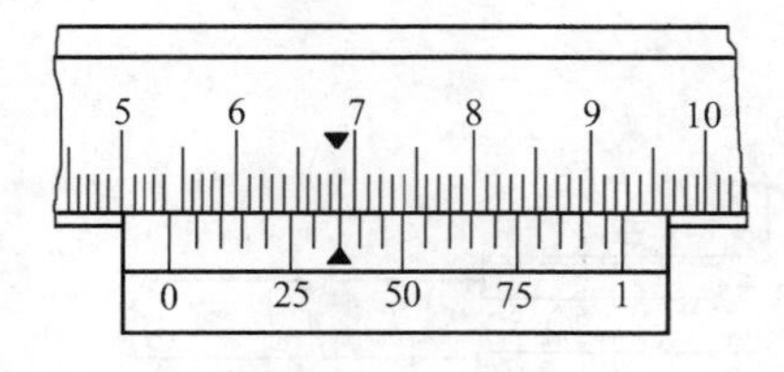

54＋0.35＝54.35（mm）

图 1-14　1/20mm 游标卡尺刻线原理与读数方法

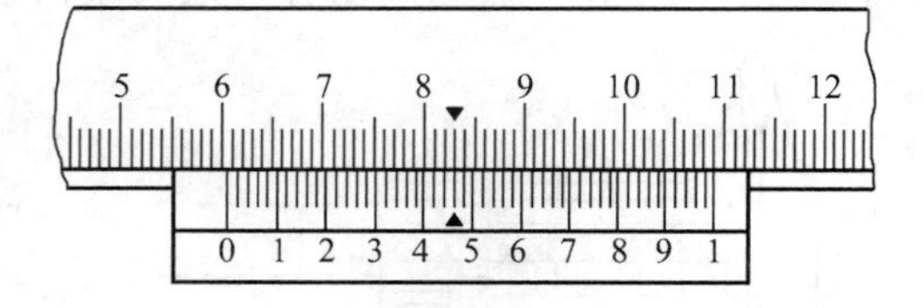

60+0.48＝60.48（mm）

图 1-15　1/50mm 游标卡尺刻线原理与读数方法

1/50mm 游标卡尺测量时的读数方法与 1/20mm 游标卡尺相同。

【思与行——思考是进步的阶梯，实践能完善自己】

将游标卡尺的游标拉到某一位置，拧紧尺框上的紧固螺钉，自己记下读数，再请同桌或同一小组的同学看看自己的读数是否正确，并请教师确认。要学会正确识读游标卡尺。

3．游标卡尺的测量范围和精度

游标卡尺的规格按测量范围分为 0～125mm、0～200mm、0～300mm、0～500mm、300～800mm、400～1 000mm、600～1 500mm、800～2 000mm 等。

测量工件尺寸时，应按工件的尺寸大小和尺寸精度要求选用量具。游标卡尺只适用于中等精度（IT10～IT16）尺寸的测量和检验。不能用游标卡尺去测量铸锻件等毛坯的尺寸，因为这样容易使量具很快磨损而失去精度；也不能用游标卡尺去测量精度要求高的工件，因为游标卡尺存在一定的示值误差。由表 1-3 可知，1/50mm 游标卡尺的示值误差为±0.02mm，因此不能测量精度较高的工件尺寸。

表 1-3　　游标卡尺的示值误差（mm）

测 量 精 度	示值总误差
0.02	±0.02
0.05	±0.05

如果条件所限，只能用游标卡尺测量精度要求高的工件时，就必须先用量块校对卡尺，了解误差数值，在测量时要把误差考虑进去。

4．用游标卡尺测量

① 游标卡尺测量工件有单手持尺测量法(见图 1-16)和双手持尺测量法(见图 1-17)。

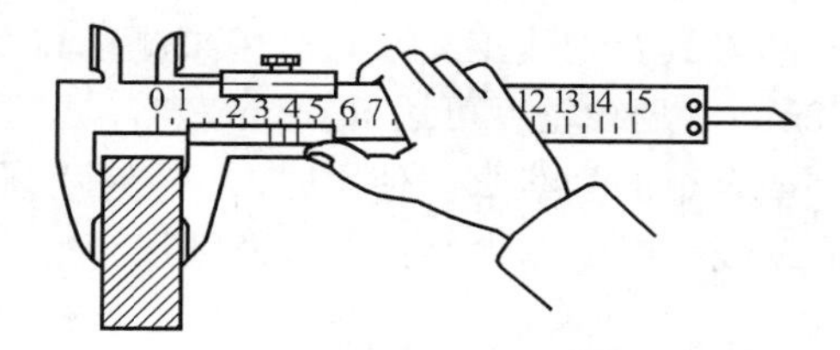

图 1-16　单手持尺测量法

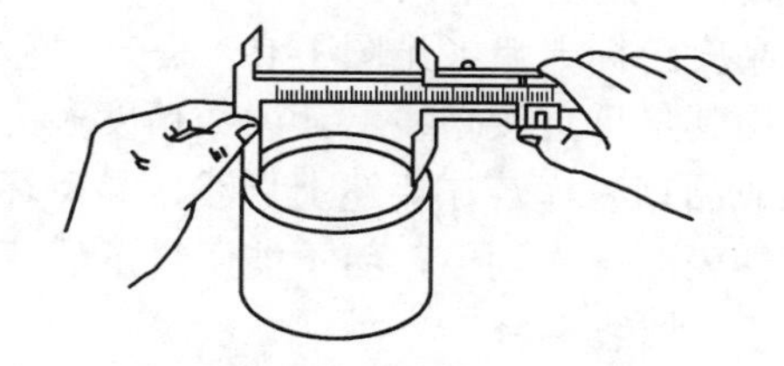

图 1-17　双手持尺测量法

② 根据工件的尺寸大小、精度要求，选择一把合适的游标卡尺，并旋松尺框上的紧固螺钉。

③ 测量外径时，把量爪张开到比被测量尺寸稍大。测量内径时，把量爪张开到比被测量尺寸稍小。

④ 把固定量爪与被测量表面相靠，再移动尺框，使活动量爪与工件接触，两个量爪垂直于或平行于轴心线来回移动，测量出工件最大外径，将紧固螺钉旋紧，再读尺寸（见图 1-16）。

⑤ 用游标卡尺测量工件的厚度时，其测量方法与测量外径相同。

⑥ 测量内径时，把尺身上量爪靠在被测孔表面上，向右移开尺框，使两个量爪与孔径接触，反复摆动，保持两个量爪与工件轴线平行，拧紧紧固螺钉，再读尺寸(见图 1-17)。

⑦ 测量孔深时，移动尺框，使深度尺伸出长度稍大于被测孔深度，深度尺端面顶着孔中台阶，移动尺身，使尺身端面与工件端面接触，深度尺与工件中心线保持平行。拧紧紧固螺钉，取出游标卡尺，再读尺寸（见图 1-18）。

5．游标卡尺的保养

① 用完后，要擦净测量面及尺身上的油污、灰尘和切屑等。

② 游标卡尺不要随意放置，用好后要放入盒内。

③ 要轻拿轻放，拿尺时要握紧，不能使其掉到地面上，以防测量不准和损坏。

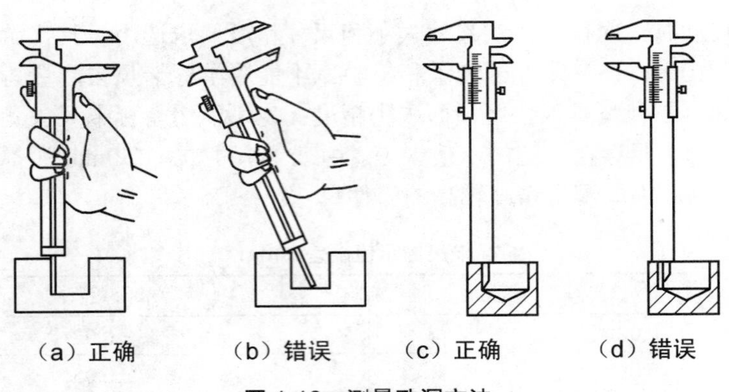

图 1-18　测量孔深方法

④ 要定期校验，确保精度。

除了上述普通游标卡尺外，还有弯脚游标卡尺、游标深度尺、高度游标卡尺和齿轮游标卡尺等。其刻线原理和读数方法与普通游标卡尺相同。

四、高度游标卡尺

高度游标卡尺（见图 1-19）是一种较精确的量具及划线工具，它可用来测量高度，还可用其量爪直接划线，其读数精度多为 0.02mm，划线精度可达 0.1mm 左右，一般限于半成品划线。若在毛坯上划线，易碰坏其硬质合金的划线脚。使用时，应使量爪垂直于工件表面一次划出，而不能用量爪的两测尖划线，以免测尖磨损，降低划线精度。

五、划线平台

划线平台（见图 1-20）是一种用来安放工件和划线工具，并在其工作面上完成划线过程的基准工具，其材料一般为铸铁。它的工作面即上表面经精刨或刮削而成为平面度较高的平面，以保证划线的精度。划线平台一般用木架支承，高度在 1m 左右。

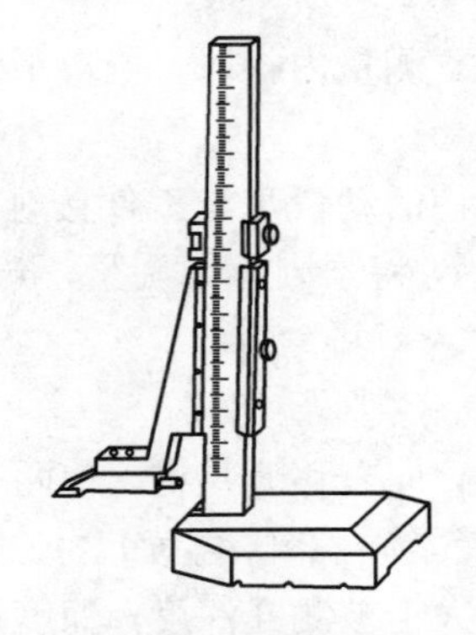

图 1-19　高度游标卡尺外形

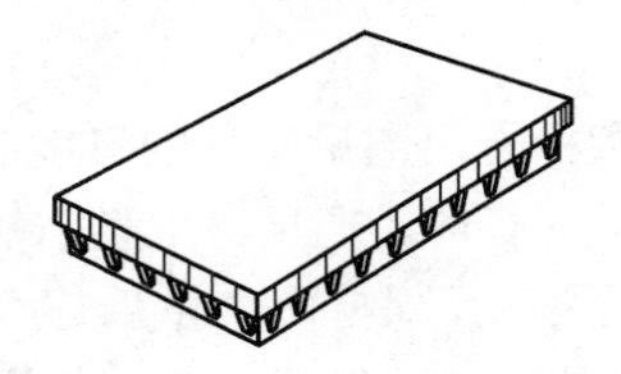

图 1-20　划线平台外形

划线平台的正确使用和保养方法如下。

① 安装时，使工作面保持水平位置，以免日久变形。

② 要经常保持工作面的清洁，防止铁屑、砂粒等划伤平台表面。为防止平台受撞击，放置工件、工量具时要轻。

③ 平台工作面各处要均匀使用，以免局部磨损。

④ 划线结束后要把平台表面擦净，上油防锈。

⑤ 按有关规定定期检查，并给予及时调整、研修，以保证工作面的水平状态及平面度。

六、划针

划针是一种直接在工件上划线的工具（见图 1-21）。一般在已加工面内划线时使用 $\phi3 \sim \phi5$mm 的弹簧钢丝或高速钢制成的划针，将尖端磨成 15°～20° 并淬硬，以提高耐磨性，同时保证划出的线条宽度在 0.05～0.1mm。在铸件、锻件等加工表面划线时，可用尖端焊有硬质合金的划针，以便保持划针的长期锋利，此时划线宽度应在 0.1～0.15mm。

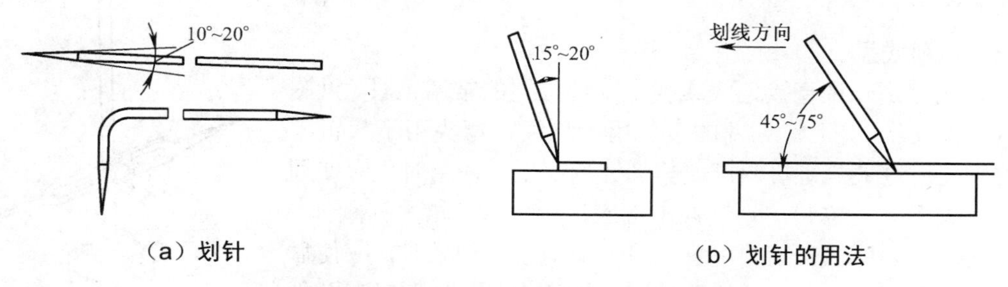

图 1-21　划针及其用法

划针通常与直尺、90° 角尺、三角尺、划线样板等导向工具配合使用，使用方法和注意事项如下。

① 用划针划线时，一手压紧导向工具，防止其滑动，另一手使划针尖靠紧导向工具的边缘，并使划针上部向外倾斜 15°～20°，同时向划针前进方向倾斜 45°～75°。这样既能保证针尖紧贴导向工具的基准边，又能方便操作者用眼观察。水平线应自左向右划，竖直线应自上向下划，倾斜线的走向趋势是自左下向右上划或自左上向右下划。

② 划线时用力大小要均匀适宜。一根线条应一次划成，既要保持线条均匀清晰，又要控制线条宽度。

七、划规

划规是用来划圆和圆弧、等分线段、量取尺寸的工具（见图 1-22）。划规一般用中碳钢或工具钢制成，两脚尖端淬硬并刃磨，有的在两脚端部焊有一段硬质合金。

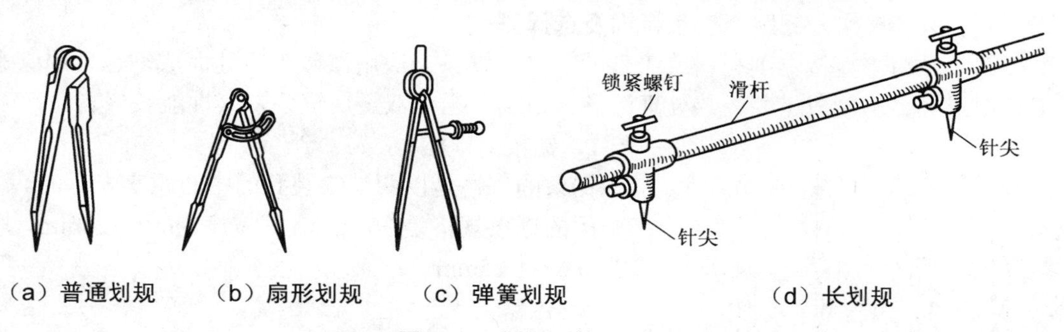

图 1-22　划规及其用法

常用的划规有普通划规、扇形划规、弹簧划规及长划规等。其中，普通划规因结构简单、制造方便，应用较广，但要求两脚铆接处松紧适度。若过松，在测量和划线时易使两脚活动，使尺寸不稳定；若过紧，又会不便调整。扇形划规因有锁紧装置，两脚间的尺寸较稳定，结构也较简单，常用于粗毛坯表面的划线。弹簧划规易于调整尺寸，但用来划线的一脚易滑动，因此只限于在半成品表面上划线。长划规专用于划大尺寸圆或圆弧，它的两个划规脚位置可调节。

使用划规前，应将其脚尖磨锋利。除长划规外，其他划规在使用前必须使两个划脚长短一样，两脚尖能合紧，以便划出小尺寸圆弧。划圆弧时，应将手力的重心放在作为圆心的一脚，防止中心滑移。两脚尖应在同一平面内，否则尺寸要作些调整。

八、划线盘

划线盘是一种直接划线或找正工件位置的常用工具（见图1-23）。一般情况下，划针的直头用于划线，弯头用于找正工件位置。通过夹紧螺母，可调整划针的高度。使用时，应使划针基本处于水平位置，划针伸出端应尽量短，以增大其刚性，防止抖动。划针的夹紧要可靠。用手拖动盘底划线时，应使盘底始终贴紧平台移动。划针移动时，其移动方向与划线表面之间成75°左右，以使划针顺利运行。

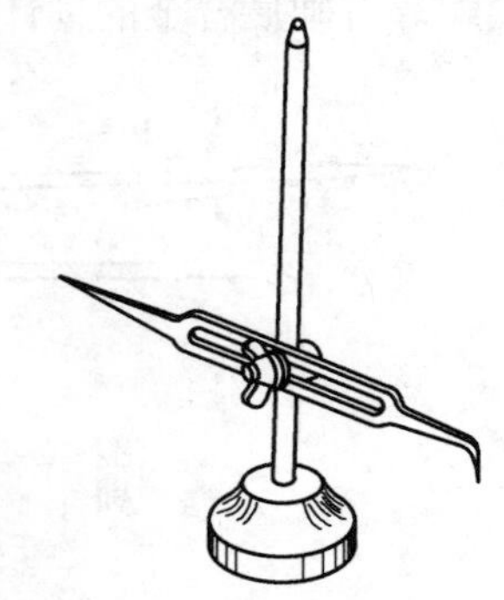

图 1-23 划线盘外形

九、钢直尺

钢直尺是一种简单的测量工具和划直线的导向工具（见图 1-24），在尺面上刻有尺寸刻线，最小刻线间距为 0.5mm，其规格（即长度）有 150mm、300mm、1 000mm 等。

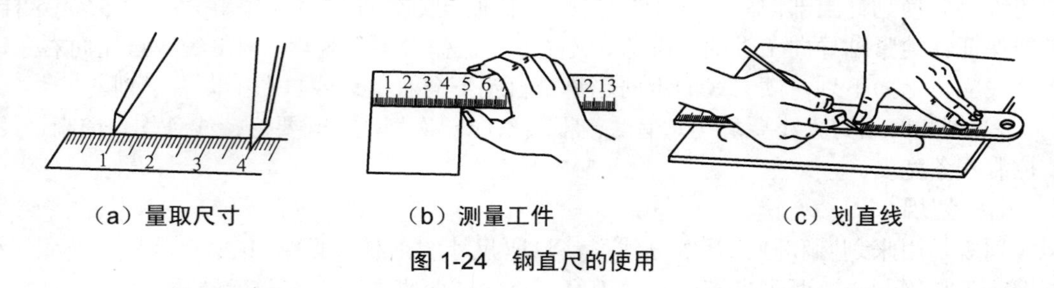

（a）量取尺寸　　（b）测量工件　　（c）划直线

图 1-24 钢直尺的使用

十、锯条规格、锯路、锯齿粗细及选择

锯条是用来直接锯削材料或工件的刃具。锯条一般用渗碳钢冷轧而成，也可用碳素工具钢或合金钢制成，并经热处理淬硬。市场上也有双金属锯条，其性能较好。

1．锯条的规格

锯条的规格是以两端安装孔的中心距来表示的。钳工常用的锯条规格是 300mm，其宽度为 10～25mm，厚度为 0.6～1.25mm。

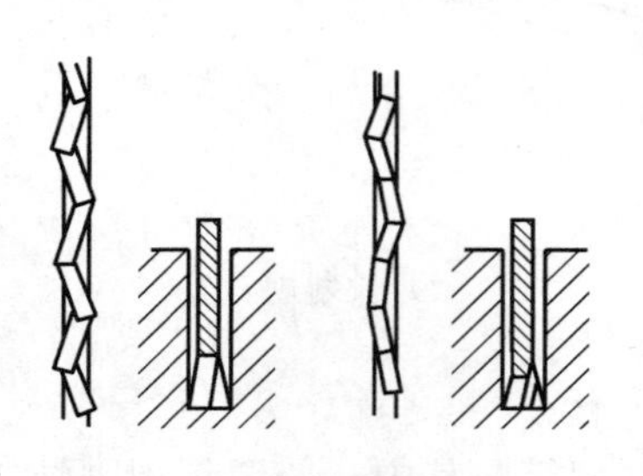

图 1-25 锯齿的排列

2．锯路

在制造锯条时，全部锯齿按一定规则左右错开，排成一定的形状，称为锯路。锯路有交叉形和波浪形等（见图 1-25）。

锯路的形成，能使锯缝宽度大于锯条背的厚度，使锯条在锯削时不会被锯缝夹住，以减少锯条与锯缝间的摩擦，便于排屑，减轻锯条的发热与磨损，延长锯条的使用寿命，提高锯削效率。

3．锯齿粗细及其选择

锯齿的粗细用每25mm长度内齿的个数来表示。常用的有14、18、24和32等几种。显然，齿数越多，锯齿就越细。

锯齿粗细的选择应根据材料的硬度和厚度来确定，以使锯削工作既省力又经济。

（1）粗齿锯条

适用于锯软材料和较大表面及厚材料。因为在这种情况下每一次推锯都会产生较多的切屑，这就要求锯条有较大的容屑槽，以防产生堵塞现象。

（2）细齿锯条

适用于锯硬材料及管子或薄材料。对于硬材料，一方面由于锯齿不易切入材料，切屑少，不需大的容屑空间；另一方面，由于细齿锯条的锯齿较密，能使更多的齿同时参与锯削，使每齿的锯削量小，容易实现切削。对于管子或薄材料，主要是为防止锯齿被钩住，甚至使锯条折断。

【思与行——思考是进步的阶梯，实践能完善自己】

锯条何时才应用如图1-4（b）所示的方法安装？

十一、锯条损坏的形式、原因及应采取的措施

锯条损坏的形式有锯齿崩断、锯条折断和锯齿过早磨损等。主要原因及应采取的措施见表1-4。

表1-4　锯条损坏的形式、原因及应采取的措施

锯条损坏形式	原　因	措　施
锯齿崩断	（1）锯齿的粗细选择不当； （2）起锯方法不正确； （3）突然碰到砂眼、杂质或突然加大压力	（1）根据工件材料的硬度选择锯条的粗细，锯薄板或薄壁管时，选细齿锯条； （2）起锯角要小，远起锯时用力要小； （3）碰到砂眼、杂质时用力要减小，锯削时避免突然加压； （4）发现锯齿崩裂，立即在砂轮上小心地将其磨掉，且对后面相邻的2～3个齿高作过渡处理，避免齿的尺寸突然变化
锯条折断	（1）锯条安装不当； （2）工件装夹不正确； （3）强行借正歪斜的锯缝； （4）用力太大或突然加压力； （5）新换锯条在旧缝中受卡后被拉断	（1）锯条松紧要适当； （2）工件装夹要牢固，伸出端尽量短； （3）锯缝歪斜后，将工件调向再锯，不可调向时，要逐步借正； （4）用力要适当； （5）新换锯条后，要将工件调向锯削，若不能调向，要较轻较慢地过渡，待锯缝变宽后再正常锯削
锯齿过早磨损	（1）锯削速度太快； （2）锯削硬材料时未进行冷却、润滑	（1）锯削速度要适当； （2）锯削钢件时应加机油，锯铸件加柴油，锯其他金属材料可加切削液

【多媒体（上网搜索）】

（1）历史上的能工巧匠。

（2）钳工大王。

（3）使用网上图片搜索工具，见识各式各样的锯条。

（4）浏览“游标卡尺”网页、图片，观看“使用游标卡尺”视频。

【思与行——思考是进步的阶梯，实践能完善自己】

你用过木工锯吗？学了锯割，回家就可以进行适当的木工修理，也可以用锯弓锯一些金属。不过，千万要注意安全。

任务二　锯割六角钢

一、读懂工作图样

本次任务是锯削如图 1-26（b）所示的六方体钢工件，总长为 60mm。分两次锯割，将长棱柱锯成左、中、右 3 小段。图 1-26 中，图（b）所示为六棱柱的立体图，图（a）所示是其零件图。图（a）主视图（六方体工件水平横放时）中，两端的小六方体的长都是 18mm ±0.8mm，中心对称线和六角线重合处用粗实线，平面度符号用箭头指向左右两段的锯削面，表示这两个锯削面的平面度值都是 0.8；左视图为正六边形，只要一个尺寸（见图 1-26）就确定了正六边形的大小。（理解图形见本任务的基本知识。本任务中，教师也可选用四方钢让学生训练。）

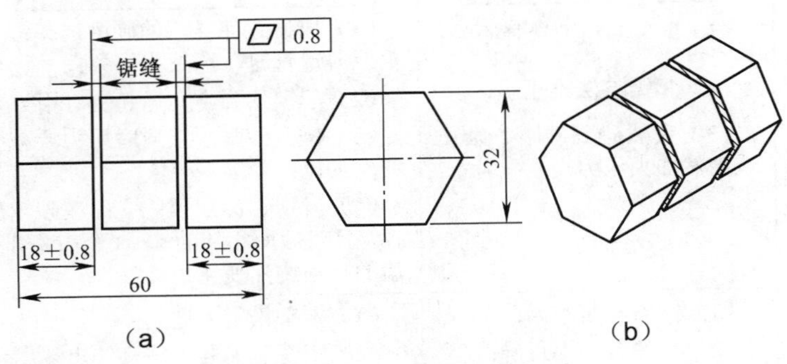

图 1-26　六方体工件

二、工作过程和技术要领

1．工作准备

① 备料：图 1-26 所示六方体钢工件，左右两端面符合加工要求。

② 准备相关工具、量具。

2．划线

划线是指在毛坯或工件上，用划线工具划出待加工部位的轮廓线或作为基准的点、线。划线方法同任务一。划线分平面划线和立体划线两种。

（1）平面划线

只需要在工件的一个表面上划线后即能明确表示加工界线的，称为平面划线（见图 1-27）。例如，在板料、条料表面上划线，在法兰盘端面上划钻孔加工线等都属于平面划线。

（2）立体划线

在工件上几个互成不同角度（通常是互相垂直）的表面上划线，才能明确表示加工界线的，称为立体划线（见图 1-28）。例如，划出矩形块各表面的加工线以及支架、箱体等表面的加工线都属于立体划线。

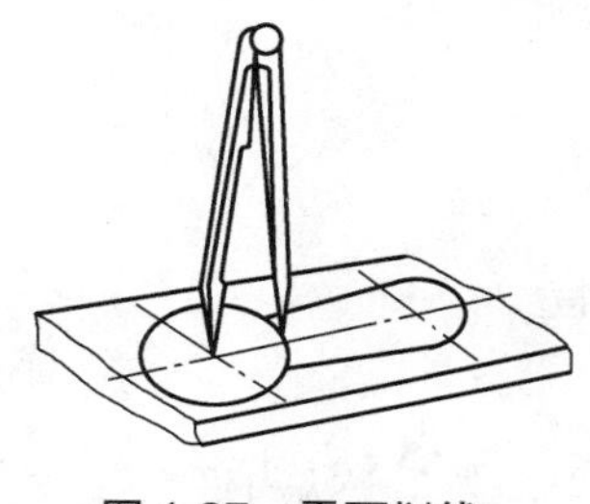

图 1-27　平面划线

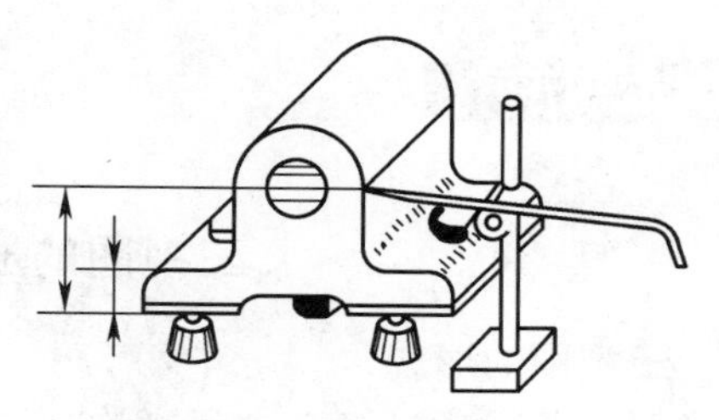

图 1-28　立体划线

（3）划线的作用

划线工作不仅在毛坯表面上进行，也经常在已加工过的表面上进行，如在加工后的平面上划出钻孔的加工线。划线的作用如下：

① 确定工件的加工余量，使机械加工有明确的尺寸界线；

② 便于复杂工件在机床上安装，可以按划线找正定位；

③ 能够及时发现和处理不合格的毛坯，避免加工后造成损失；

④ 采用借料划线可以使误差不大的毛坯得到补救，使加工后的零件仍能符合要求。

划线是机械加工的重要工序之一，广泛应用于单件和小批量生产，是钳工应该掌握的一项重要操作。

（4）划线的要求

划线除要求划出的线条清晰、均匀外，最重要的是保证尺寸准确。在立体划线中，还应注意使长、宽、高 3 个方向的线条互相垂直。当划线发生错误或准确度太低时，就有可能造成工件报废。由于划出的线条总有一定的宽度，以及在使用划线工具和测量调整尺寸时难免产生误差，所以不可能绝对准确。一般的划线精度能达到 0.25～0.5mm。因此，通常不能依靠划线直接确定加工时的最后尺寸，而必须在加工过程中通过测量来保证尺寸的准确度。

3．夹持工件（夹持方法同任务一）

【技术要领】 要尽可能夹持工件上比较大的表面，提高夹持的稳定性，减小工件被夹处的压强。

4．锯削工件（锯削方法同任务一）

【技术要领】 锯削站位和姿势一定要正确，把握好锯削速度。

5．清理工作现场

6．检测加工工件（本任务成绩评定填入表 1-6）

（1）用游标卡尺测量长度尺寸 18±0.8（2 个尺寸）

（2）检测平面度（参照图 1-10）

【特别提醒】 在本任务中，如果你的产品没有达到要求，可向教师申请在你用过的材料上再加工，长度尺寸作适当调整，直到达标。

【思与行——思考是进步的阶梯，实践能完善自己】

自己检测一下锯削面的平面度是否达要求，再请教师检测，比较自己检测的平面度与教师检测的值有没有差距，如有，是什么原因？

三视图的形成及投影规律

一、三视图的形成

物体是有长、宽、高 3 个尺度的立体。我们要认识它，就应该从上、下、左、右、前、后各个方面去观察它，才能对其有一个完整的了解。图 1-29 所示是 4 个不同的物体，只取它们一个投影面上的投影，如果不附加其他说明，是不能确定各物体的整个形状的。要反映物体的完整形状，必须根据物体的繁简，多取几个投影面上的投影相互补充，才能把物体的形状表达清楚。

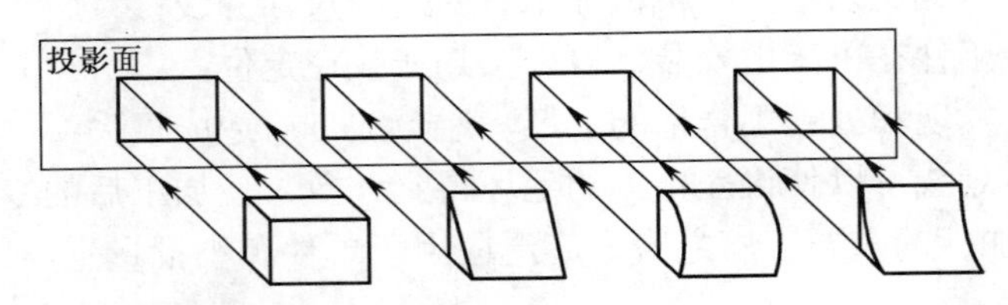

图 1-29 不同形状的物体在同一投影面上可以得到相同的投影

1．三投影面体系

为了准确地表达物体的形状和大小，我们选取互相垂直的 3 个投影面，如图 1-30 所示。3 个投影面的名称和代号分别如下：

① 正对观察者的投影面称为正立投影面（简称正面），代号用“V”表示；

② 右边侧立的投影面称为侧立投影面（简称侧面），代号用“W”表示；

③ 水平位置的投影面称为水平投影面（简称水平面），代号用“H”表示。

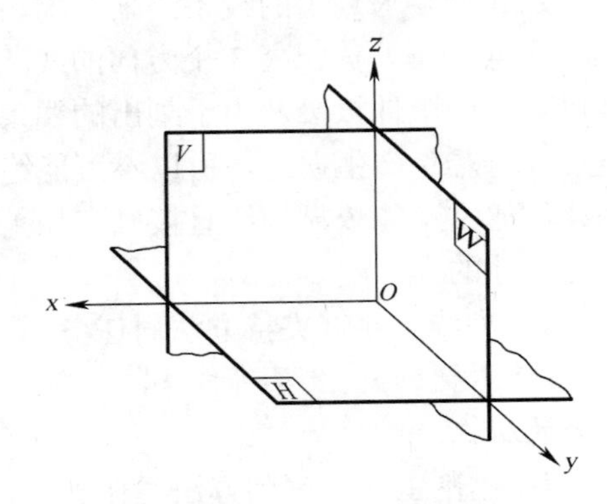

图 1-30 三投影面体系

这 3 个互相垂直的投影面就好像室内一

角，即像相互垂直的两堵墙壁和地板那样，构成一个三投影面体系。当物体分别向 3 个投影面作正投影时，就会得到物体的正面投影（*V* 面投影）、侧面投影（*W* 面投影）和水平面投影（*H* 面投影）。

由于三投影面彼此垂直相交，故形成 3 根投影轴，它们的名称分别如下：

① 正立投影面（*V*）与水平投影面（*H*）相交的交线，称 *Ox* 轴，简称 *x* 轴；

② 水平投影面（*H*）与侧立投影面（*W*）相交的交线，称 *Oy* 轴，简称 *y* 轴；

③ 正立投影面（*V*）与侧立投影面（*W*）相交的交线，称 *Oz* 轴，简称 *z* 轴。

x、*y*、*z* 三轴的交点称为原点，用“*O*”表示。

2．三视图的形成

在工程上，假设把物体放在观察者与投影面体系之间［见图 1-31（a）］，把观察者的视线看成是投射线，且互相平行地垂直于各投影面进行观察，从而获得正投影。这种按正投影法并根据有关标准和规定画出的物体的图形，称为视图。正面投影（由物体的前方向后方投射所得到的视图）称为主视图，水平面投影（由物体的上方向下方投射所得到的视图）称为俯视图，侧面投影（由物体的左方向右方投射所得到的视图）称为左视图。

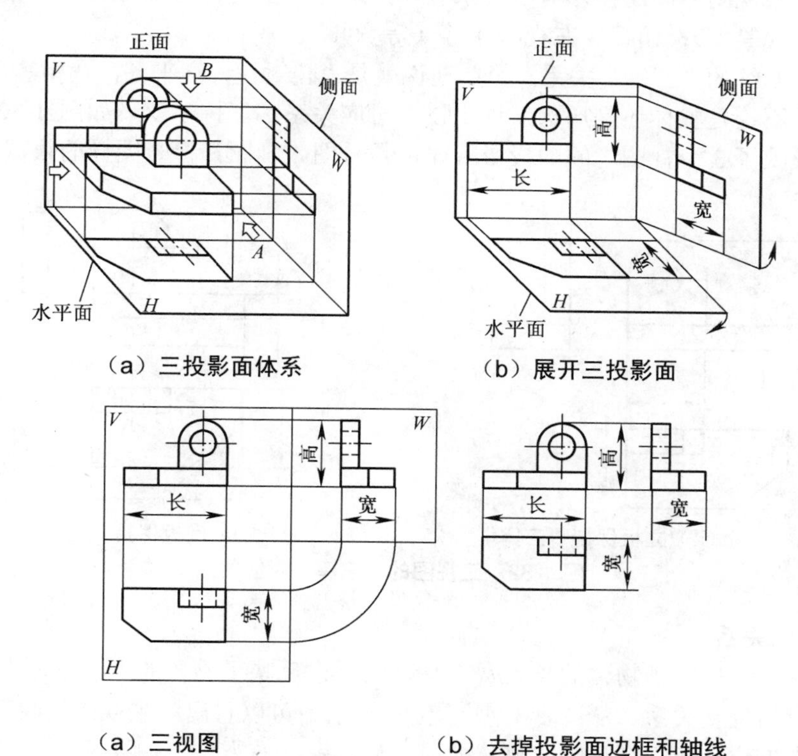

（a）三投影面体系　（b）展开三投影面

（a）三视图　（b）去掉投影面边框和轴线

图 1-31　三视图的形成

为了把空间的 3 个视图画在一个平面上，就必须把 3 个投影面展开摊平。展开的方法是：正面（*V*）保持不动，水平面（*H*）绕 *Ox* 轴向下旋转 90°，侧面（*W*）绕 *Oz* 轴向右旋转 90°，使它们和正面（*V*）展成一个平面，如图 1-31（b）、（c）所示。这样展开在一个平面上的 3 个视图，称为物体的三面视图，简称三视图。由于投影面的边框是设想的，所以不必画出。去掉投影面边框后的物体的三视图，如图 1-31（d）所示。

二、三视图的关系及投影规律

从三视图的形成过程中，可以总结出三视图的位置关系、投影关系和方位关系。

1．位置关系

由图 1-31 可知，物体的 3 个视图按规定展开、摊平在同一平面上以后，具有明确的位置关系，主视图在上方，俯视图在主视图的正下方，左视图在主视图的正右方。

2．投影关系

任何一个物体都有长、宽、高 3 个方向的尺寸。从物体的三视图中（见图 1-31）可以看出：主视图反映物体的长度和高度；俯视图反映物体的长度和宽度；左视图反映物体的高度和宽度。

由于 3 个视图反映的是同一物体，其长、宽、高是一致的，所以每 2 个视图之间必有一个相同的度量，即主、俯视图反映了物体的同样长度（等长）；主、左视图反映了物体的同样高度（等高）；俯、左视图反映了物体的同样宽度（等宽）。

因此，三视图之间的投影对应关系可以归纳为：主视、俯视长对正（等长）；主视、左视高平齐（等高）；俯视、左视宽相等（等宽）。

上面所归纳的“三等”关系，简单地说就是“长对正，高平齐，宽相等”。对于任何一个物体，不论是整体还是局部，这个投影对应关系都保持不变，如图 1-32 所示。“三等”关系反映了 3 个视图之间的投影规律，是看图、画图和检查图样的依据。

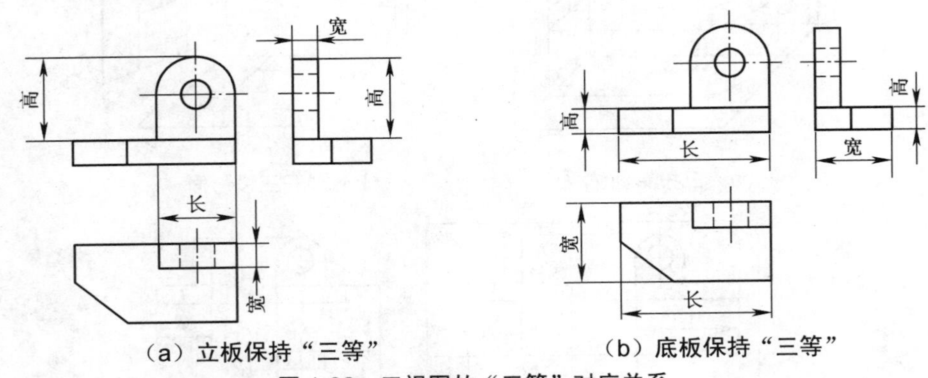

（a）立板保持“三等”　　（b）底板保持“三等”

图 1-32　三视图的“三等”对应关系

3．方位关系

三视图不仅反映了物体的长、宽、高，同时也反映了物体的上、下、左、右、前、后 6 个方位的位置关系。从图 1-33 所示位置关系中可以看出：主视图反映了物体的上、下、左、右方位；俯视图反映了物体的前、后、左、右方位；左视图反映了物体的上、下、前、后方位。

三、基本几何体的三视图

机器上的零件，由于其作用不同而有各种各样的结构形状，不管它们的形状如何复杂，都可以看成是由一些简单的基本几何体组合起来的。例如，图 1-34（a）所示顶尖可看成是圆锥和圆台的组合；图 1-34（b）所示螺栓坯可看成是圆台、圆柱和六棱柱的组合；图 1-34（c）所示手柄可看成是圆柱、圆环和球体的组合等。

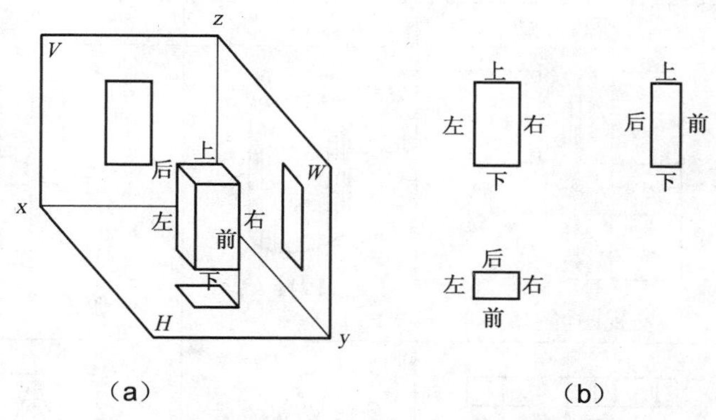

图 1-33　三视图反映物体 6 个方位的位置关系

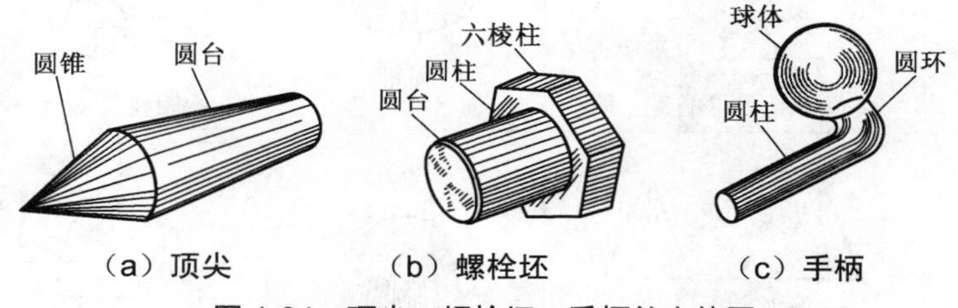

图 1-34　顶尖、螺栓坯、手柄的立体图

基本几何体是由一定数量的表面围成的。常见的基本几何体有棱柱、棱锥、圆柱、圆锥、球体、圆环等，如图 1-35 所示。根据这些几何体的表面几何性质，基本几何体可分为平面立体和曲面立体两大类。

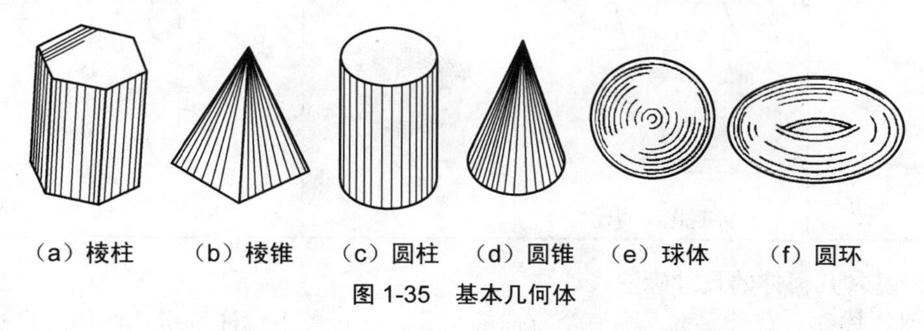

（a）棱柱　（b）棱锥　（c）圆柱　（d）圆锥　（e）球体　（f）圆环

图 1-35　基本几何体

① 平面立体，指表面都是由平面所构成的形体，如棱柱、棱锥等。

② 曲面立体，指表面是由曲面和平面或者全部是由曲面构成的形体，如圆柱、圆锥、球体、圆环等。

部分几何体的三视图如表 1-5 所示。熟练地掌握基本几何体视图的阅读，能为今后识读机械零件图打下良好基础。

表 1-5　　　　基本几何体的尺寸标注

平面立体		曲面立体	
立体图	三视图	立体图	三视图
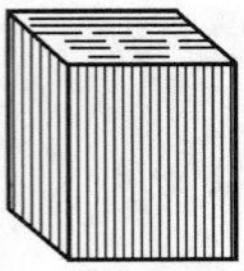 四棱柱	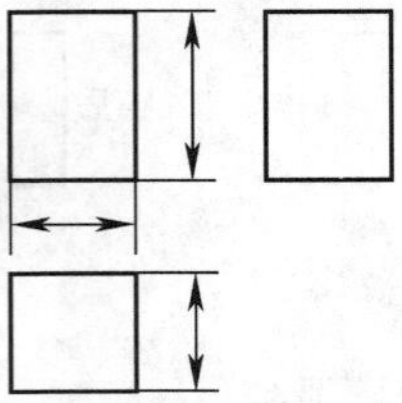 左视图可省略	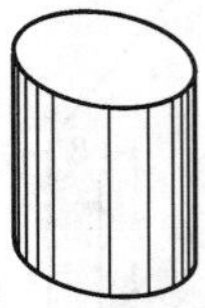 圆柱	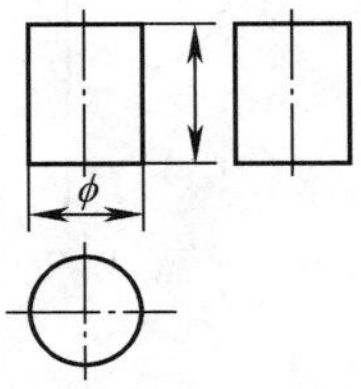 俯视图、左视图可省略
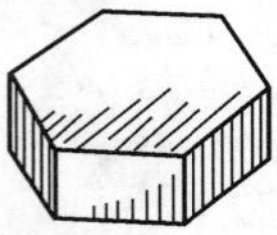 六棱柱	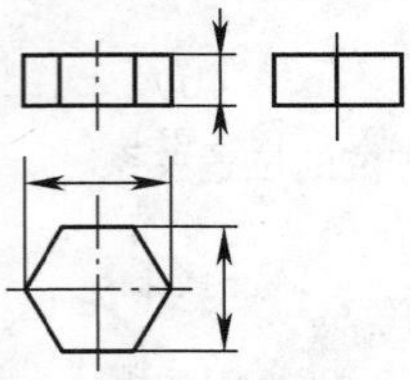 左视图可省略	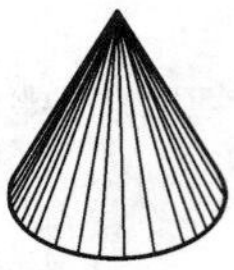 圆锥	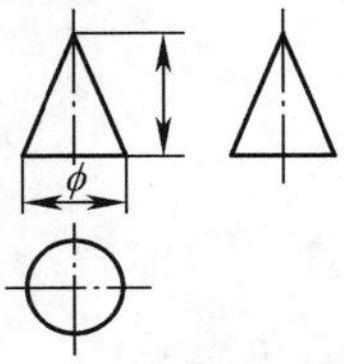 俯视图、左视图可省略
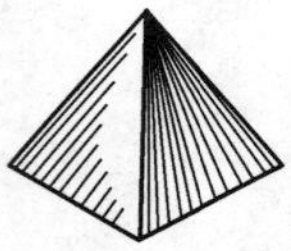 四棱锥	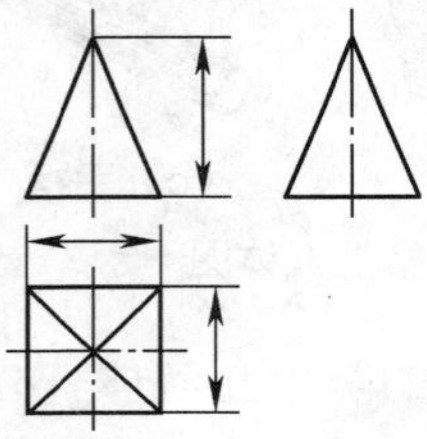 左视图可省略	 圆锥台	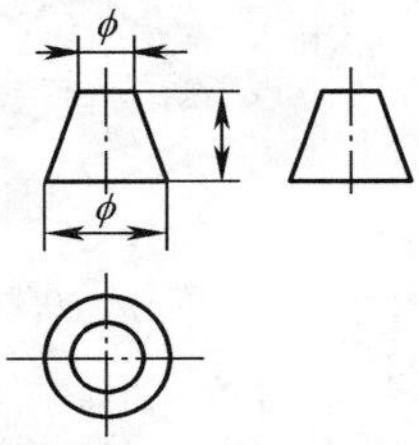 俯视图、左视图可省略
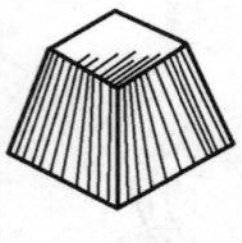 四棱台	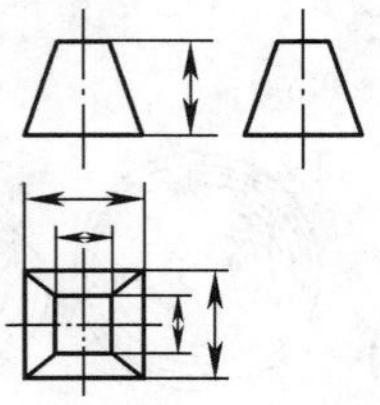 左视图可省略	 球	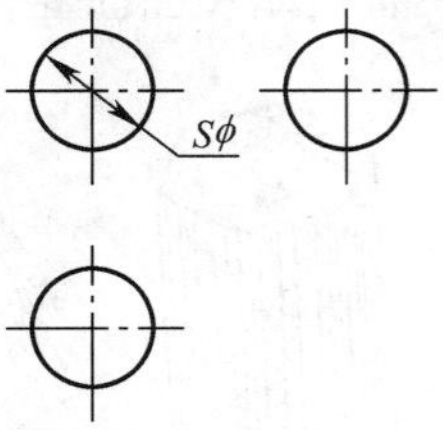 俯视图、左视图可省略

四、基本几何体的尺寸标注

任何物体都具有长、宽、高三个方向的尺寸。在视图上标注基本几何体的尺寸时，应将 3 个方向的尺寸标注齐全，既不能少，也不能重复和多余。

表 1-5 列举了一些常见基本几何体的尺寸标注。

从表 1-5 可以看出，在三视图中，尺寸应尽量标注在反映基本形体形状特征的视图上，而圆的直径一般标注在投影为非圆的视图上。

【思与行——思考是进步的阶梯，实践能完善自己】

现在你知道图 1-1 所示的尺寸标注有何不妥了吗？将其改正过来。

【多媒体（上网搜索）】

（1）锯割技术。

（2）观看“三视图的形成及投影规律”课件。

任务三　锯割深缝工件

一、读懂工作图样

本次任务是锯削如图 1-36 所示的工件，总长为 120mm。其原料的基本形状是圆柱体（如图 1-36 所示，水平横放），将圆柱体的上下对称地各削去了一部分，使其上下表面都为与水平面平行的平面，上下表面间的尺寸为 22mm±1mm，即为本次任务要锯削的工件。本任务是要将待加工工件的前后两面也对称地锯削成与正面平行的平面，前后面间的尺寸为 22mm±1mm。（有关尺寸公差的概念见本任务的基本知识）

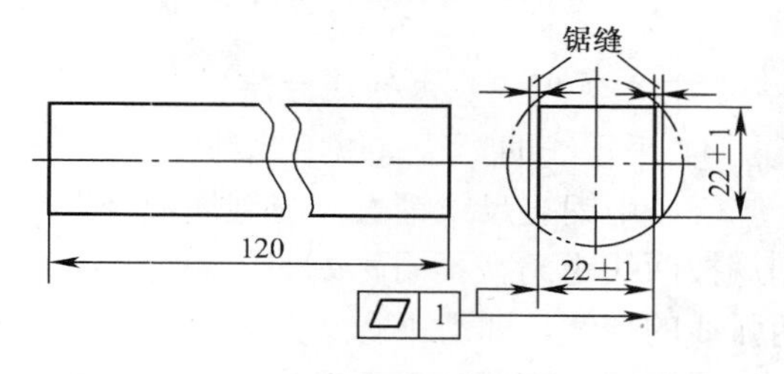

图 1-36　深缝锯削工件

【思与行——思考是进步的阶梯，实践能完善自己】

看到几何体要想象出它的三视图，看到视图也要能想象出它所表示的实物的形状。你能根据图 1-36 所示的两个图，准确地描述出待加工工件的形状和锯削后工件的形状吗？

二、工作过程和技术要领

1．工作准备

① 备料：图 1-36 所示钢工件，左右两端面符合加工要求。

② 准备相关工具、量具。

2．划线

（1）做好划线前的准备工作

划线前，首先要看懂图样和工艺文件，明确划线的任务；其次是检查工件的形状和尺寸是否符合图样要求；然后选择划线工具；最后对划线部位进行清理和涂色等。

① 工件的清理，就是除去工件表面的氧化层、毛边、毛刺、残留污垢等，为涂色和划线作准备。

② 工件的涂色，是在工件需划线的表面涂上一层涂料，使划出的线条更清晰。常用的涂料有石灰水、蓝油等。石灰水用于铸件和锻件毛坯。为增加吸附力，可在石灰水中加适量牛皮胶水，划线后白底黑线，十分清晰。蓝油是由 2%～4%龙胆紫、3%～5%虫胶漆和 91%～95%酒精配制而成的。蓝油常涂于已加工表面，划线后蓝底白线，效果较好。

【技术要领】 涂色时，涂层要涂得薄而均匀。太厚的涂层反而容易脱落。

（2）在工件上划线

划线步骤如图 1-37 所示。用平行线划法和圆弧线划法（见下面的技术点 1），在备料的两端求圆心，如图 1-37（a）所示。用样冲在圆心处打样冲眼（见下面的技术点 2），用垂直线划法（见下面的技术点 1）在备料两端先划出竖直对称线，后划出水平对称线，再在两端划锯缝线，如图 1-37（b）所示。在上下两表面各划出两条锯缝线，如图 1-37（c）所示。

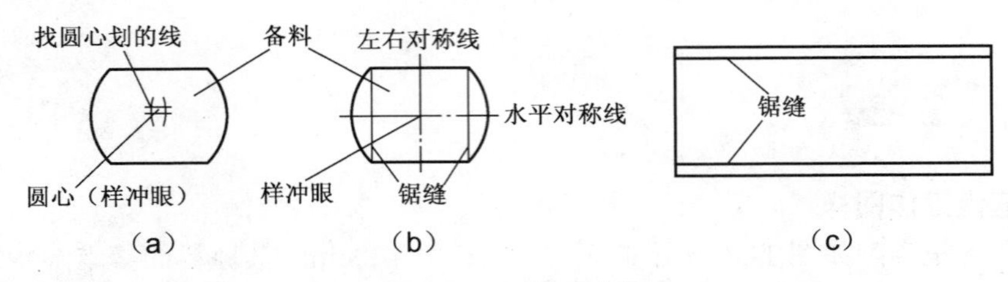

图 1-37　划线示意图

【技术点 1】 基本划线方法

① 平行线的划法有以下几种。

（a）用钢直尺或钢直尺与划规配合划平行线。划已知直线的平行线时，用钢直尺或划规按两线距离在不同两处的同侧划一短直线或弧线，再用钢直尺将两直线相连，或作两弧线的切线，即得平行线，如图 1-38 所示。

（b）用单脚规划平行线。用单脚规的一脚靠住工件已知直边，在工件直边的两端以相同距离用另一脚各划一短线，再用钢直尺连接两短线即成，如图 1-39 所示。

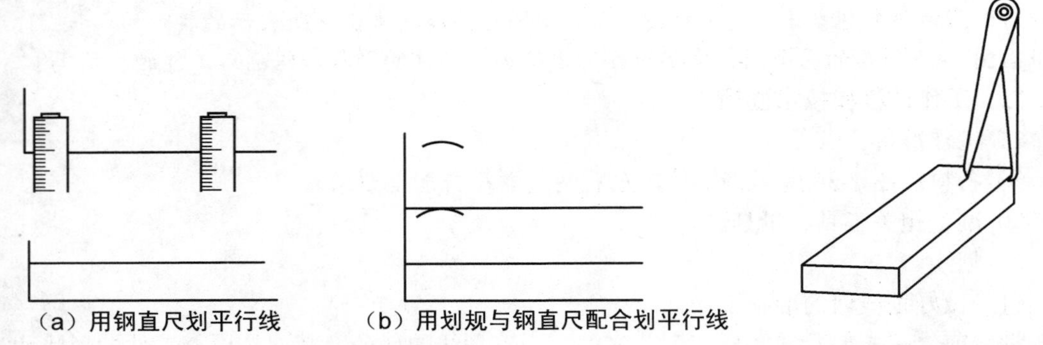

图 1-38　划平行线　　图 1-39　用单脚规划平行线

（c）用钢直尺与 90° 角尺配合划平行线。如图 1-40 所示，用钢直尺与 90° 角尺配合划平行线时，为防止钢直尺松动，常用夹头夹住钢直尺。当钢直尺与工件表面能较好地贴合时，可不用夹头。

（d）用划线盘或高度游标卡尺划平行线，分别如图 1-41、图 1-42 所示。

若工件可垂直放在划线平台上，可用划线盘或高度游标卡尺度量尺寸后，沿平台移动，划出平行线。

② 垂直线的划法有以下几种。

（a）用 90° 角尺划垂直线，如图 1-43 所示。将 90° 角尺的一边对准或紧靠工件已知边，划针沿尺的另一边垂直划出的线即为所需垂直线。

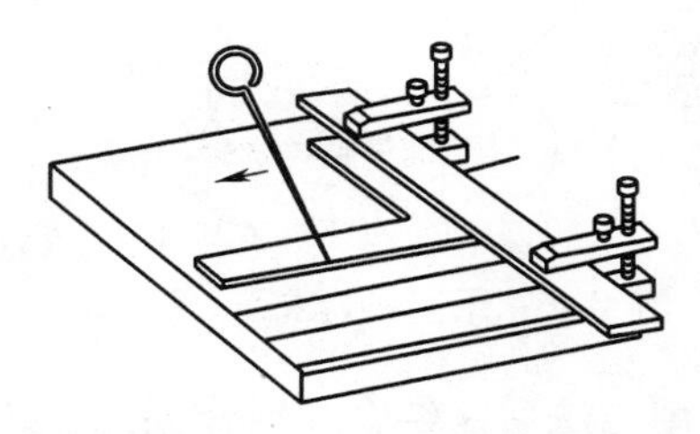
图 1-40　用钢直尺与 90° 角尺配合划平行线

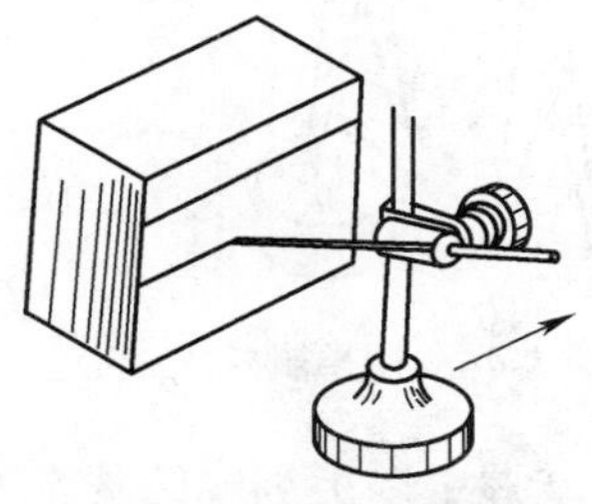
图 1-41　用划线盘划平行线

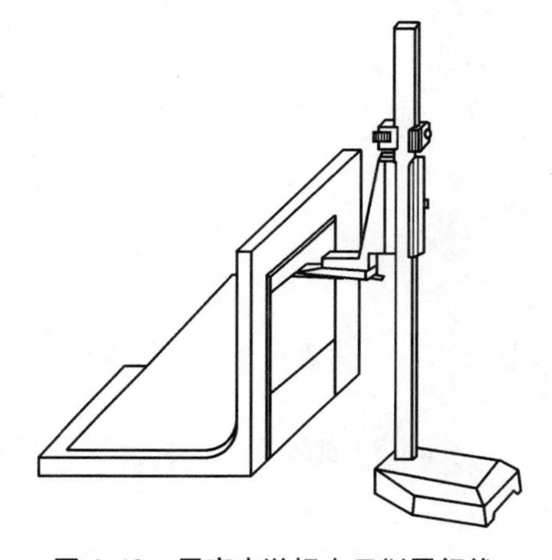
图 1-42　用高度游标卡尺划平行线

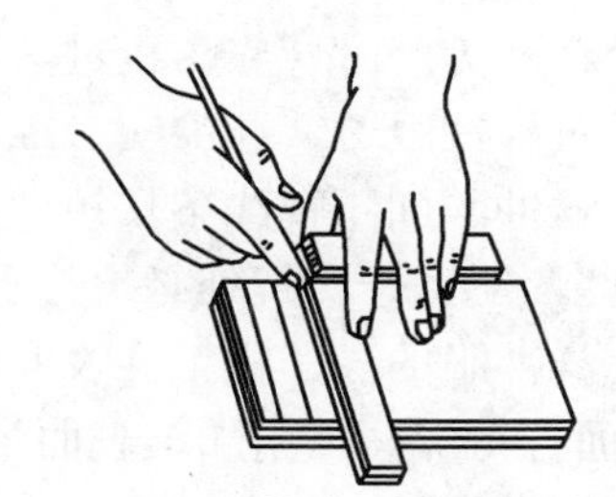
图 1-43　用 90° 角尺划垂直线

（b）用划线盘或高度游标卡尺划垂直线。先将工件和已知直线调整到垂直位置，再用划线盘或高度游标卡尺划出已知直线的垂直线。

（c）几何作图法划垂直线。根据几何作图知识划垂直线。

③ 圆弧线划法。划圆弧线前要先划中心线，确定中心点，在中心点打样冲眼，然后用划规以一定的半径划圆弧。划圆弧前求圆心的方法有以下两种。

(a) 用单脚规求圆心。将单脚规两脚尖的距离调到大于或等于圆的半径（见图 1-44），然后把划规的一只脚靠在工件侧面，用左手大拇指按住，划规另一脚在圆心附近划一小段圆弧。划出一段圆弧后再转动工件，每转 1/4 周就依次划出一段圆弧。当划出第 4 段后，就可在 4 段弧的包围圈内由目测确定圆心位置。

（b）用划线盘求圆心。把工件放在 V 形架上（见图 1-45），将划针尖调到略高或略低于工件圆心的高度。左手按住工件，右手移动划线盘，使划针在工件端面上划出一短线。再依次转动工件，每转过 1/4 周便划一短线，共划出 4 根短线，再在这个“#”形线内目测出圆心位置。

当在有孔的工件上划圆或等分圆周时，为了在求圆心和划线时能固定划规的一脚，必须在孔中塞入塞块。常用的塞块有铅条、木块或可调塞块。铅条用于较小的孔，木块和可调塞块用于较大的孔。

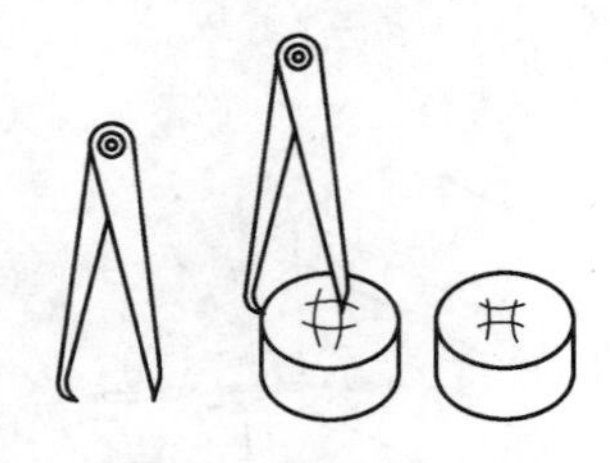

图 1-44　用单脚规求圆心

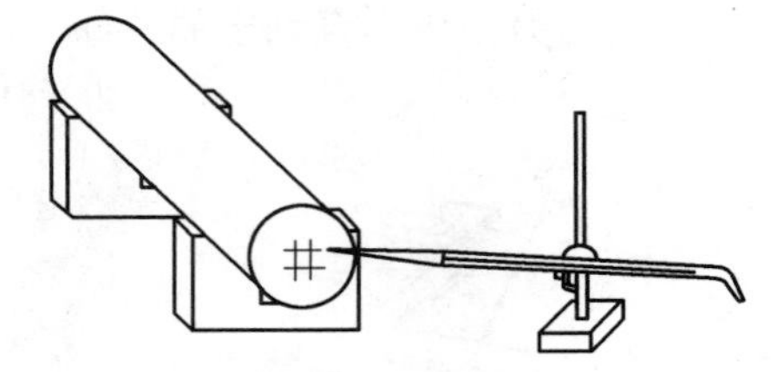

图 1-45　用划线盘求圆心

在掌握了以上划线的基本方法及划线工具的使用方法后，结合几何作图知识，就可以划出各种平面图形，如划圆的内接或外切正多边形、圆弧连接等。

【技术点 2】　打样冲眼

样冲用于在工件所划加工线条上打样冲眼（冲点），作加强界限标志和作圆弧或钻孔时的定位中心。样冲一般由碳素工具钢制成，尖端处淬硬，顶尖角磨成 60° 或 120°（60° 冲加工线，120° 冲钻孔中心），如图 1-46 所示。

使用注意事项如下：

① 样冲刃磨时，应防止过热退火；

② 打样冲眼时，冲尖应对准所划线条正中；

③ 样冲眼间距视线条长短曲直而定，线条长而直时，间距可大些，线条短而曲则间距应小些，交叉、转折处必须打上样冲眼；

④ 样冲眼的深浅视工件表面粗糙程度而定，表面光滑或薄壁工件样冲眼打得浅些，粗糙表面打得深些，精加工表面禁止打样冲眼。

3．夹持工件

本工件一般纵向夹在台虎钳的左面，夹持示意图见图 1-47。锯第 2 条缝时，工件左右对调夹持。

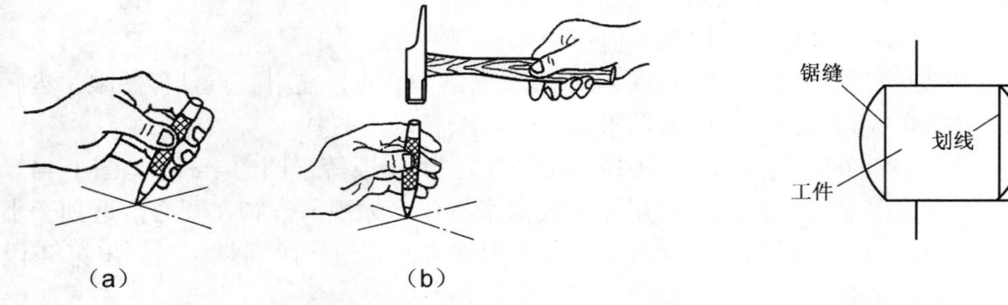

图 1-46　样冲的用法图

图 1-47　夹持工件

【技术要领】　随着锯缝的加深，要移动工件的夹持位置。每次移工件时，都要将锯条从锯缝中退出，将锯弓平放在钳工台上，不得将锯条夹在锯缝中同时移动工件和锯弓。

4．锯削工件

【技术要领】当锯缝的深度超过锯弓高度时，称这种缝为深缝。图 1-48（a）所示为正常锯削；在锯弓快要碰到工件时，应将锯条拆出并转过 90° 重新安装，见图 1-48（b）；或把锯条的锯齿朝着锯弓背进行锯削，见图 1-48（c），使锯弓背不与工件相碰。

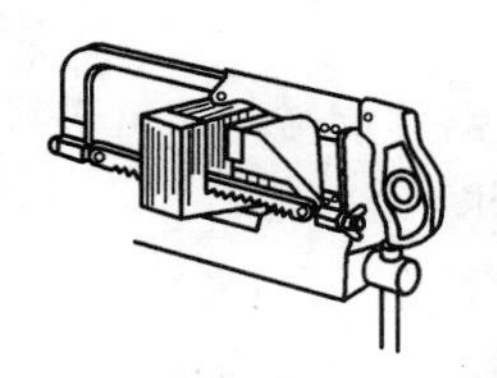
（a）正常锯削

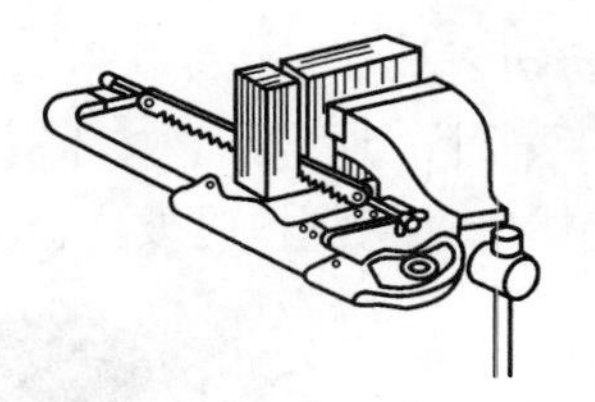
（b）转 90° 安装锯条

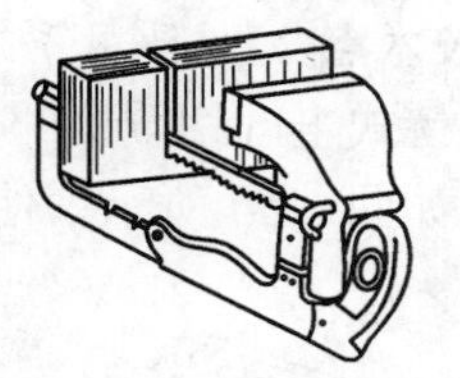
（c）转 180° 安装锯条

图 1-48　深缝的锯削

【技术点 1】 几种材料的锯削方法

① 棒料的锯削方法。锯削棒料时，如果要求锯出的断面比较平整，则应从一个方向起锯直到结束，称为一次起锯。若对断面的要求不高，为减小切削阻力和摩擦力，可以在锯入一定深度后再将棒料转过一定角度重新起锯。如此反复几次从不同方向锯削，最后锯断，称为多次起锯（见图 1-49）。显然，多次起锯较省力。

② 管子的锯削。若锯薄管子，应使用两块木制 V 形或弧形槽垫块夹持，以防夹扁管子或夹坏表面（见图 1-50）。锯削时不能仅从一个方向锯起，否则管壁易钩住锯齿而使锯条折断。正确的锯法是每个方向只锯到管子的内壁处，然后把管子转过一角度再起锯，且仍锯到内壁处，如此逐次进行直至锯断。在转动管子时，应使已锯部分向推锯方向转动，否则锯齿也会被管壁钩住，如图 1-51（a）所示。

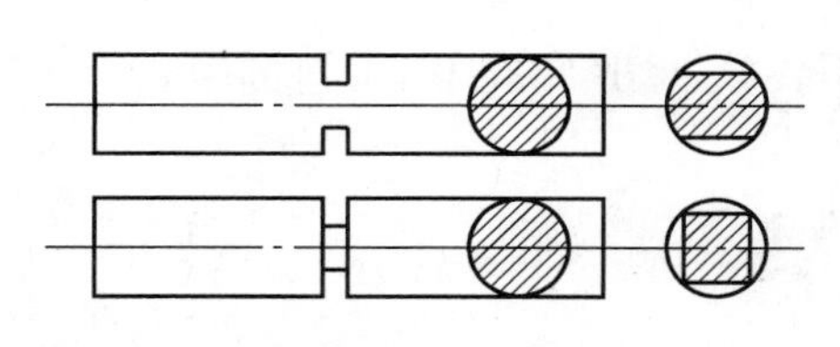
图 1-49　棒料的锯削

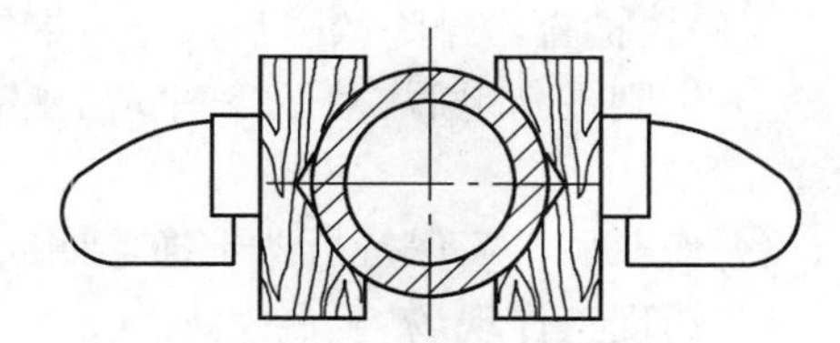
图 1-50　管子的夹持

③ 薄板的锯削。锯削薄板时，可将薄板夹在两木块或金属块之间，连同木块或金属块一起锯削，这样既可避免锯齿被钩住，又可增加薄板的刚性（见图 1-52）。另外，若将薄板夹在台虎钳上，用手锯作横向斜推，就能使同时参与锯削的齿数增加，避免锯齿被钩住，并能增加工件的刚性（见图 1-53）。

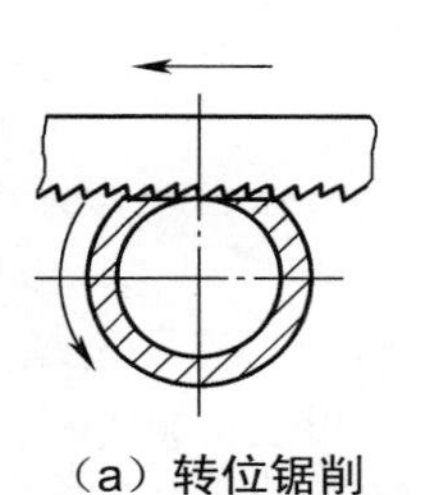
（a）转位锯削　　（b）不正确锯削

图 1-51　管子的锯削

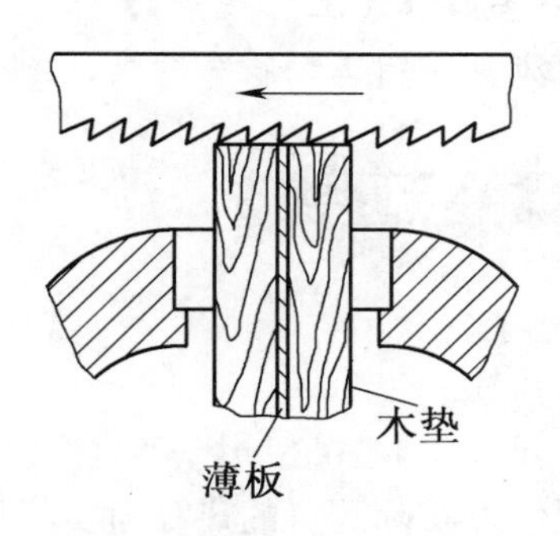

图 1-52　薄板的夹持方法

【技术点 2】 使用手持式电动切割机

手持式电动切割机的开关在手柄上，通电后，按下开关，锯片旋转，即可进行切割。其外形如图 1-54 所示。使用手持式电动切割机时要注意以下几点：

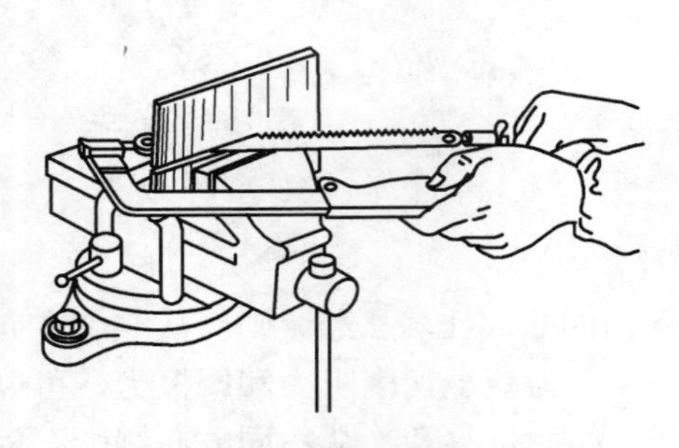

图 1-53 薄板的锯削方法

图 1-54 手持式电动切割机的外形

① 不得使用不符合规定要求和破损、变形或有裂痕的切割片；

② 使用前，应检查并确认通电正常，防护罩安全有效，切割片安装正确；

③ 启动后，应先空载运行，检查确认切割片运转方向正确，运转中无异常响声，方可作业；

④ 作业中，推进切割机时不得用力过猛，当切割机发生冲击、跳动及有异常声响时，应立即停机检查，排除故障后，方可继续作业；

⑤ 切割机断电后，在切割片完全停转之前不要放下切割机，切割片停转后才能进行检查、维修；

⑥ 作业后，应保持机器干净，摆放在合适处。

5．清理工作现场

6．检测加工工件（本任务成绩评定填入表 1-6）

（1）用游标卡尺测量长度尺寸 22±1。

（2）检测平面度（参照图 1-10）。

【特别提醒】 在本任务中，如果你的产品没有达到要求，可向教师申请一根圆棒料，锯成本任务的备料形状，使锯缝达要求。

【多媒体（上网搜索）】

浏览“钳工划线”网页、图片、视频，进一步学习。

尺寸公差的概念

尺寸“44±0.8”中，“44”是基本尺寸，“44.8”是最大极限尺寸，“43.2”是最小极限尺寸，实际测量的尺寸为实际尺寸，在 43.2～44.8 为合格尺寸。如果实际测量尺寸为 44.3，那么该尺寸的实际偏差为＋0.3。尺寸 44±0.8 的公差为 44.8－43.2=1.6。

【思与行——思考是进步的阶梯，实践能完善自己】

本项目中，尺寸 18±0.8、22±1 的最大极限尺寸、最小极限尺寸、尺寸公差各是多少？你能计算某实际尺寸的实际偏差吗？

【多媒体——本项目课外阅读】

（1）国家标准《技术制图》、《机械制图》中的相关内容。

（2）《机械制图》书籍中的相关内容。

（3）《钳工工艺学》书籍中的相关内容。

（4）上网搜索并学习“尺寸公差”。

项目学习评价

一、思考练习题

（1）夹持工件的技术要领有哪些？

（2）安装锯条时有哪些注意事项？

（3）起锯时有哪些注意事项？

（4）如何确保锯削姿势和锯削运动正确？

（5）正确使用游标卡尺的注意事项有哪些？

（6）如何检测平面度？

（7）三视图是怎样形成的？

（8）请简述三视图的关系及投影规律。

（9）你看到几何体能想象出它的三视图、看到视图能想象出它所表示的实物的形状吗？举例说明。

（10）深缝锯削时，要注意哪些技术要领？

（11）如何对工件进行划线？

（12）举例说明尺寸公差。

二、自我评价、小组互评及教师评价（见表 1–6）

表 1-6　　锯割工件项目训练记录与成绩评定表　　总得分________

项次	项目与技术要求		配分	评分标准	自检结果	小组互评	教师评价	得分
1	圆柱	尺寸 44mm±0.8mm	8	每超差 0.1mm 扣 2 分				
2		平面度 0.8	6	超差不得分				
3	钢六角	尺寸 18mm±0.8mm（2 件）	2×6	每超差 0.1mm 扣 2 分				
4		平面度 0.8（2 件）	2×4	超差不得分				
5	深缝	尺寸 22mm±1mm	14	每超差 0.5mm 扣 5 分				
6		平面度 1（2 面）	2×5	超差不得分				
7	锯割姿势正确		25	正确				

续表

项次	项目与技术要求	配分	评分标准	自检结果	小组互评	教师评价	得分
8	锯割断面纹路整齐（有平面度要求的5面）	5×1	整齐				
9	外形无损伤（6件）	6×2	损伤一件扣2分				
10	锯条使用	每折断一根扣3分					
11	文明生产与安全生产	违者扣1～10分					

注：表中第3项配分“2×6”中的“2”表示“2件”，“6”表示每件配“6分”，第3项的总配分为“12分”。以后评分表中，对如此样式的解释相同。

【特别提醒】 本项目及后续项目各任务的“成绩评定”，都以达到全部技术要求作为满分（100分）。企业进行产品检测，只有“合格”与“不合格”两种结论，达到全部技术要求的产品是合格品，否则就是废品。工人如果生产了废品，会影响他的经济收益。我们在进行基本功训练时也是这样，只有当你加工的工件、零件达到全部技术要求，才算达到了训练要求，否则要补训。学习本课程与学习其他课程不同，成绩评定得到60分也不能过关。成绩评定的总得分越高，说明越接近要求。

三、个人学习小结

1．比较对照

（1）比较教师的操作姿势和同学们的操作姿势，发现了什么？有哪些感受？

（2）“自检结果”和“得分”的差距在哪里？

（3）在本项目学习过程中，掌握了哪些技能与知识？

2．相互帮助

帮助同学纠正了哪些错误？在同学的帮助下，改正了哪些错误，解决了哪些问题？

锯割工件项目总结

在本项目中，我们除了掌握了金属切削的一种技能——锯削外，还初步掌握了钳工划线技能，学到了一些机械制图和识图的知识。同学们已经初步领会到钳工课程的学习方法，收获不小。我们还要学习更多的钳工技能，掌握更多的知识，领略金属加工的神奇世界。只要我们动起手来，用心做，肯定能把钳工学好，成为一名出色的技术工人。遇到不会做的，多问教师，看教师和同学是怎么做的，总是能学会的。遇到不懂的问题，只要认真看书、查资料，向教师和工厂技术人员请教，总能化解迷团，获得知识和力量，战胜困难，走向成功。

项目二　锉 削 工 件

项目情境创设

项目一中我们学习了锯割，能较快地把金属锯开，但经锯削所形成的表面的技术要求不可能很高，本项目学习锉削，能很好地解决这一问题。用锉刀对工件表面进行切削加工，使工件达到所要求的形状、尺寸和表面粗糙度，这种加工方法称为锉削。锉削的加工范围有内外平面、内外曲面、内外角、沟槽及各种复杂形状的表面。锉削也是钳工重要的基本功之一，尽管它的效率不高，但在现代工业生产中用途仍很广泛。例如，对装配过程中的个别零件作最后修整；在维修工作中或在单件小批量生产条件下，对一些形状较复杂的零件进行加工；制作工具或模具；手工去毛刺、倒角、倒圆等。总之，在一些不易用机械加工方法来完成的表面，采用锉削方法更简便、经济，且能达到较低的表面粗糙度（尺寸精度可达 0.01mm，表面粗糙度 *Ra* 值可达 1.6μm）。

项目学习目标

学 习 目 标	学 习 方 式	学　时
（1）学会拆装锉刀柄及保养锉刀； （2）学会平面锉削的站立姿势和动作，熟练锉削； （3）学会锉削有平面度要求的平面； （4）学会锉削有垂直度要求的平面； （5）学会锉削有平行度要求的平面； （6）学会锉削有尺寸精度要求的平面； （7）熟练使用相关检测工具、量具； （8）掌握相关形位公差知识； （9）了解常用工程材料	按照各任务中“基本技能”的顺序，逐项训练。对不懂的问题，查看后面的“基本知识”。为了掌握正确的锉削姿势和锉削技能，要请同学帮助，请教师指点。在掌握技术要领的基础上，仔细琢磨达到规定平面度、垂直度、平行度、尺寸精度等技术要求的锉削基本技能，力争在项目评价时取得优秀成绩。在使用工具、量具的过程中，熟练掌握其使用的基本技术。还要对照实物和零件图，掌握相关形位公差的技术含义及其检测技术	20

任务一　锉削长方体铸铁

基本技能

一、读懂工作图样

本次任务是锉削如图 2-1 所示的长方体铸铁。图 2-1（a）中，上方的图是从长方体正面看的图形，为主视图；下方的图是从长方体上面向下看的图形，为俯视图。主视图、俯视图和项目一中介绍的左视图构成了三视图。机械行业中，用三视图来描述零件。不过，大多数情况下，只要用两个视图（如本任务和项目一中的任务二、任务三）就能把零件描述清楚了。只要把零件描述准确、清楚，图形越简洁、越少越好，当然视图要遵守国家标准。例如，一个球只要一个视图就能准确表示了。项目一任务一中的图 1-1，也只要用一个视图。（想一想，该零件如何用一个图表达？）

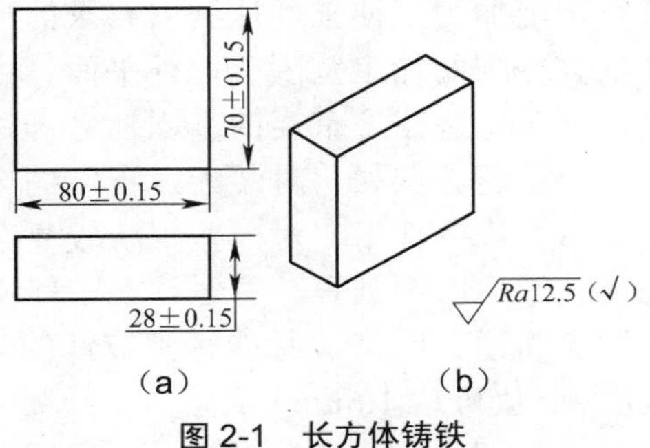

图 2-1　长方体铸铁

图 2-1 中右下角的√ 符号表示锉削表面的粗糙度。表面粗糙度是指零件的加工表面上具有的较小间距和峰谷所组成的微观不平度。不平程度越大，则零件表面性能越差。表面粗糙度用 *Ra* 的值表示，*Ra* 的值越大说明表面越粗糙。粗糙度值大小的检测是将被测件和粗糙度样块进行比较。粗糙度如图 2-1 所示的形式，表示零件所有表面的粗糙度 *Ra* 值都是 12.5μm。

【多媒体——要进一步学习“表面粗糙度”相关知识】

（1）上网搜索“表面粗糙度”。

（2）阅读相关参考资料，如《机械制图》书中的“表面粗糙度”。

【思与行——思考是进步的阶梯，实践能完善自己】

如果一个球的直径为 10mm，表面粗糙度 *Ra* 为 3.2μm，用三视图如何描述？

二、工作过程和技术要领

1．工作准备

① 备料：81mm×30mm×71mm 铸铁。（长 81mm、宽 30mm、高 71mm 的铸铁，常用工程材料知识见本任务的基本知识“二、常用工程材料”）

② 锉刀、锉刀柄、台虎钳、游标卡尺。（有关锉刀的知识见本任务的基本知识“一、锉刀”）

③ 表面粗糙度检测工具。

2．**装夹工件**

锉削工件一般平夹在钳口中间，如图 2-2（a）所示，工件要比钳口稍高些，如图 2-2（b）所示。

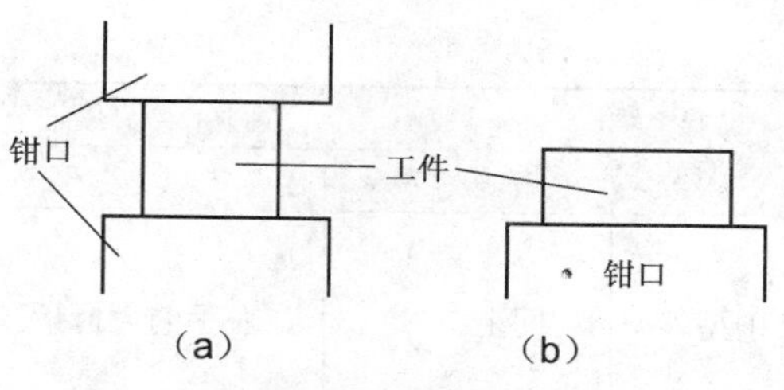

图 2-2　夹持工件

3．**安装锉刀柄**

手柄的安装和拆卸方法如图 2-3（a）所示。安装时，先用两手将锉柄自然插入，再用右手持锉刀轻轻镦紧，或用手锤轻轻击打直至插入锉柄长度约为 3/4 为止，手柄安装孔的深度和直径不能过大或过小。图 2-3（b）所示为错误的安装方法，因为单手持木柄镦紧，可能会使锉刀因惯性大而跳出木柄的安装孔。

拆卸手柄的方法如图 2-3（c）所示，在台虎钳钳口上轻轻将木柄敲松后取下。

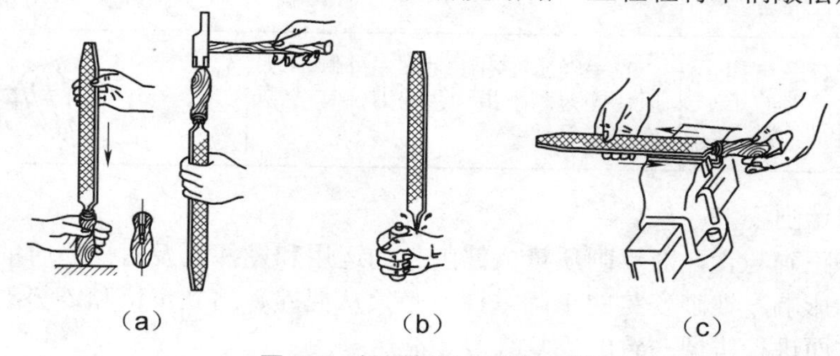

图 2-3　锉刀柄的安装与拆卸

钳工锉只有在装上手柄后，使用起来才方便省力。手柄常采用硬质木料或塑料制成，圆柱部分供镶铁箍用，以防止松动或裂开。手柄表面不能有裂纹、毛刺。

4．**锉削工件**

分别锉削备料的正面、右侧面与下底面，作为测量基准。

（1）锉刀的握法

锉刀的握法随锉刀规格和使用场合的不同而有所区别。锉刀的握法见表 2-1。本任务的握锉可全部采用一种握法。

表 2-1　锉刀的握法

锉刀规格类型	握法要领		示意图
	右手	左手	
较大锉刀	右手握着锉刀柄，将柄外端顶在拇指根部的手掌上，大拇指放在手柄上，其余手指由下而上握手柄	（1）左手掌斜放在锉梢上方，拇指根部肌肉轻压在锉刀刀头上，中指和无名指抵住梢部右下方； （2）手掌斜放在锉梢部，大拇指自然伸出，其余各指自然蜷曲，小指、无名指、中指抵住锉刀前下方； （3）左手掌斜放在锉梢上，各指自然平放	

续表

锉刀规格类型	握法要领		示意图
	右手	左手	
中型锉	同上	左手的大拇指和食指轻扶锉梢	
小型锉	右手的食指平直扶在手柄外侧面	左手手指压在锉刀的中部，以防锉刀弯曲	
整形锉	单手握持手柄，食指放在锉身上方	—	
异形锉	右手与握小型锉刀的手形相同	左手轻压在右手手掌左外侧，以压住锉刀，小指钩住锉刀，其余指抱住右手	

（2）平面锉削姿势

锉削姿势正确与否，对锉削质量、锉削力的运用和发挥以及对操作时的疲劳程度都有着决定性的影响。锉削姿势的正确掌握，必须从握锉、站立步位和姿势动作以及操作用力这几个方面进行协调一致的反复练习才能达到。

锉削时的站立步位和姿势（与锯削相同，见图 2-4）及锉削动作（见图 2-5）：两手握住锉刀放在工件上面，左臂弯曲，小臂与工件锉削面的左右方向保持基本平行，右小臂要与工件锉削面的前后方向保持基本平行，但要自然；锉削行程，身体先于锉刀一起向前，右脚伸直并稍向前倾，重心在左脚，左膝部呈弯曲状态；当锉刀锉至约 3/4 行程时，身体停止前进，两臂则继续将锉刀向前锉到头，同时左腿自然伸直并随着锉削时的

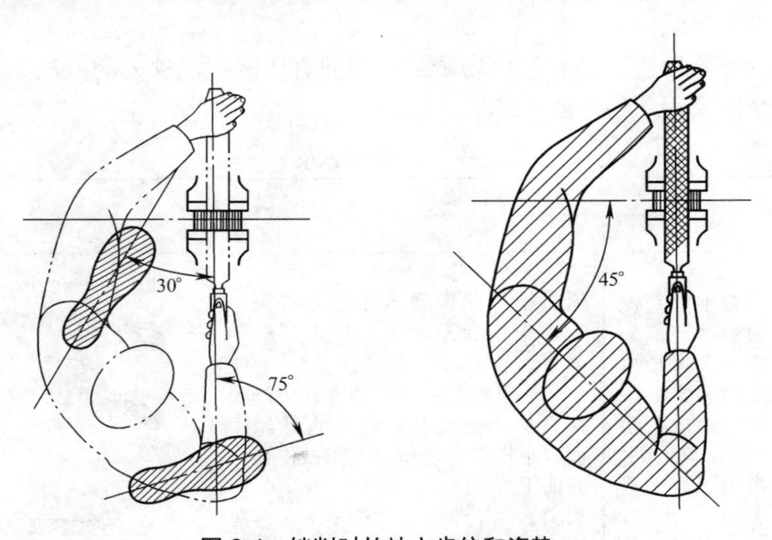

图 2-4 锉削时的站立步位和姿势

反作用力，将身体重心后移，使身体恢复原位，并顺势将锉刀收回；当锉刀收回将近结束时，身体又开始先于锉刀前倾，作第 2 次锉削的向前运动。

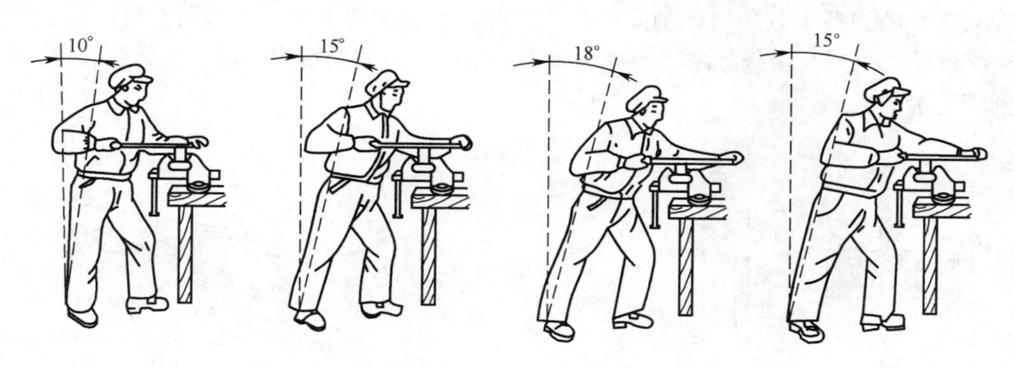

图 2-5　锉削动作

【技术要领】 锉削是钳工的一项重要基本操作。正确的姿势是掌握锉削技能的基础，因此必须练好。初次练习时会出现各种不正确的姿势，特别是身体和双手动作不协调，要注意及时纠正，如果让不正确的姿势成了习惯，纠正就困难了。

（3）锉削力和锉削速度

要锉出平直的平面，必须使锉刀保持水平直线的锉削运动。这就要求锉刀运动到工件加工表面任意位置时，锉刀前后两端的力矩相等。为此，锉削前进时，左手所加的压力要由大逐渐减小，而右手所加的压力要由小逐渐增大，见图 2-6。回程时不加压力，以减少锉齿的磨损。

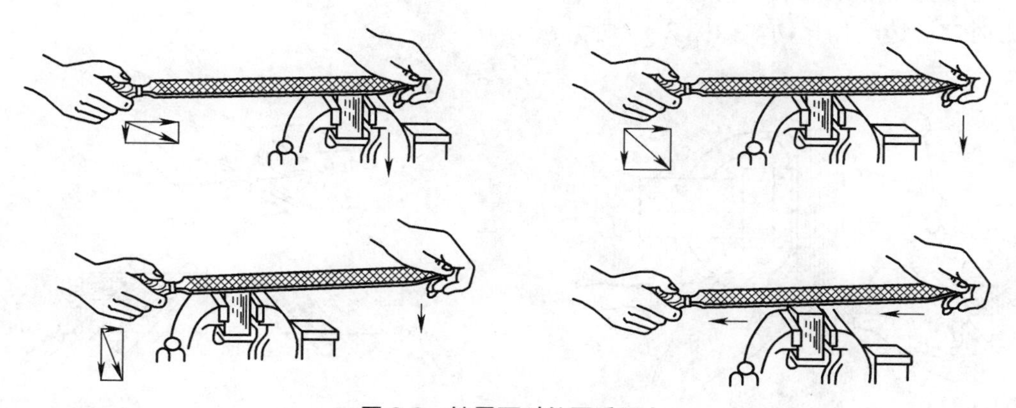

图 2-6　锉平面时的两手用力

锉削速度一般控制在 40 次/分钟以内，推出时稍慢，回程时稍快，动作协调自如。

【技术要领】 在练习动作姿势时，要注意掌握两手用力如何变化才能使锉刀在工件上保持直线的平衡运动。开始可采用慢动作练习，初步掌握要领后再作正常速度练习。

（4）锉削平面的方法

平面的锉削方法有顺向锉、交叉锉和推锉 3 种。

① 顺向锉法见图 2-7。它是最基本的锉削方法，不大的平面和最后锉光都用这种方

法，以得到正直的锉痕。

② 交叉锉法见图 2-8。交叉锉时，锉刀与工件接触面较大，锉刀容易掌握得平稳，且能从交叉的刀痕上判断出锉削面的凸凹情况。锉削余量大时，一般可在锉削的前阶段用交叉锉法，以提高工作效率。当锉削余量不多时，再改用顺向锉法，使锉纹方向一致，得到较光滑的表面。

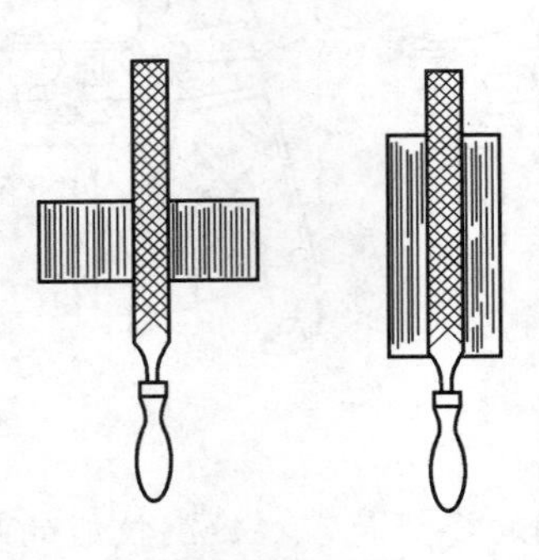

图 2-7　顺向锉法

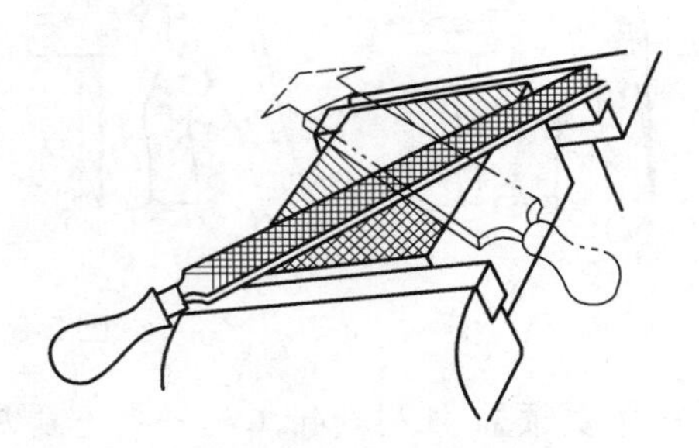

图 2-8　交叉锉法

③ 推锉法见图 2-9。当锉削狭长平面或采用顺向锉法受阻时，可采用推锉法。推锉时的运动方向不是锉齿的切削方向，且不能充分发挥手的力量，故切削效率不高，只适合于锉削余量小的场合。

【技术要领】 本任务锉削小面时可作顺向锉削，锉削大面时可作交叉锉削。

（5）锉刀的运动

为使整个加工面的锉削均匀，无论采用顺向锉法还是交叉锉法，一般应在每次抽回锉刀时向旁边略作移动，如图 2-10 所示。

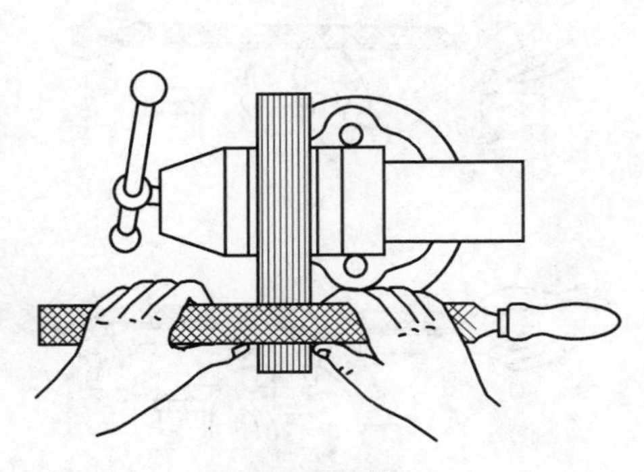

图 2-9　推锉法

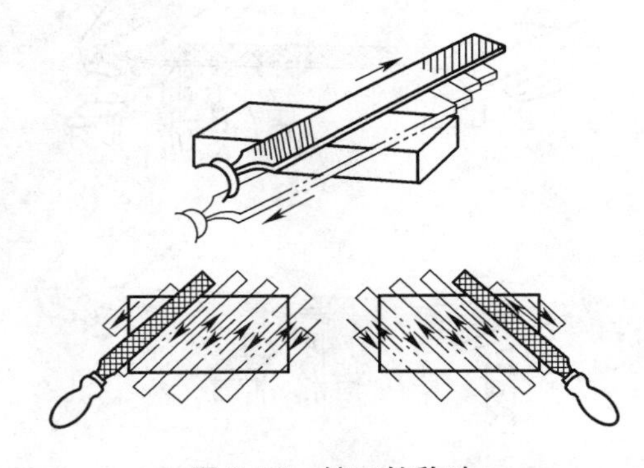

图 2-10　锉刀的移动

【技术要领】 ① 不使用无柄或裂柄锉刀锉削工件，锉刀柄应装紧，以防手柄脱出后锉舌把手刺伤；② 锉工件时，不可用嘴吹铁屑，以防飞入眼内，也不可用手去清除铁屑，应用刷子扫除；③ 放置锉刀时，不能将其一端露在钳台外面，以防锉刀跌落而把脚扎伤；④ 锉削时，不可用手摸被锉过的工件表面，因手有油污会使锉削时锉刀打滑，从而造成事故。

5．正确使用与保养锉刀

① 为防止锉刀过快磨损，不要用锉刀锉削毛坯件的硬皮或工件的淬硬表面，而应先

用其他工具或用锉梢前端、边齿加工。

② 锉削时应先用锉刀一面，待这个面用钝后再用另一面。因为使用过的锉齿易锈蚀。

③ 锉削时要充分使用锉刀的有效工作面，避免其局部磨损。

④ 不能用锉刀作为装拆、敲击和撬物的工具，防止因锉刀材质较脆而折断伤人。

⑤ 用整形锉和小型锉时，用力不能太大，防止锉刀折断。

⑥ 锉刀要防水防油。沾水后的锉刀易生锈，沾油后的锉刀在工作时易打滑。

⑦ 锉削过程中，若发现锉纹上嵌有切屑，要及时将其去除，以免切屑刮伤加工面。锉刀用完后，要用锉刷或铜片顺着锉纹刷掉残留下的切屑（见图 2-11），以防生锈。

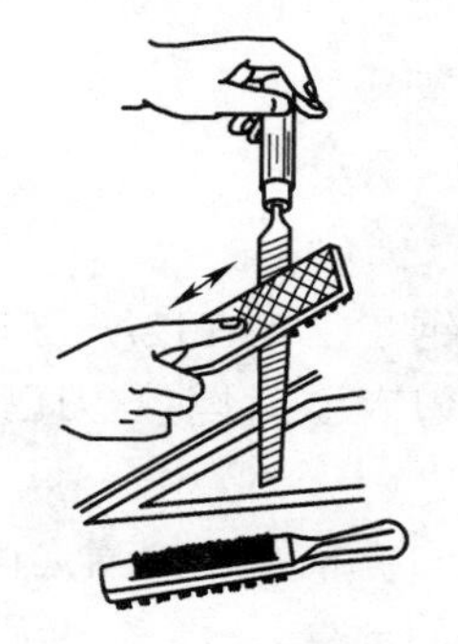

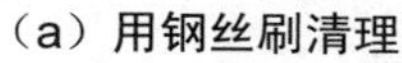

（a）用钢丝刷清理

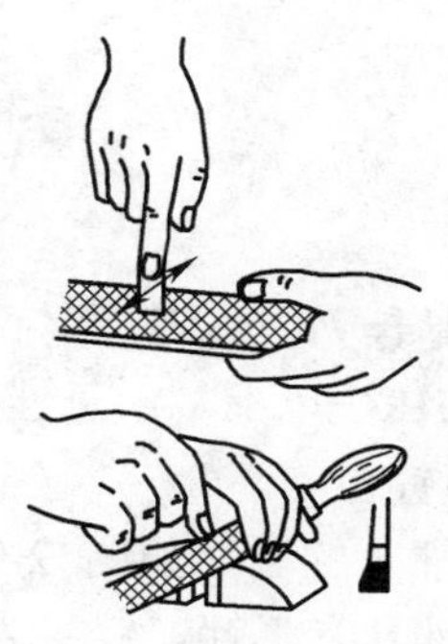

（b）用铜片清理

图 2-11　清除锉屑

⑧ 放置锉刀时要避免与硬物相碰，避免锉刀与锉刀重叠堆放，以防损坏锉齿。

6．在工件上划线，锉削工件上的其余表面达技术要求

用高度游标卡尺划线，方法同项目一的任务一。

7．清理工作现场

8．检测加工工件（本任务成绩评定填入表 2-2）

表 2-2　　任务一评分表　　总得分________

项次	项目与技术要求	配分	评 分 标 准	自检结果	小组互评	教师评价	得分
1	握锉姿势正确	10	正确				
2	站立步位和身体姿势正确	15	正确				
3	锉削动作协调、自然	15	协调、自然				
4	工具、量具安放位置正确、排列整齐	10	位置正确、排列整齐				
5	正确使用工具、量具	10	正确				
6	尺寸 28mm±0.15mm	10	每超差 0.05mm，扣 2 分				
7	尺寸 80mm±0.15mm	10	每超差 0.05mm，扣 2 分				

续表

项次	项目与技术要求	配分	评 分 标 准	自检结果	小组互评	教师评价	得分
8	尺寸 70mm±0.15mm	10	每超差 0.05mm，扣 2 分				
9	表面粗糙度	10	超差全扣				
10	安全文明生产		违者扣 1～10 分				

【特别提醒】 在本项目的各任务中，如果你的产品没有达到要求，可向教师申请在你用过的材料上再加工，或利用项目一的任务二中使用过的材料再加工，外形尺寸作适当调整。

一、锉刀

锉削的主要工具是锉刀。锉刀是用高碳工具钢 T12 或 T12A、T13A 制成的，经热处理淬硬，硬度可达 62HRC 以上。由于锉削工作较广泛，目前锉刀已标准化。

1．锉刀的构造及锉齿

锉刀的构造及各部分的名称如图 2-12 所示。锉梢端至锉肩之间所包含的部分为锉身。对无锉肩的整形锉和异形锉，锉身为有锉纹的部分。

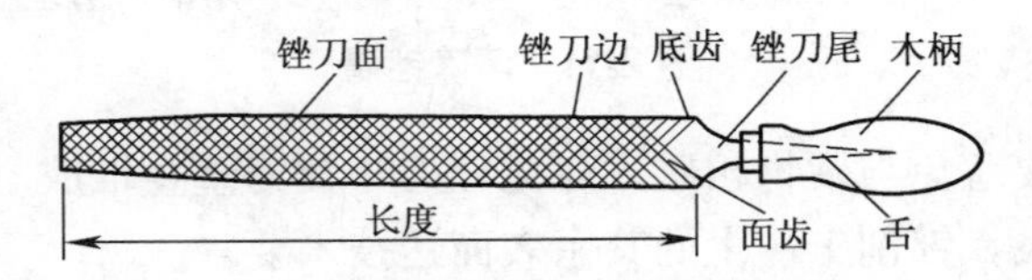

图 2-12 锉刀的构造及各部分的名称

锉刀的锉齿放大后如图 2-13 所示，锉削工作就是靠锉齿切削工件来完成的。

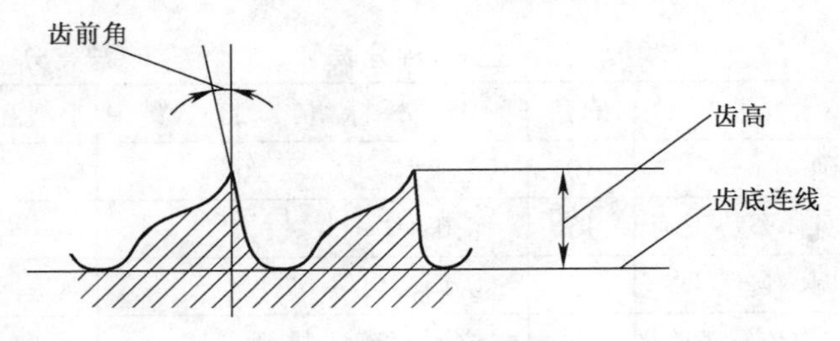

图 2-13 齿前角与齿高

2．锉刀的类型、规格、基本尺寸及主要参数

（1）锉刀的类型

按用途不同，锉刀可分为钳工锉、异形锉和整形锉，如图 2-14 所示。

① 钳工锉。按锉刀断面形状不同，钳工锉又可分为扁锉、半圆锉、三角锉、方锉、圆锉等。其断面形状如图 2-15 所示。

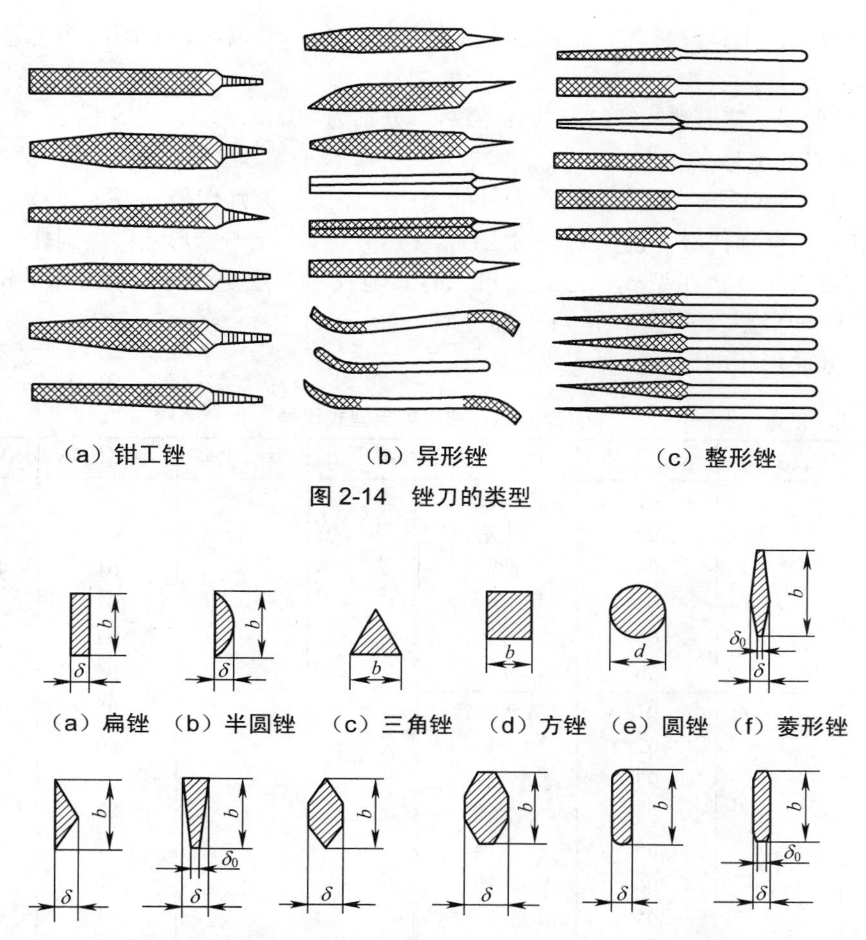

（a）钳工锉　（b）异形锉　（c）整形锉

图 2-14　锉刀的类型

（a）扁锉　（b）半圆锉　（c）三角锉　（d）方锉　（e）圆锉　（f）菱形锉

（g）单面三角锉　（h）刀形锉　（i）双半圆锉　（j）椭圆锉　（k）圆边扁锉　（l）棱边锉

图 2-15　锉刀的横截面形状

② 异形锉。异形锉在加工特殊表面时使用。按其断面形状不同，又可分为菱形锉、单面三角锉、刀形锉、双半圆锉、椭圆锉、圆边扁锉等。

③ 整形锉。整形锉主要用于修整工件上的细小部分，图 2-14（c）所示为整形锉的各种形状。通常以每组 5 把、6 把、8 把、10 把或 12 把为一套。

（2）锉刀的规格

钳工锉的规格是指锉身的长度。异形锉和整形锉的规格指锉刀全长。

（3）锉刀的基本尺寸

锉刀的基本尺寸主要包括宽度、厚度，对圆锉而言，指其直径。

（4）锉刀的锉纹号

锉纹号是表示锉齿粗细的参数，按每 10mm 轴向长度内较深的锉纹条数划分。

① 钳工锉的锉纹号共分 5 种，分别为 1、2、3、4、5 号。锉纹号越小，锉齿越粗。由于单锉纹锉刀是全齿宽同时参加切削的，锉削时较费力，所以仅限于锉削软材料。

而双锉纹锉刀的主锉纹覆盖在辅锉纹上，使锉齿间断，切削时，间断的锉齿起到分屑断屑的作用，使锉削省力。

② 异形锉、整形锉的锉纹号共分 10 种，分别为 00、0、1、2、3、4、5、6、7、8 号。

3．锉刀的编号

根据 GB 5809—86 规定，锉刀编号的组成顺序为：类别代号—型式代号—规格—锉纹号。其中，类别代号分别是 Q—钳工锉、Y—异形锉、Z—整形锉；类别代号及型式代号见表 2-3。此外，在型式代号后还可以有其他代号，规定为 p—普通型、b—薄型、h—厚型、z—窄型、t—特窄型、s—螺旋型。

表示截面形状的型式代号见表 2-3。

表 2-3　　锉刀的类别代号与型式代号

类　别	类别代号	型式代号	型　　式	类　别	类别代号	型式代号	型　　式
钳工锉	Q	01	齐头扁锉	整形锉	Z	01	齐头扁锉
		02	尖头扁锉			02	尖头扁锉
		03	半圆锉			03	半圆锉
		04	三角锉			04	三角锉
		05	方锉			05	方锉
		06	圆锉			06	圆锉
异形锉	Y	01	齐头扁锉			07	单面三角锉
		02	尖头扁锉			08	刀形锉
		03	半圆锉			09	双半圆锉
		04	三角锉			10	椭圆锉
		05	方锉			11	圆边扁锉
		06	圆锉			12	菱形锉
		07	单面三角锉				
		08	刀形锉				
		09	双半圆锉				
		10	椭圆锉				

例如，编号为 Q—01—200—3 的含义为钳工锉类的齐头扁锉，规格 200mm，3 号纹；编号为 Y—01—170—2 的含义为异形锉类的齐头扁锉，规格 170mm，2 号纹；编号为 Q—03h—250—1 的含义为钳工锉类的半圆锉，厚型，规格 250mm，1 号纹。

二、常用工程材料

1．常用金属材料

机械工业生产中使用的金属材料种类很多，为了正确地加工和合理地选用金属材料，充分发挥金属材料本身的性能潜力，就必须了解金属的性能。所谓金属，是指具有特殊光泽而不透明，富有延展性、导热性及导电性的一类结晶物质。具有金属特性的材料通称为金属材料。金属材料的性能一般分为两类：一类是使用性能，包括物理、化学性能和力学性能等，它反映了金属材料使用过程中所表现出来的特性；另一类是工艺性能，包括铸造性、锻压性、焊接性及切削加工性等，它反映了金属材料在制造加工过程中的各种特性。各种牌号金属材料的性能和用途，要查阅有关手册了解。

通常把金属材料分为黑色金属材料和有色金属材料两类。黑色金属材料是以铁、锰、铬或以它们为主而形成的具有金属特性的物质，如碳素钢、合金钢、铸铁等。除黑色金属材料以外的其他金属材料为有色金属材料，如黄铜、硬铝、锡基轴承合金等。

（1）铝和铝合金

铝呈白色或灰白色，可有从灰暗到发亮的表面。在铝合金产品上经常可以发现氧化铝表面。纯铝的密度为 2.72g/cm^3，而钢的密度为 7.85g/cm^3。铝的熔点是 660℃。铝很容易切削，有良好的加工工艺性能，可以制造成任何形状的零件和产品。纯铝的强度很低，但加入适量的硅、铜、镁、锌、锰等合金元素，形成铝合金，再经过冷变形和热处理后，强度可以明显提高。

（2）铜和铜合金

铜是一种微红的、软且重的金属，具有良好的导电性和导热性，但在合金化到一定程度时会失去这些性能。铜的塑性很好，可以很容易拉拔成丝或制成管类产品。铜由于过于软，因而不易切削，易黏刀。铜的熔点是 1083℃，密度为 8.9g/cm^3。主要铜合金有青铜、黄铜等，有较好的使用性能和工艺性能。

2．铸铁与钢

本任务锉削的是铸铁。碳钢和铸铁是工业中应用范围最广的金属材料，它们都是以铁和碳为基本组元的合金，通常称之为铁碳合金。铁是铁碳合金的基本成分，碳是影响铁碳合金性能的主要成分。一般含碳量在 0.0218%～2.11%的称为钢，含碳量大于 2.11%的称为铸铁。铁碳合金可用高炉熔炼。钢根据其成分的不同常分为碳素钢和合金钢两大类。碳素钢是以铁和碳为主要组成元素的铁碳合金。通常将含碳量小于 0.25%的钢称为低碳钢，含碳量在 0.25%～0.60%的钢称为中碳钢，含碳量大于 0.60%的钢称为高碳钢。合金钢是在碳素钢中加入一种或数种合金元素的钢，常用的合金元素有 Mn、Si、Cr、Ni、Mo、W、V、Ti 等。铸铁中硅、锰、硫、磷等杂质较钢多，抗拉强度、塑性和韧性不如钢好，但容易铸造，减震性好，易切削加工，且价格便宜，所以铸铁在工业中仍然得到广泛的应用。

3．塑料

塑料是以树脂为主要成分，在一定反应条件下聚合而成的高分子有机材料，由于其质轻、价廉、优性能的特点，在国民经济中占据了重要的组成部分。塑料也可按用途分为通用塑料、工程塑料和特种塑料。通用塑料是大宗生产的一类塑料，其价格低廉，可用于一般用途；工程塑料能作为工程材料使用，具有相对密度小、化学稳定性好、电绝缘性能优越、成型加工容易、机械性能优良等特点；特种塑料具有通用塑料所不具有的特性，通常认为是用于能发挥其特性的场合的塑料。一般认为聚乙烯、聚丙稀、聚氯乙烯及聚苯乙烯属于通用塑料。工程塑料有聚酰胺、聚酯、聚碳酸酯、聚甲醛、聚苯醚、聚亚苯基氧、聚砜和聚酰亚胺等，广泛用于化工、电子、机械、汽车制造、航空、建筑、交通等工业领域。

随着技术和工艺的不断发展，新型工程材料不断出现。目前使用的新型工程材料种类很多，如钛合金、铅和巴氏合金、钽及其合金、锡及其合金、钨材料、尼龙等，通过互联网，你就能及时掌握其牌号、性能、用途等。

【多媒体（上网搜索）】

（1）使用网上图片搜索工具，见识各式各样的锉刀。

（2）上网搜索“锉削”网页、图片、视频，进一步学习。

（3）要进一步学习“常用工程材料”的相关知识，一是上网搜索“常用工程材料”，二是阅读相关参考资料，如《金属材料与热处理》、《常用非金属材料》等书中的有关内容。

任务二　锉削有平面度要求的工件

一、读懂工作图样

本次任务是接着本项目任务一，锉削如图2-16所示的长方体铸铁。自己根据主视图和俯视图读出长方体的长、宽、高尺寸和各表面的技术要求，并请同组同学或同桌、教师评价读得是否正确。

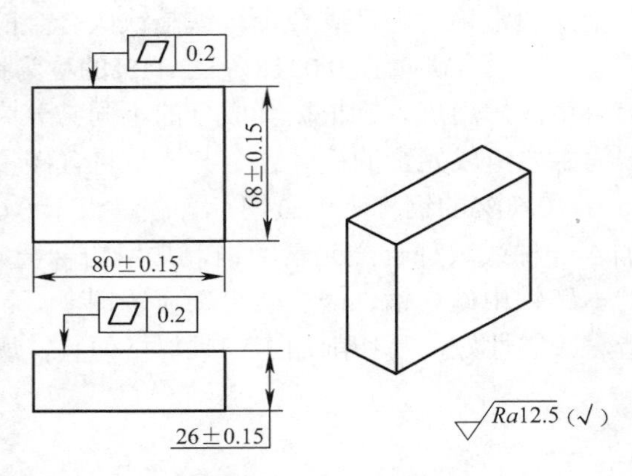

图2-16　长方体铸铁

二、工作过程和技术要领

1．工作准备

① 工件（接任务一）；相关工具、量具。

② 复习表面粗糙度、平面度的概念和检测方法。（对表面粗糙度的理解见本项目任务一中的“读懂工作图样”，对平面度的理解见项目一任务一中的基本知识“二、平面度简介”，形位公差的基本概念见本任务的基本知识）

2．检查来料尺寸，掌握好加工余量的大小

锉削正面和下底面，作为测量基准。夹持工件同任务一。

3．先在宽平面上、后在狭平面上采用顺向锉法练习锉平

顺向锉法见任务一。与任务一相似，先锉正面，以正面为基准锉其对面；用同样的方法锉上、下底面和左、右侧面。

【技术要领】 经常用刀口直尺检查加工面的平面度情况，来判断和改进自己手部的用力规律，逐步形成锉削平面的技能技巧。

4．锉削工件的宽度和厚度尺寸达到要求，锉削纹路必须沿着直向平行一致

【技术要领】 锉削练习时要特别注意两点，一是操作姿势和动作要正确；二是两手用力的方向和大小变化要正确，使锉削时保持锉刀直线平稳运动。锉削平面的技能技巧必须通过反复的、多样的刻苦练习才能形成，在操作时注意力要集中，要用心去锉，用心琢磨。

【技术点】 平面不平的形式、原因与改进措施（见表2-4）

表2-4　平面不平的形式、原因与改进措施

形．式	产生的原因	改进措施
平面中凸	（1）锉削时双手的用力不能使锉刀保持平衡； （2）锉刀在开始推出时，右手压力太大，锉刀被压下，锉刀推到前面，左手压力太大，锉刀被压下，形成前、后面多锉； （3）锉削姿势不正确； （4）锉刀本身中凹	观察自己的工件不平的形式，找出原因，采取相应的改进措施
对角扭曲或塌角	（1）左手或右手施加压力时重心偏在锉刀的一侧； （2）工件未夹正确； （3）锉刀本身扭曲	
平面横向中凸或中凹	锉刀在锉削时左右移动不均匀	

正确使用工具、量具，并做到安全文明操作。

5．清理工作现场

6．检测加工工件（本任务成绩评定填入表2-5）

表2-5　任务二评分表　总得分________

项次	项目与技术要求	配分	评分标准	自检结果	小组互评	教师评价	得分
1	握锉姿势正确	10	正确				
2	站立步位和身体姿势正确	10	正确				
3	锉削动作协调、自然	15	协调、自然				
4	工具、量具安放位置正确、排列整齐	10	位置正确、排列整齐				
5	量具使用正确	10	正确				
6	尺寸26mm±0.15mm	10	每超差±0.05mm，扣2分				
7	尺寸68mm±0.15mm	10	每超差±0.05mm，扣2分				
8	平面度（2处）	2×10	每超差 0.05mm，扣5分				

续表

项次	项目与技术要求	配分	评 分 标 准	自检结果	小组互评	教师评价	得分
9	表面粗糙度	5	超差不给分				
10	安全文明生产		违者扣 1～10 分				

形位公差的基本概念

1．形位误差的产生及其影响

任何机械产品均是按照产品设计图样，经过机械加工和装配而获得的。不论加工设备和方法如何精密、可靠，功能如何齐全，除了尺寸的误差以外，所加工的零件和由零件装配而成的组件、成品也都不可能完全达到图样所要求的理想形状和相互间的准确位置。在实际加工中所得到的形状和相互间的位置相对于其理想形状和位置的差异，就是形状和位置的误差（简称形位误差）。

零件上存在的各种形状和位置误差，一般是由加工设备、刀具、夹具及原材料的内应力、切削力等各种因素造成的。形位误差对零件的使用性能影响很大，归纳起来主要表现在以下 3 个方面。

（1）影响工作精度

例如，机床导轨的直线度误差会影响加工精度；齿轮箱上各轴承座的位置误差，将影响齿轮传动的齿面接触精度和齿侧间隙。

（2）影响工作寿命

例如，连杆的大、小头孔轴线的平行度误差，会加速活塞环的磨损而影响密封性，使活塞环的寿命缩短。

（3）影响可装配性

例如，轴承盖上各螺钉孔的位置不正确，当用螺栓往机座上紧固时，有可能影响其自由装配。

零件的形位误差对其工作性能的影响不容忽视，必须予以必要而合理的限制，即规定形状和位置公差（简称形位公差）。我国关于形位公差的标准有 GB/T 1182—1996《形状和位置公差　通则、定义、符号和图样表示方式》、GB/T 1184—1996《形状和位置公差　未注公差值》、GB/T 4249—1996《公差原则》和 GB/T 16671—1996《形状和位置公差　最大实体要求、最小实体要求和可逆要求》等。

2．形位公差的研究对象——几何要素

形位公差的研究对象是几何要素（简称要素）。所谓要素，是指零件上的特征部分——点、线或面等。图 2-17 所示零件是由点（球心和锥顶）、线（圆柱与圆锥的素线和轴线）和面（端面、球面、圆锥面和圆柱面）等要素构成的。

按照形位公差的要求，要素可区分为以下几种。

（1）理想要素和实际要素

理想要素是指具有几何学意义的要素，没有形位误差；实际要素是指零件上实际存在的要素。由于存在测量误差，所以完全符合定义的实际要素是测量不到的。在生产实际中，通常由测得的要素代替实际要素。当然，它并非是该要素的真实状态。

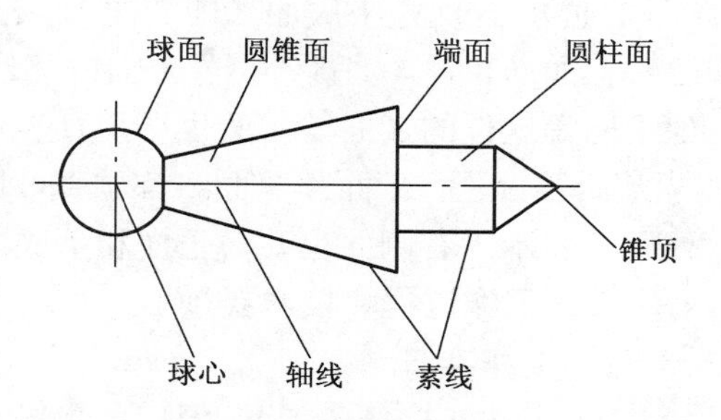

图 2-17　零件的几何要素

（2）被测要素和基准要素

被测要素是指零件设计图样上给出了形状公差或位置公差要求的要素；基准要素是指用来确定被测要素的方向或位置的要素。

（3）单一要素和关联要素

单一要素是指仅对其要素本身提出形状公差要求的要素；关联要素是指与其他要素有功能关系的要素，即在图样上给出位置公差的要素。

（4）轮廓要素和中心要素

轮廓要素是指构成零件外廓并能直接为人们所感觉到的点、线、面；中心要素是指对称轮廓的中心点、线或面。

任务三　锉削有垂直度要求的工件

一、读懂工作图样

本次任务是接本项目任务二，锉削如图 2-18 所示的长方体铸铁。图 2-18 中 *A* 和 *B* 表示测量基准面，测量时要从基准出发来衡量其他面是否符合要求。图中，*A* 面是正面

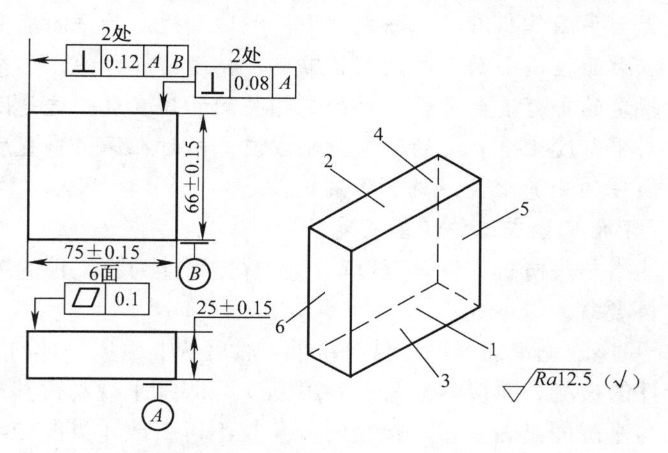

技术要求：各锐边倒角均为 0.5×45°

图 2-18　长方铁铸铁

（即 1 面），B 面是下底面（即 3 面）。主视图中，右边的垂直度符号表示上底面（4 面）要和正面（1 面）垂直，符号上面的“2 处”表示除了“4 面与 1 面垂直”外，“与 4 面处于同等地位的 3 面与 1 面也要垂直”。主视图中，左边的垂直度符号表示左侧面（6 面）与 A 面和 B 面（1 面和 3 面）都垂直，即“左侧面与正面和下底面都垂直”，这里的“2 处”还表示“右侧面也要与正面和下底面都垂直”。

二、工作过程和技术要领

1．工作准备

① 工件（接任务二）；刀口角尺等相关工具、量具。

② 理解“垂直度”的概念。

垂直度是表示零件上被测要素相对于基准要素保持正确的 90° 夹角状况，也就是通常所说的两要素之间保持正交的程度，用符号“⊥”表示。

垂直度公差是被测要素的实际方向和与基准相垂直的理想方向之间所允许的最大变动量，也就是图样上给出的、用以限制被测实际要素偏离垂直方向所允许的最大变动范围。（形位公差的特征项目及其符号与标注方法见本任务的基本知识）

【多媒体——进一步学习“垂直度”的相关知识】

（1）上网搜索“垂直度”。

（2）阅读相关参考资料，如《极限配合与技术测量》书中的有关内容。

2．锉削基准面 A，达到平面度要求（用 300mm 粗板锉）

3．按实习件各面的编号顺序，结合划线，依次对各面进行粗、精锉削加工，达到图样要求（垂直度用角尺检测）

先锉 1 面达平面度要求，以 1 面为基准锉 2 面达平面度要求，并使 2 面与 1 面平行。锉 3 面为 4 面的基准，使 3 面达平面度要求并与 1 面垂直，再锉 4 面。锉 5 面为 6 面的基准，使 6 面达平面度要求并与 1 面、3 面都垂直，最后锉 6 面。

【技术要领】 长方体工件各表面的锉削顺序。锉削长方体工件各表面时，必须按照一定的顺序进行，才能方便、准确地达到规定的尺寸和相对位置精度要求。其一般原则如下：①选择最大的平面作基准面，并先锉平，即达到规定的平面度要求；②先锉大平面后锉小平面，以大面控制小面，能使测量准确，精度修整方便；③先锉平行面后锉垂直面，即在达到规定的平行度要求后，再加工相关面的垂直度。这是因为一方面便于控制尺寸，另一方面平行度比垂直度的测量控制方便，同时在保证垂直度时，可以进行平行、垂直这两项误差的测量比较，减少积累误差。

【技术点 1】 用角尺检查工件的垂直度

用直角尺或活络角尺检查工件垂直度前，应首先用锉刀将工件的锐边进行倒棱，见图 2-19。检查时，要掌握以下几点。

① 先将角尺尺座的测量面紧贴工件基准面，然后从上逐步轻轻向下移动，使角尺尺瞄的测量面与工件的被测表面接触［见图 2-20（a）］，眼睛平视观察其透光情况，以此来判断工件被测面与基准面是否垂直。检查时，角尺不可斜放［见图 2-20（b）］，否则会得到不准确的检查结果。

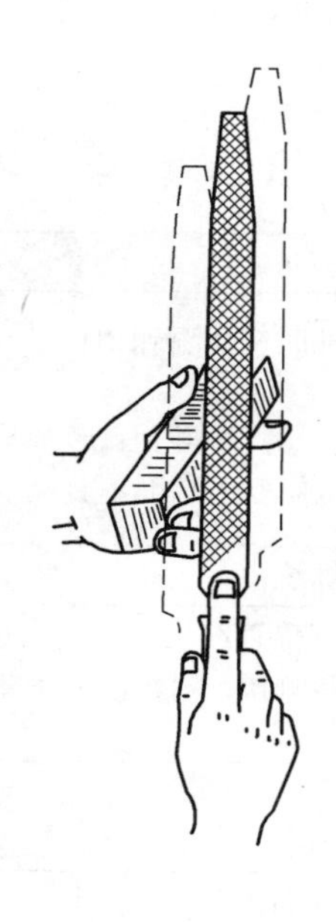

图 2-19　锐边倒棱方法

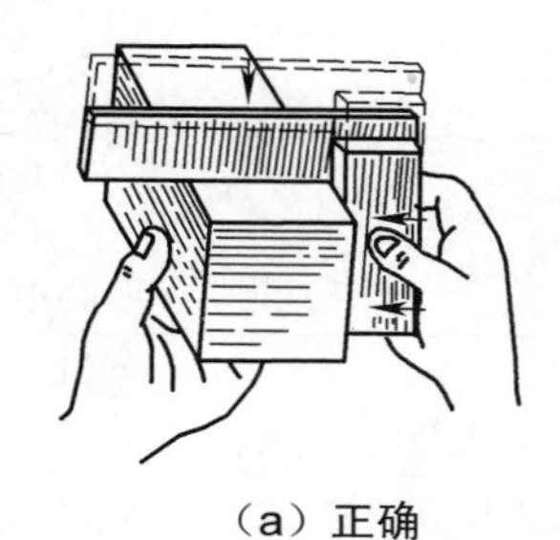

（a）正确

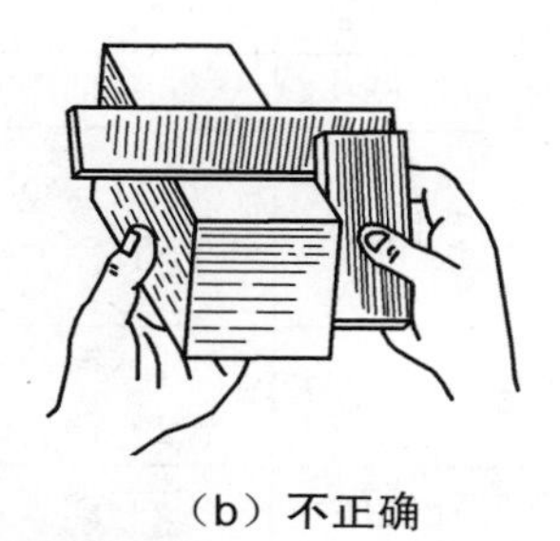

（b）不正确

图 2-20　用角尺检查工件垂直度

② 在同一平面上改变不同的检查位置时，角尺不可以在工件表面上拖动，以免磨损而影响角尺本身精度。

③ 使用活络角尺时，因其本身无固定角度，而是在标准角度样板上定取，然后再检查工件，因此在定取角度时应该很精确，使用时更要小心，以防角度变动。

【技术点 2】 工件的倒角与倒棱

一般对工件的各锐边需倒角，如图样上注有 0.5×45° 倒角，表示倒去 0.5mm 且与平面成 45° 角度。如图样上没有注倒角时，一般可对锐边进行倒棱，即倒出 0.1～0.2mm 的棱边。如图样上注明不准倒角或倒棱时，则在锐边去毛刺即可。

4．复检全部精度，并作必要的修整锉削，最后将各锐边作 0.5×45° 的均匀倒角

【技术要领】 ①在加工前，应对来料进行全面检查，了解误差及加工余量情况，然后进行加工；②学习重点仍应放在掌握正确的锉削姿势上，在本任务训练结束时，要达到锉削姿势的完全正确、自然、熟练；③加工平行面必须在基准面达到平面度要求后进行，加工垂直面必须在平行面加工好以后进行，即必须在确保基准面、平行面达到规定的平面度及尺寸差值要求的情况下才能进行，使在加工各相关面时具有准确的测量基准；④在检查垂直度时，要注意角尺从上向下移动的速度，压力不要太大，否则易造成尺座的测量面离开工件基准面，从而仅根据被测表面的透光情况就误认为垂直正确了，但实际上并没有达到正确的垂直度；⑤接近加工要求时进行的误差修整，要全面考虑逐步进行，不要过急，以免造成平面的塌角、不平；⑥工具、量具要放置在规定部位，使用时要轻拿轻放，用毕后要擦净，做到文明生产。

【技术点】 锉削时产生废品的形式、原因及预防方法

锉削常作为最后一道精加工工序，一旦失误则前功尽弃，损失较大。为此，钳工必须具有高度的工作责任心，牢固树立“质量第一”的观念，注意研究锉削的废品形式和

产生原因，特别是要精心操作，以防废品的产生。

锉削时产生废品的形式、原因及预防方法见表2-6。

表2-6 锉削时产生废品的形式、原因及预防方法

废品形式	原因	预防方法
工件夹坏	（1）台虎钳钳口太硬，将工件表面夹出凹痕； （2）夹紧力太大将空心件夹扁； （3）薄而大的工件未夹好，锉削时变形	（1）夹精加工工件时应用铜钳口； （2）夹紧力要恰当，夹薄管最好用弧形木垫； （3）对薄而大的工件要用辅助工具夹持
平面中凸	锉削时锉刀摇摆	加强锉削技术的训练
工件尺寸太小	（1）划线不正确； （2）锉刀锉出加工界线	（1）按图样尺寸正确划线； （2）锉削时要经常测量，对每次锉削量要心中有数
表面不光洁	（1）锉刀粗细选用不当； （2）锉屑嵌在锉刀中未及时清除	（1）合理选用锉刀； （2）经常清除锉屑
不应锉的部分被锉掉	（1）锉垂直面时未选用光边锉刀； （2）锉刀打滑锉伤邻近表面	（1）应选用光边锉刀； （2）注意消除油污等引起打滑的因素

5．清理工作现场

6．检测加工工件（本任务成绩评定填入表2-7）

表2-7 任务三评分表 总得分＿＿＿＿＿＿

项次	项目与技术要求	配分	评分标准	自检结果	小组互评	教师评价	得分
1	握锉姿势正确	4	正确				
2	站立步位和身体姿势正确	8	正确				
3	锉削动作协调、自然	10	协调、自然				
4	表面粗糙度	5	超差不得分				
5	量具使用正确	5	正确				
6	尺寸75mm±0.15mm	10	每超差±0.05mm，扣2分				
7	尺寸66mm±0.15mm	10	每超差±0.05mm，扣2分				
8	尺寸25mm±0.15mm	10	每超差±0.05mm，扣2分				
9	平面度（6面）	6×3	每超差0.05mm，扣1分				
10	垂直度0.08（2处）	2×5	超差不得分				
11	垂直度0.12（2处）	2×5	超差不得分				
12	安全文明生产		违者扣1～10分				

一、形位公差的特征项目及其符号

GB/T1182—1996 中规定的形位公差特征项目及其符号见表 2-8。形位公差共有 14 个项目。形状公差是对单一要素提出的要求，因此没有基准要求；位置公差是对关联要素提出的要求，因此在大多数情况下都是有基准的。当公差特征为线轮廓度和面轮廓度时，若无基准要求，则为形状公差；若有基准要求，则为位置公差。

表 2-8　　形位公差特征项目及其符号

公差		特征项目	符号	有或无基准要求
形状	形状	直线度	—	无
		平面度	▱	无
		圆度	○	无
		圆柱度	⌭	无
形状或位置	轮廓	线轮廓度	⌒	有或无
		面轮廓度	⌓	有或无
位置	定向	平行度	//	有
		垂直度	⊥	有
		倾斜度	∠	有
	定位	位置度	⌖	有或无
		同轴（同心）度	◎	有
		对称度	⌯	有
	跳动	圆跳动	↗	有
		全跳动	⌰	有

二、形位公差的标注方法

对被测要素的形位精度要求采用框格标注。只有在无法采用公差框格标注时，才允许用文字说明。

1．公差框格

公差要求在矩形方框中给出，该方框由 2 格或多格组成。框格中的内容从左到右按以下次序填写（见图 2-21）：公差特征符号；公差值用线性值，如公差带是圆形或圆柱形的则在公差值前加“ϕ”，如是球形的则加注“$S\phi$”；基准代号如需要，用一个或多个字母表示基准要素或基准体系。

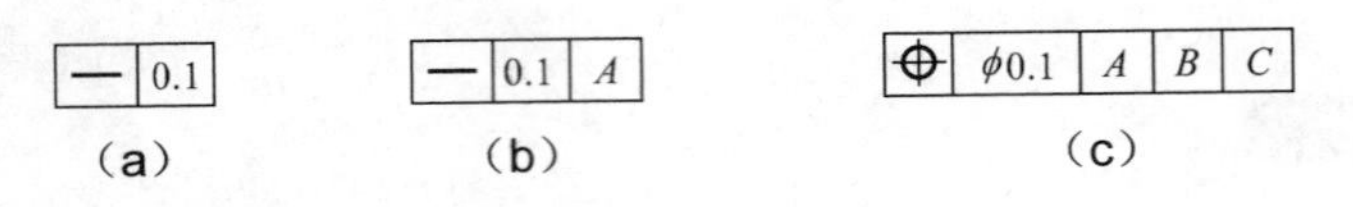

图 2-21 公差框格

2．被测要素的标注

用带箭头的指引线将框格与被测要素相连。指示箭头指向被测要素，用细实线与框格相连。指示线一般与框格左端连接［见图 2-22（a）］，但视图形的配置，也可与框格右端连接［见图 2-22（b）］或由框格的侧边直接引出［见图 2-22（c）］。

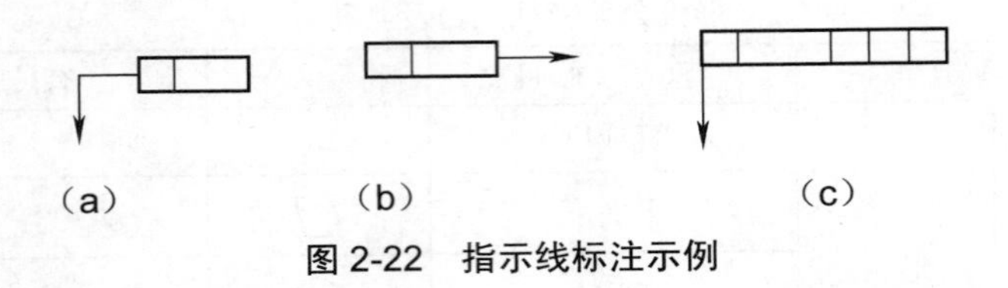

图 2-22 指示线标注示例

3．基准要素的标注

有方向或位置要求时，需用基准代号，并在框格中标出被测要素与基准要素之间的关系。基准代号由粗短横线、细实线和带大写字母的圆组成［见图 2-23（a）］。无论基准代号的方向如何，其字母均应水平填写［见图 2-23（b）］。为不致引起误解，字母 E、I、J、M、O、P、L、R、F 不用。

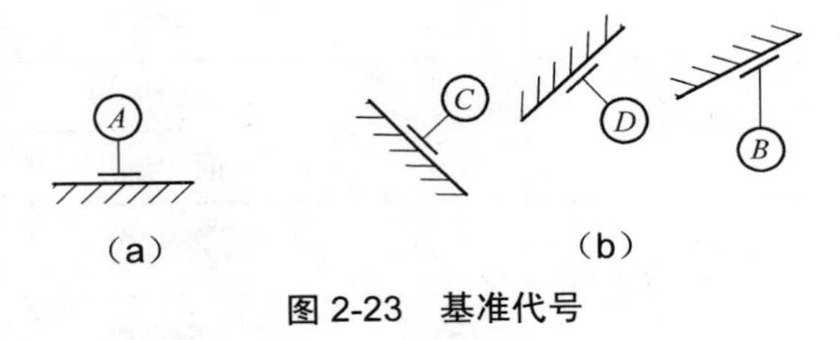

图 2-23 基准代号

任务四 锉削有平行度要求的工件

一、读懂工作图样

本次任务是锉削如图 2-24 所示的回字体工件。图 2-24 反映的物体是正方形厚板，中间开了一个正方形的孔。用一假想截面将此物体沿竖直方向的对称线切开，从左向右看，就得到右边的图形，切到的部分用平行的细斜线（又称剖面线）表示。左视图采用了全剖视的表达方法。本任务回字体的长、宽、高尺寸由教师指定。

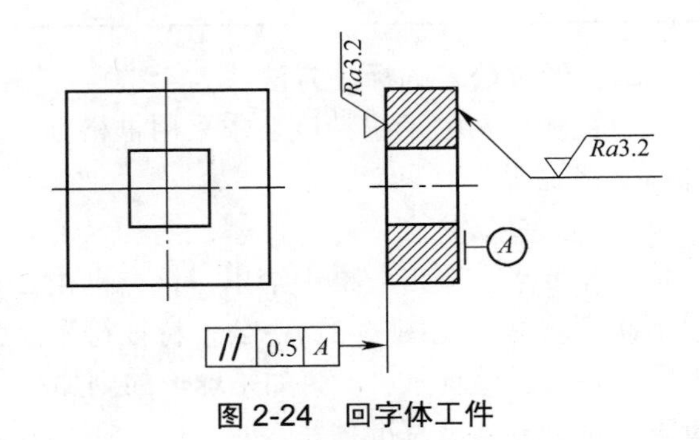

图 2-24 回字体工件

二、工作过程和技术要领

1．工作准备

① 备料：图 2-24 所示铸铁材料（可用项目一中任务一使用后的材料）。

② 检测工具、量具、锉刀等。

③ 理解“平行度”的概念。

平行度是表示零件上被测实际要素相对于基准保持等距离的状况，也就是通常所说的保持平行的程度，用符号“//”表示。

平行度公差是被测要素的实际方向与基准相平行的理想方向之间所允许的最大变动量，也就是图样上所给出的、用以限制被测实际要素偏离平行方向所允许的变动范围。（形位公差的检测原则与评定准则见本任务的基本知识）

【多媒体——进一步学习“平行度”的相关知识】

（1）上网搜索“平行度”。

（2）阅读相关参考资料，如《极限配合与技术测量》书中的有关内容。

2．锉削 *A* 面达精度要求

3．以 *A* 面为基准，检测其对应面的平行度（可用百分表），根据检测的误差值进行锉削

【技术点 1】 使用百分表

百分表是一种精度较高的比较量具，它只能测出相对数值，不能测出绝对数值，主要用于测量形状和位置误差，也可用于机床上安装工件时的精密找正。

（1）百分表的结构

百分表的结构如图 2-25 所示。图中 1 是淬硬的触头，用螺纹旋入齿杆 2 的下端。齿杆的上端有齿。当齿杆上升时，带动齿数为 16 的小齿轮 3。与小齿轮 3 同轴装有齿数为 100 的大齿轮 4，再由这个齿轮带动中间的齿数为 10 的小齿轮 5。与小齿轮 5 同轴装有长指针 6，因此长指针就随着小齿轮 5 一起转动。在小齿轮 5 的另一边装有大齿轮 7，在其轴下端装有游丝，用来消除齿轮间的间隙，以保证其精度。该轴的上端装有短指针 8，用来记录长指针的转数（长指针转一周时短指针转一格）。拉簧 11 的作用是使齿杆 2 能回到原位。在表盘 9 上刻有线条，共分 100 格，转动表圈 10，可调整表盘刻线与长指针的相对位置。

（2）百分表的刻线原理

百分表内齿杆和齿轮的齿距是 0.625mm。当齿杆上升 16 齿时（即上升 $0.625\times16=10$mm），16 齿小齿轮转一周，同时齿数为 100 齿的大齿轮也转一周，就带动齿数为 10 的小齿轮和长指针转 10 周，即齿杆移动 1mm 时，长指针转一周。由于表盘上共刻有 100 格，所以长指针每转一格表示齿杆移动 0.01mm。

（3）内径百分表

内径百分表可用来测量孔径和孔的形状误差，对于测量深孔极为方便。

内径百分表的结构如图 2-26 所示。在测量头端部有可换触头 1 和量杆 2。测量内孔时，孔壁使量杆 2 向左移动而推动摆块 3，摆块 3 使杆 4 向上，推动百分表触头 6，使百分表指针转动而指出读数。测量完毕时，在弹簧 5 的作用下，量杆回到原位。

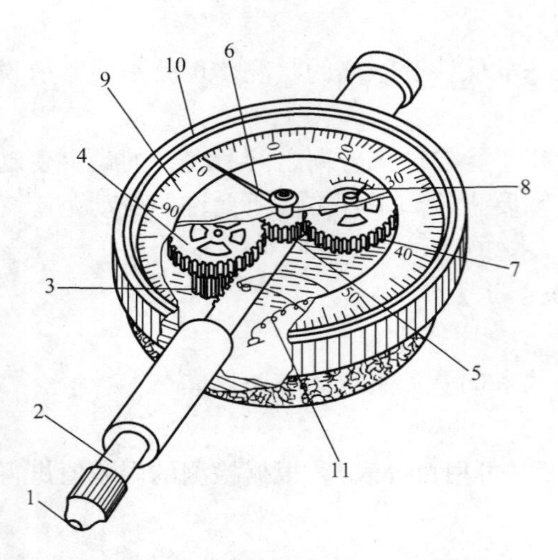

1—触头；2—齿杆；3、5—小齿轮；
4、7—大齿轮；6—长指针；8—短指针；
9—表盘；10—表圈；11—拉簧

图 2-25　百分表的结构

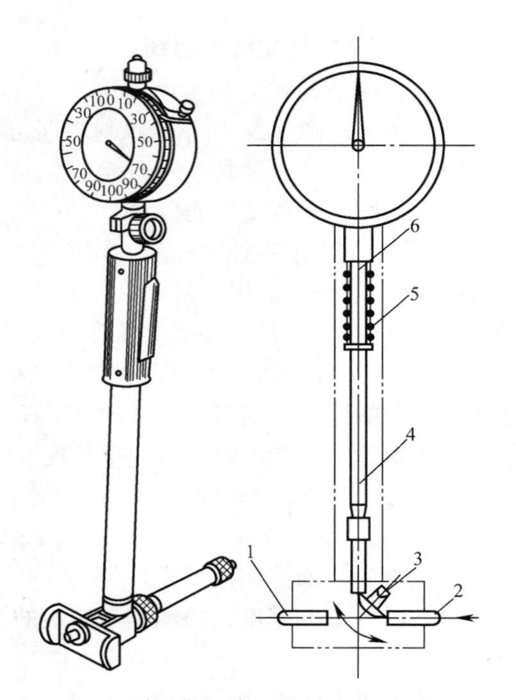

1—可换触头；2—量杆；3—摆块；
4—杆；5—弹簧；6—触头

图 2-26　内径百分表的结构

通过更换可换触头 1，可改变内径百分表的测量范围。内径百分表的测量范围有 6～10mm、10～18mm、18～35mm、35～50mm、50～100mm、100～160mm、160～250mm 等。

内径百分表的示值误差较大，一般为±0.015mm。

（4）百分表的读数方法

图 2-25 中，先读短指针 8 转过的刻度线（即毫米整数），再读长指针 6 转过的刻度线（即小数部分），并乘以 0.01，然后两者相加，即得到所测量的数值。

【技术要领】 ①测量前，检查表盘和指针有无松动现象；②测量前，检查长指针是否对准零位，如果未对齐要及时调整；③测量时，测量杆应垂直于工件表面，如果测量柱体，测量杆应对准柱体轴心线；④测量时，测量杆应有 0.3～1mm 的压缩量，保持一定的初始测力，以免由于存在负偏差而测不出值来。

【技术点 2】 检测平行度

用百分表测量平行度时，将工件的基准平面放在标准平板上，百分表底座与平板相接触，百分表的测量头触在加工表面上，如图 2-27 所示。测量头触及被测量表面时，应调整到使其有 0.3mm 左右

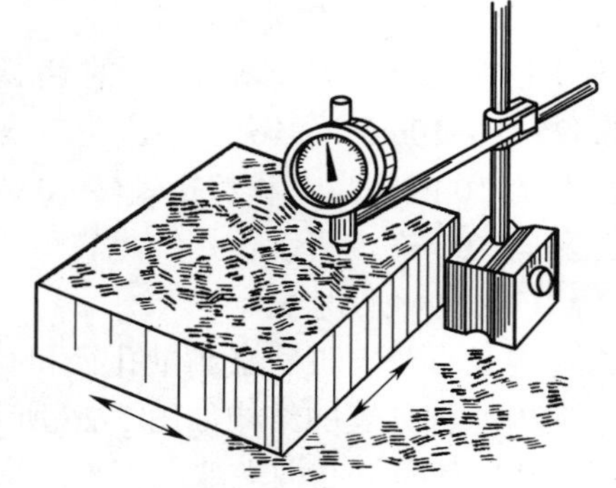

图 2-27　用百分表测量平行度

的初始读数，然后将百分表沿着工件被测表面的四周及两条对角线方向进行测量，测得最大读数和最小读数之差即为平行度误差。

也可用游标卡尺、千分尺检测平行度，精度较高时用百分表。

4．全面复检、修整

5．清理工作现场

6．检测加工工件（本任务成绩评定填入表 2-9）

表 2-9　　任务四评分表　　总得分______

项次	项目与技术要求	配分	评分标准	自检结果	小组互评	教师评价	得分
1	表面粗糙度（2 处）	2×15	降低一级扣 3 分				
2	平行度	50	每超差 0.1mm 扣 10 分				
3	锉削姿势和运动	20	正确				
4	安全文明生产		违者扣 1～10 分				

一、形位误差的检测原则

形位公差的项目较多，加之被测要素的形状和在零件上的部位不同，使得形位误差的检测出现了各种各样的方法。为了便于准确地选用，国家标准进行了归纳总结，并规定了形位误差的 5 项检测原则。

1．与理想要素比较原则

此原则就是将被测实际要素与其理想要素进行比较，从而测出实际要素的误差值。误差值可由直接方法或间接方法得出。理想要素多用模拟法获得，如用刀口尺刃边或光束模拟理想直线，用精密平板模拟平面等，这一原则在生产中应用极为广泛。

2．测量坐标值原则

此原则是利用坐标测量仪器，如工具显微镜、坐标测量机等，测出被测实际要素有关的一系列坐标值（可用直角坐标、极坐标等），再对测得数据进行处理，以求得形位误差值。例如，测量位置度多用此原则。

3．测量特征参数原则

此原则是通过测量被测实际要素上具有代表性的参数（即特征参数）来评定形位误差。例如，用两点法、三点法测量圆度误差，就是测量特征参数的典型实例。

4．测量跳动原则

顾名思义，此原则主要是用于测量跳动（包括圆跳动和全跳动）。跳动是按其检测方式来定义的，有独特的特征，它是在被测实际要素绕基准轴线回转过程中，沿给定方向（径向、端面、斜向）测量它对某基准点（或线）的变动量（指示表最大与最小读数之差）。它不同于其他形位误差的测量，故独自作为一项检测原则。

5．控制实效边界原则

此原则用于被测实际要素采用最大实体要求的场合，它用位置量规模拟实效边界检验被测实际要素是否超过实效边界，以判断合格与否。例如，用综合量规检验同轴度误差。

必须指出，测量形位误差的标准条件是标准温度为20℃，当温度偏离较大时，应考虑对测量结果作适当修正。

二、形位误差的评定准则

形位误差与尺寸误差的特征不同，尺寸误差是两点之间距离对标准值之差，形位误差是指被测实际要素对其理想要素的变动量。在对被测实际要素与理想要素作比较以确定其变动量时，由于理想要素所处方向的不同，得到的最大变动量也不同。因此，评定实际要素的形位误差时，理想要素相对于实际要素的方向必须有一个统一的评定准则，这个准则就是最小条件。

所谓“最小条件”，是指被测实际要素对其理想要素的最大变动量为最小。图2-28所示的h_1、h_2和h_3是对应于理想要素处于不同方向时得到的最大变动量，且$h_1<h_2<h_3$，若h_1为最小值，则理想要素在A_1-B_1处符合最小条件。

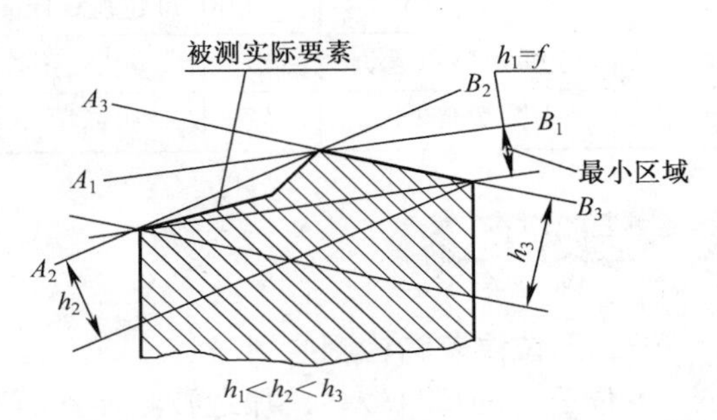

图2-28 轮廓要素的最小条件

按最小条件评定形位误差值，可用最小包容区域的宽度f或直径ϕf来表示。“最小包容区域”是指包容被测实际要素且具有最小宽度或直径的区域。图2-29（a）中f是平面度的最小包容区域，图2-29（b）中ϕf是轴线直线度的最小包容区域。

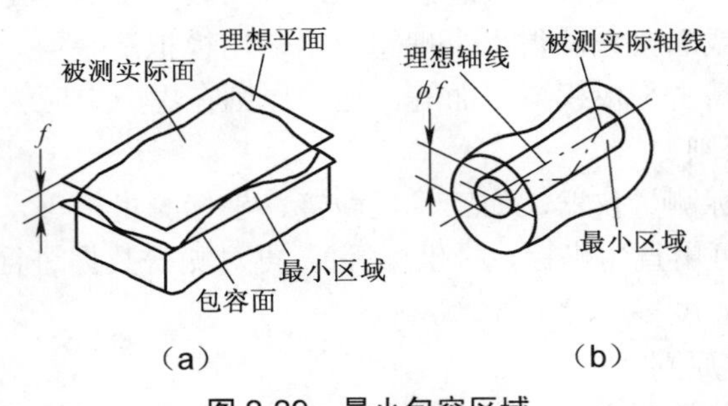

图2-29 最小包容区域

按最小条件原则评定形状误差最为理想，因为评定的结果是唯一的，符合国家标准规定的形状误差定义，概念统一，且误差值最小，对保证零件上被测要素的合格率有利。但在很多情况下，寻找和判断符合最小条件的理想要素的方位很麻烦且困难。所以在实际应用中，只要能满足零件的功能要求，也允许采用近似的评定方法。但在有争议的重要检测中，仍以最小条件作为评定结果的仲裁依据。

【多媒体（上网搜索）】

浏览“百分表”网页、图片，观看“使用百分表”视频。

任务五　锉削有尺寸精度要求的工件

一、读懂工作图样

本次任务是锉削如图 2-30 所示的长方体工件，长方体的长边是倒角的，故主视图上、下各有两条横线。图中，“4 面”表示长方体的 4 个大长方形面，“4 处”表示相邻的 4 个大长方形面间的垂直度相同。图中粗糙度“3.2”没有标在哪一个面上，表示所有加工面都是这样的粗糙度。在图上不方便标注的加工要求，往往在视图下面写明“技术要求”。

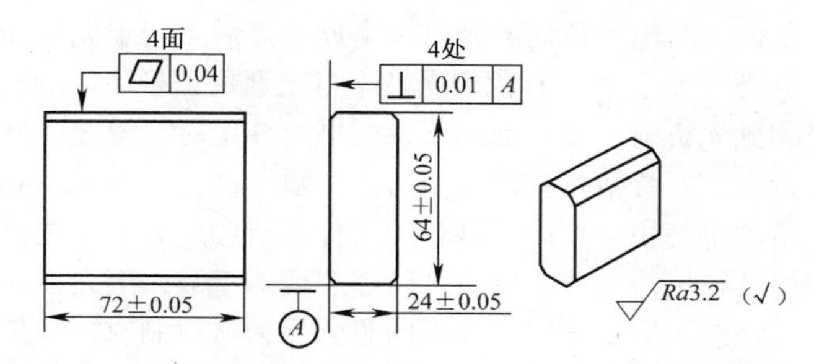

技术要求：（1）24mm 尺寸处，其最大与最小尺寸的差值不得大于 0.1mm；

（2）长边倒角 1×45°

图 2-30　长方体工件

二、工作过程和技术要领

1．工作准备

① 工件（由任务三得来）。

② 使用的刀具、量具和辅助工具：钳工锉、游标卡尺、90° 角尺、刀口形直尺等。

2．粗、精锉基准面 *A*

粗锉用 300mm 粗齿扁锉，精锉用 250mm 细齿扁锉，达到平面度 0.04mm、表面粗糙度 *Ra*≤3.2μm 的要求。

3．粗、精锉基准面 *A* 的对面

用高度游标卡尺划出相距 64mm 尺寸的平面加工线，先粗锉，留 0.15mm 左右的余量精锉达到图样要求。

4．粗、精锉基准面 *A* 的任一邻面

用 90° 角尺和划针划出平面加工线，然后锉削达到图样要求（垂直度用 90° 角尺检查）。（形位公差知识见本任务的基本知识）

5．粗、精锉基准面 *A* 的另一邻面

先以相距对面 24mm 的尺寸划平面加工线，然后粗锉，留 0.15mm 左右的精锉余量，再精锉达到图样要求。

6．复检、修整

全部复检，并作必要的修整锉削。最后将两端锐边均匀倒角 1×45°。

【技术要领】①工件夹紧时，要在台虎钳两钳口垫好软金属衬垫，避免工件表面夹伤；②锉削时要掌握好加工余量，仔细检查尺寸等情况，避免精度超差，要采取顺向锉法，并使锉刀进行有效全长加工；③基准面是加工控制其余各面时的尺寸、位置精度的测量基准，故必须使它达到规定的平面要求后，才能加工其他面；④为保证取得正确的垂直度，各面的横向尺寸差值必须首先尽可能获得较高的精度，测量时锐边必须去毛刺倒棱，保证测量的准确性。

【技术点】使用电动角向磨光机及抛光机

电动角向磨光机的外形如图 2-31 所示，它广泛用于对金属材料的修磨、去锈、清理毛刺和飞边、磨平坡口等加工，同时也可用于部分非金属材料的磨削，特别适用于磨削边角等难以加工的部位。给电动角向磨光机装上抛光盘后可用于抛光加工。抛光机的外形如图 2-32 所示，用于普通钢材、有色金属及木材上通过调换不同的砂纸进行加工。使用电动角向磨光机和抛光机前，要仔细阅读说明书。使用时要遵守手持式电动工具的安全规范；要检查是否安装好合格的砂轮；使用前必须开机空转 2～3min，检查旋转声音是否正常，运转正常才可使用；使用时砂轮和工件的接触压力不宜过大，既不能用砂轮猛压工件，更不能用砂轮撞击工件，以防砂轮爆裂造成事故。磨光机应装有仅用手不能拆除的砂轮防护罩，该防护罩必须用钢板或同等强度的材料制成，防护罩安装后砂轮外露部分的角度应不大于 180°。

图 2-31　电动角向磨光机的外形

图 2-32　抛光机的外形

7．清理工作现场

8．检测加工工件（本任务成绩评定填入表 2-10）

表 2-10　　任务五评分表　　总得分________

项次	项目与技术要求	配分	评分标准	自检结果	小组互评	教师评价	得分
1	平面度 0.04mm（4 面）	4×5	每处 5 分，每相差 0.01mm，扣 2 分				
2	尺寸 64mm±0.05mm	10	超差不得分				
3	尺寸 24mm±0.05mm	10	超差不得分				
4	尺寸 72mm±0.05mm	10	超差不得分				

续表

项次	项目与技术要求	配分	评 分 标 准	自检结果	小组互评	教师评价	得分
5	垂直度 0.01mm（4处）	4×6	每处 6 分，超差不得分				
6	表面粗糙度 *Ra* 3.2μm（6 面）	6×3	每处 3 分，超差不得分				
7	锉纹整齐、倒角均匀（4 面）	4×2	每处 2 分，超差不得分				
8	安全文明生产		违者扣 1～10 分				

一、形状公差及公差带

形状公差是指单一实际要素所允许的变动全量。形状公差包括直线度、平面度、圆度、圆柱度、线轮廓度和面轮廓度。线轮廓度、面轮廓度相对于基准有要求时，具有位置特征。

1．直线度公差

直线度公差是限制实际直线对理想直线变动量的指标。

（1）给定平面内的直线度

在给定平面内，公差带是距离为公差值 t 的两平行直线之间的区域。图 2-33 所示表面上的各条素线直线度公差为 0.1mm。实际表面上的各条素线必须位于箭头所指方向且距离为 0.1mm 的两平行直线之间。

（2）给定一个方向上的直线度

在给定的一个方向上，公差带是距离为公差值 t 的两平行平面之间的区域。图 2-34 所示棱线在 y 方向直线度公差为 0.02mm。实际棱线必须位于箭头所指方向且距离为 0.02mm 的两平行平面之间。

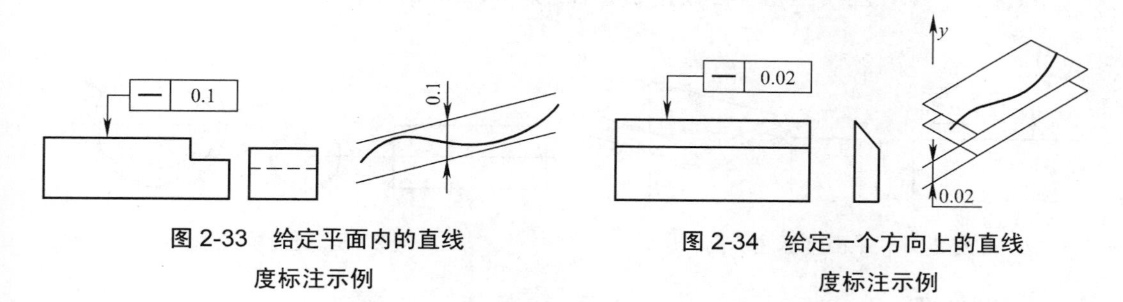

图 2-33　给定平面内的直线度标注示例

图 2-34　给定一个方向上的直线度标注示例

（3）给定互相垂直的两个方向上的直线度

在给定互相垂直的两个方向上，公差带是分别在 x、y 两个垂直方向上距离为公差值 t_1、t_2 的两组平行平面之间的区域。图 2-35 所示棱线在 x、y 两个方向上的直线度公差分别为 0.2mm 和 0.1mm。实际棱线必须位于 x 方向上距离为 0.2mm 的一组平行平面和在 y 方向上距离为 0.1mm 的一组平行平面之间。

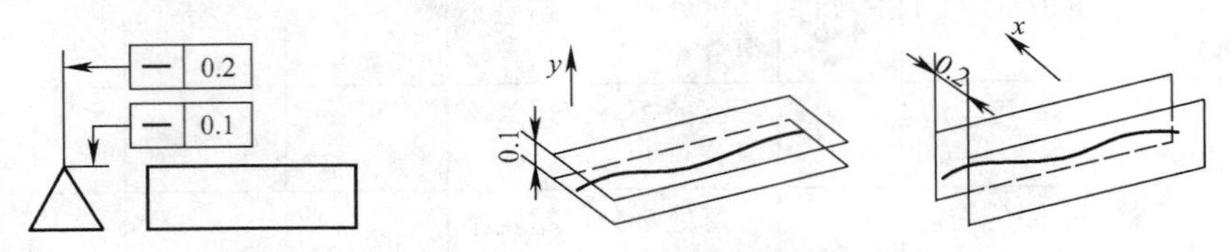

图 2-35 给定互相垂直的两个方向上的直线度标注示例

（4）给定任意方向上的直线度

在给定任意方向上，公差带是直径为公差值 ϕt 的圆柱面内的区域。图 2-36 所示圆柱面轴线在任意方向上的直线度公差为 ϕ0.08mm。圆柱面的轴线在任意方向上必须位于直径为公差值 ϕ0.08mm 的圆柱面内。

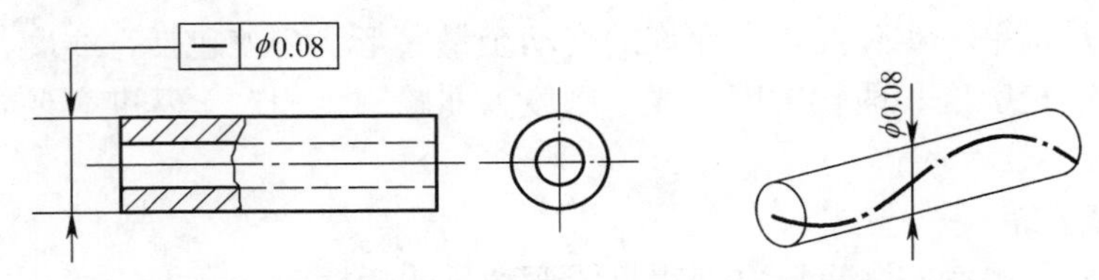

图 2-36 给定任意方向上的直线度标注示例

2．平面度公差

平面度公差是限制实际表面对理想平面变动量的指标。其公差带仅有一种形式，即距离为公差值 t 的两平行平面之间的区域。图 2-37 所示零件上表面的平面度公差为 0.08mm，实际表面必须位于距离为 0.08mm 的两平行平面之间。

3．圆度公差

圆度公差是限制实际圆对理想圆变动量的指标，它的公差带是半径差为公差值 t 的两同心圆之间的区域。图 2-38 所示圆柱表面的圆度公差为 0.02mm。在垂直于轴线的任一横截面上，零件的实际轮廓必须位于半径差为 0.02mm 的两同心圆之间。

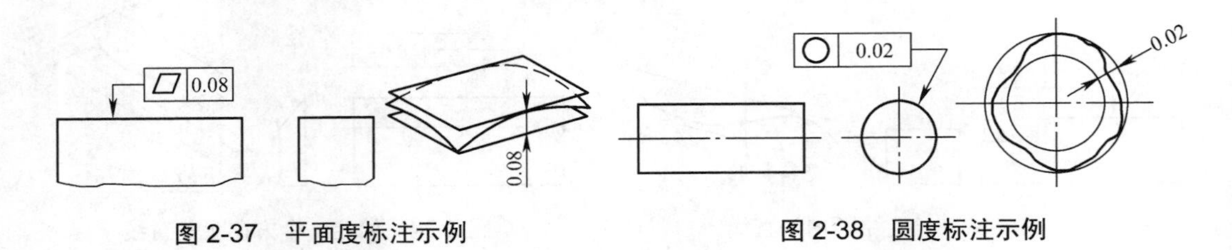

图 2-37 平面度标注示例

图 2-38 圆度标注示例

4．圆柱度公差

圆柱度公差是限制实际圆柱面对理想圆柱面变动量的指标，它的公差带是半径差为公差值 t 的两同轴圆柱面之间的区域。图 2-39 所示圆柱面的圆柱度公差为 0.05mm。实际圆柱面必须位于半径差为 0.05mm 的两同轴圆柱面之间。

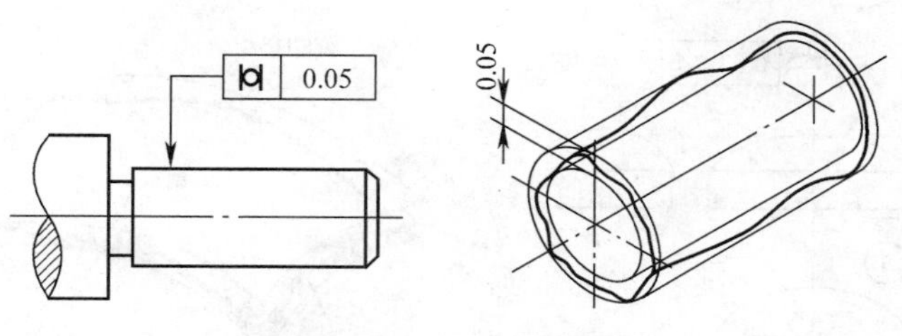

图 2-39　圆柱度标注示例

5．线轮廓度公差

线轮廓度公差是限制实际曲线对理想曲线变动量的指标。其公差带是两等距曲线，即包络一系列直径为公差值 t 的圆的两包络线之间的区域，各圆圆心应位于理想轮廓上。线轮廓度公差可以有基准要求。图 2-40 所示零件的上曲面的线轮廓度公差为 0.04mm，上曲面理想形状由图样中给出的理论正确尺寸确定。实际轮廓线必须位于距离为 0.04mm 的两等距曲线之间，即包络一系列直径为公差值 0.04mm，且圆心在理想轮廓线上的圆的两包络线之间。

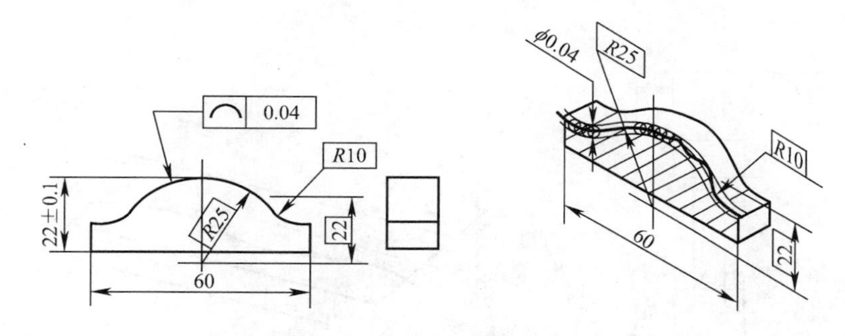

图 2-40　线轮廓度标注示例

6．面轮廓度公差

面轮廓度公差是限制实际曲面对理想曲面变动量的指标。它的公差带是两等距曲面，即包络一系列直径为公差值 t 的球的两包络面之间的区域。各球的球心应位于理想轮廓面上，面轮廓度可以有基准要求。图 2-41 所示半径为理论正确尺寸 R 的上轮廓面的面轮廓度公差为 0.02mm。实际上轮廓面必须位于距离为 0.02mm 的两等距曲面之间，即包络一系列球的两包络面之间，各球的直径为 0.02mm，且球心在理想轮廓面上，理想轮廓面由 R 确定。

二、位置公差及公差带

位置公差是指关联实际要素的方向和位置对基准所允许的变动全量。位置公差包括定向公差、定位公差和跳动公差。

1．定向公差

定向公差是指关联实际要素对基准在方向上所允许的变动全量。它包括平行度、垂直度和倾斜度。各项指标都有线对线、线对面、面对线和面对面 4 种关系。

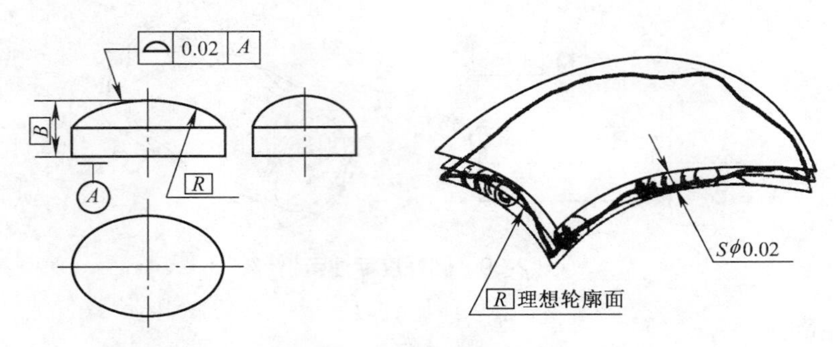

图 2-41　面轮廓度标注示例

（1）平行度公差

平行度公差是限制实际要素对基准在平行方向上变动量的指标。

① 线对线。

（a）给定一个方向：图 2-42 所示上孔 ϕD_2 轴线对下孔 ϕD_1 轴线的平行度公差为 0.1mm。孔 ϕD_2 的实际轴线必须位于距离为 0.1mm 且平行于基准孔 ϕD_1 轴线 A 的两平行平面之间。

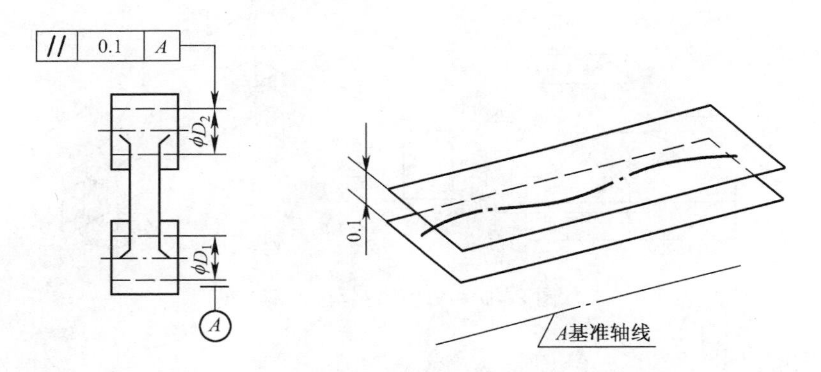

图 2-42　给定一个方向的平行度标注示例

（b）给定两个互相垂直的方向：图 2-43 所示上孔 ϕD_2 轴线对下孔 ϕD_1 轴线在水平方向上的平行度公差为 0.2mm，垂直方向上的平行度公差为 0.1mm。ϕD_2 的轴线必须位于水平方向距离为 0.2mm、垂直方向距离为 0.1mm，且平行于基准孔 ϕD_1 轴线 A 的 2 组平行平面之间。

（c）给定任意方向：图 2-44 所示上孔 ϕD_2 轴线对下孔 ϕD_1 轴线的平行度公差在任意方向上均为 ϕ0.03mm。ϕD_2 的轴线必须位于直径为 ϕ0.03mm，且平行于基准孔 ϕD_1 轴线 A 的圆柱面内。

② 线对面。图 2-45 所示孔 ϕD 轴线对底面的平行度公差为 0.03mm。孔 ϕD 的轴线必须位于距离为公差值 0.03mm，且平行于基准平面 A 的两平行平面之间。

③ 面对线。图 2-46 所示上表面对基准孔 ϕD 轴线的平行度公差为 0.05mm。上表面必须位于距离为公差值 0.05mm，且平行于基准孔 ϕD 轴线 A 的两平行平面之间。

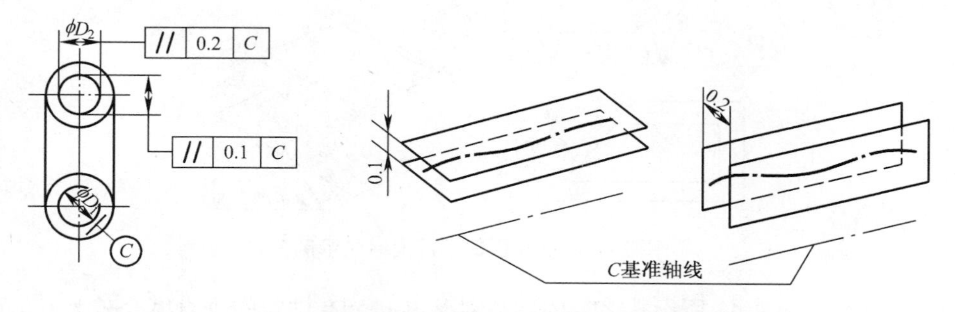

图 2-43　给定两个互相垂直的方向的平行度标注示例

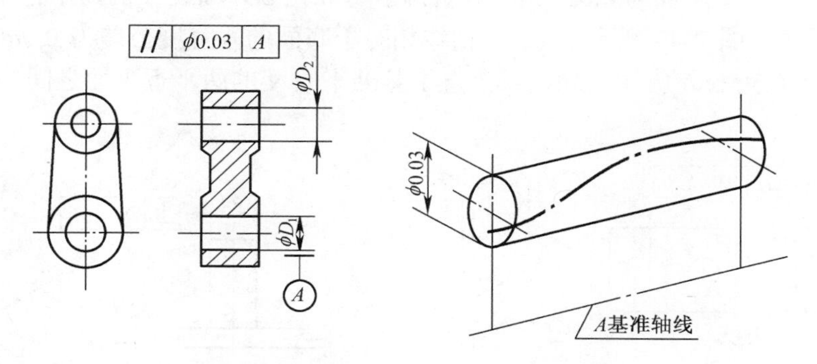

图 2-44　给定任意方向的平行度标注示例

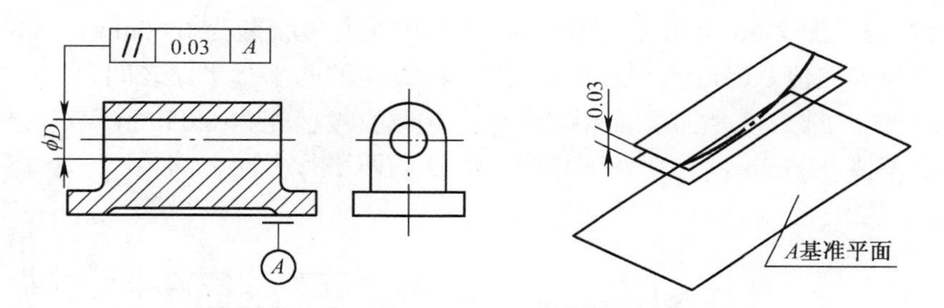

图 2-45　线对面的平行度标注示例

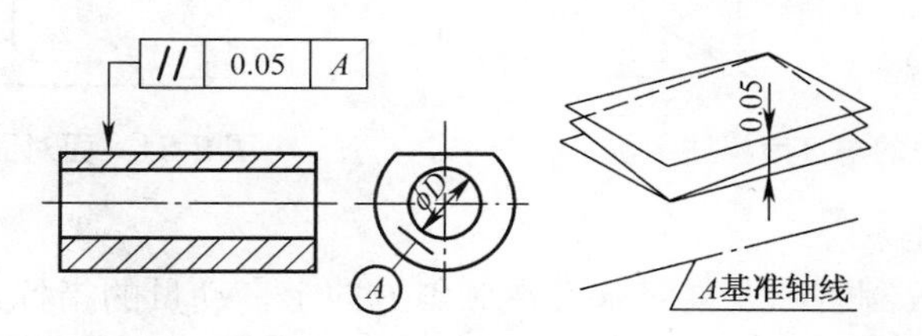

图 2-46　面对线的平行度标注示例

④ 面对面。图 2-47 所示上表面对下表面的平行度公差为 0.05mm。上表面必须位于距离为公差值 0.05mm，且平行于基准平面 *A* 的两平行平面之间。

（2）垂直度公差

垂直度公差是限制实际要素对基准在垂直方向上变动量的指标。

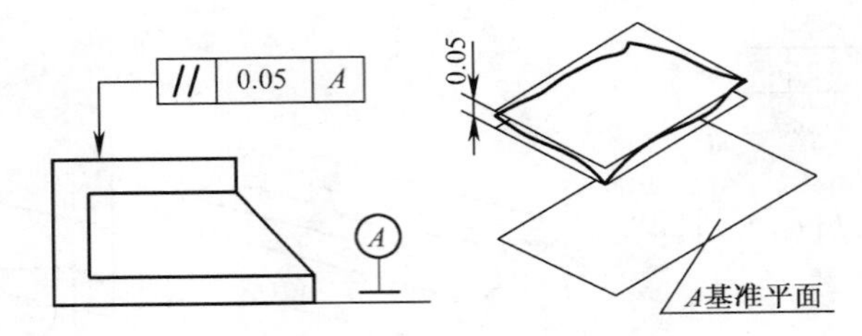

图 2-47　面对面的平行度标注示例

① 线对线。图 2-48 所示孔 ϕD_2 的轴线对基准孔 ϕD_1 轴线的垂直度公差为 0.05mm。ϕD_2 的轴线必须位于距离为 0.05mm，且垂直于基准孔 ϕD_1 轴线 *A* 的两平行平面之间。

② 线对面。图 2-49 所示轴 ϕd 的轴线相对于底面的垂直度公差为 0.1mm。ϕd 的轴线必须位于距离为公差值 0.1mm，且垂直于基准平面 *A* 的两平行平面之间。

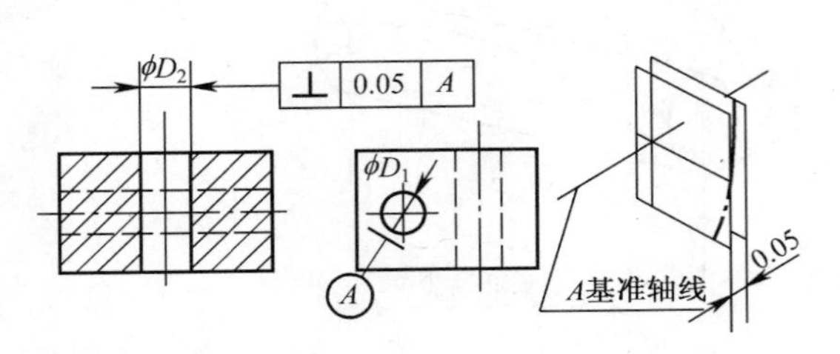

图 2-48　线对线的垂直度标注示例

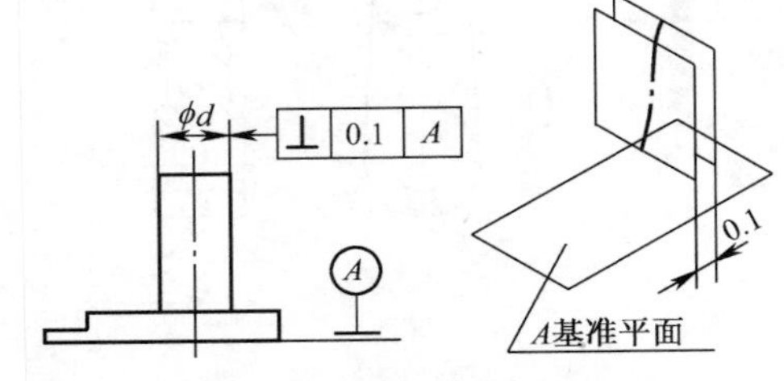

图 2-49　线对面的垂直度标注示例

③ 面对线。图 2-50 所示左端面对 ϕd 轴线的垂直度公差为 0.05mm。实际左端面必须位于距离为公差值 0.05mm，且垂直于基准轴线 *A* 的两平行平面之间。

④ 面对面。图 2-51 所示侧面相对于底面的垂直度公差为 0.05mm。实际侧面必须位于距离为公差值 0.05mm，且垂直于基准平面 *A* 的两平行平面之间。

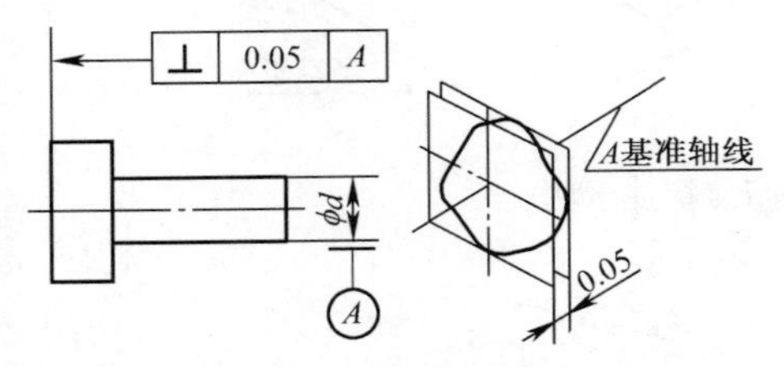

图 2-50　面对线的垂直度标注示例

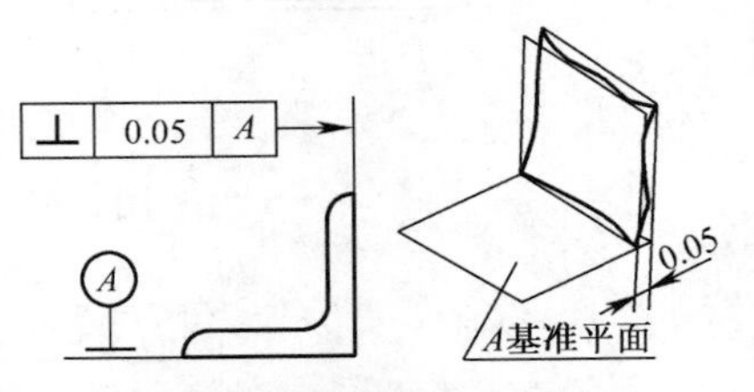

图 2-51　面对面的垂直度标注示例

（3）倾斜度公差

倾斜度公差是限制实际要素对基准在倾斜方向上变动量的指标。

① 线对线。图 2-52 所示斜孔 ϕD_2 的轴线与基准孔 ϕD_1 的轴线间的理论正确角度为 60°，其倾斜度公差为 0.1mm。斜孔 ϕD_2 的轴线必须位于距离为公差值 0.1mm，且与基准孔 ϕD_1 的轴线 *A* 成 60° 的两平行平面之间。

② 线对面。图 2-53 所示孔 ϕD 的轴线与底面间的理论正确角度为 60°，其倾斜度公差为 0.08mm。孔 ϕD 的轴线必须位于距离为公差值 0.08mm，且与基准面成 60° 的两平行平面之间。

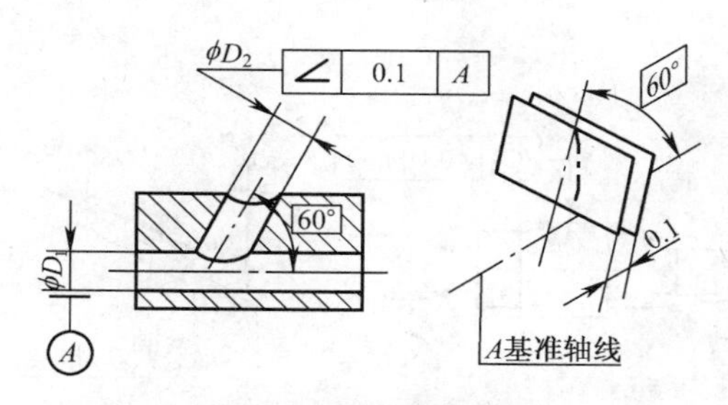

图 2-52 线对线的倾斜度标注示例

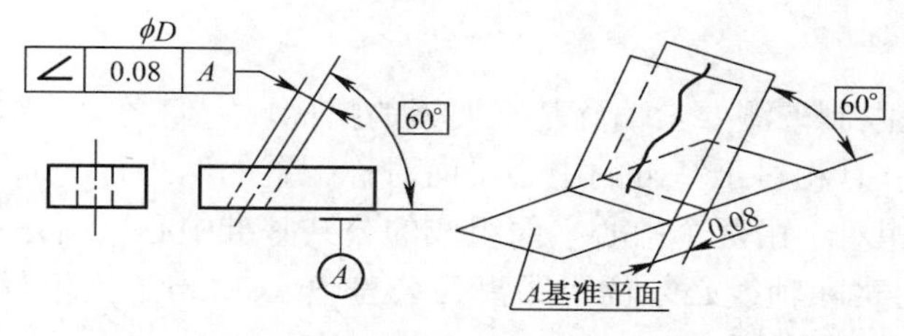

图 2-53 线对面的倾斜度标注示例

③ 面对线。图 2-54 所示斜面对 ϕd 轴线间的理论正确角度为 60°，其倾斜度公差为 0.05mm。实际斜面必须位于距离为公差值 0.05mm，且与基准轴线 *A* 成 60° 的两平行平面之间。

④ 面对面。图 2-55 所示斜面相对于底面的理论正确角度为 45°，其倾斜度公差为 0.08mm。实际斜面必须位于距离为公差值 0.08mm，且与基准平面 *A* 成 45° 的两平行平面之间。

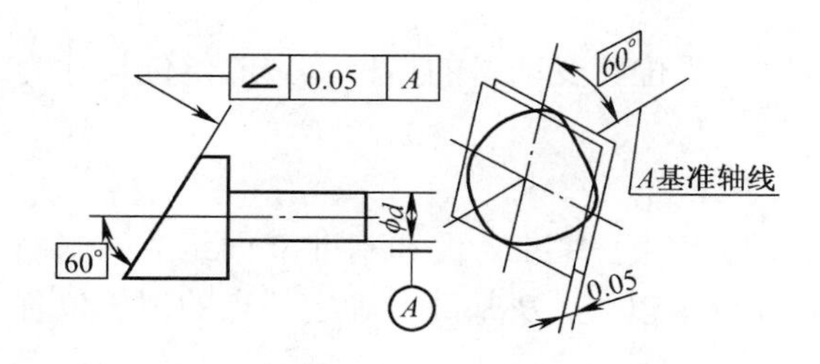

图 2-54 面对线的倾斜度标注示例

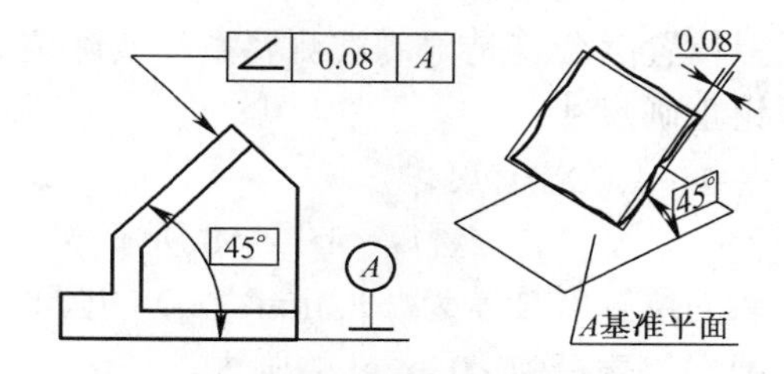

图 2-55 面对面的倾斜度标注示例

2．定位公差

定位公差是关联实际要素对基准在位置上允许的变动全量。它包括同轴度、对称度和位置度。

（1）同轴度公差

同轴度公差是限制被测轴线偏离基准轴线的指标，它们之间的定位尺寸为 0。公差带是直径为公差值 *t* 的圆柱面内的区域，该圆柱面的轴线与基准轴线同轴。图 2-56 所示 ϕd 的轴线对由两个 ϕd_1 轴线组成的公共基准轴线的同轴度公差为 ϕ0.1mm。ϕd 的实际轴线必须位于直径为公差值 ϕ0.1mm，且与公共基准轴线 *A*—*B* 同轴的圆柱面内。

当轴线很短时，可以将同轴度看成同心度，公差带是直径为 ϕt 的圆内的区域，该圆的圆心与基准轴线同轴。

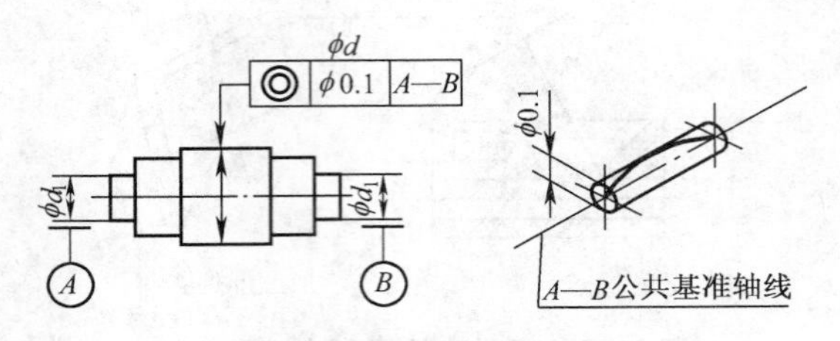

图 2-56　同轴度标注示例

（2）对称度公差

对称度公差是限制被测要素偏离基准要素的指标，它们之间的定位尺寸为 0。公差带是距离为公差值 t 且相对于基准的中心平面对称配置的两平行平面之间的区域。图 2-57 所示孔 ϕD 的轴线相对于由两个中心平面组成的公共基准中心平面 $A—B$ 的对称度公差为 0.1mm。孔 ϕD 的实际轴线必须位于距离为公差值 0.1mm，且相对公共基准中心平面 $A—B$ 对称配置的两平行平面之间。

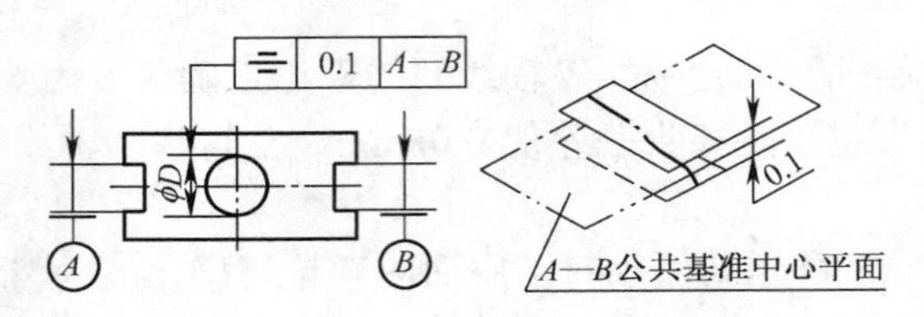

图 2-57　对称度标注示例

（3）位置度公差

位置度公差是限制被测要素的实际位置对理想位置变动量的指标，它的定位尺寸为理论正确尺寸。

① 点的位置度。

（a）圆心的位置度：图 2-58 所示 ϕD 的圆心相对于基准 A 面和基准 B 面组成的基面体系的位置度公差为 ϕ0.3mm。ϕD 的圆心必须位于以 A、B 基准所确定的点的理想位置为圆心，直径为 ϕ0.3mm 的圆内。

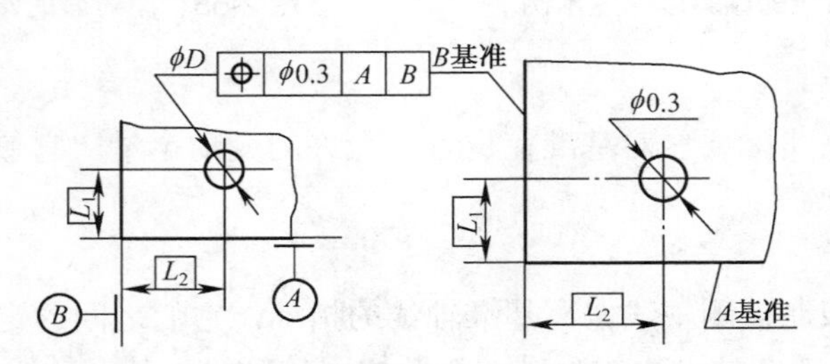

图 2-58　圆心的位置度标注示例

（b）球心的位置度：图 2-59 所示 $S\phi D$ 球面的中心相对于 ϕd 的轴线和基准平面 B 的位置度公差为 $S\phi$0.08mm。$S\phi D$ 实际球面的中心必须位于以 A、B 基准和距离 L 所确定的点的理想位置为球心，直径为公差值 $S\phi0.08$mm 的球内。

② 线的位置度。图 2-60 所示 6 孔 ϕD 的轴线相互之间由理论正确尺寸确定，在水平方向其位置度为 0.1mm，在垂直方向位置度为 0.2mm，无基准要求。6 孔 ϕD 孔的轴线必须位于距离为公差值 0.1mm，相对于由理论正确尺寸确定的理想位置在水平方向对称配置的 6 对平行平面之间的区域[见图 2-61(a)]，并与之相垂直，距离为公差值 0.2mm，相对于由理论正确尺寸确定的理想位置在垂直方向对称配置的 6 对平行平面之间［见图 2-61（b）］。

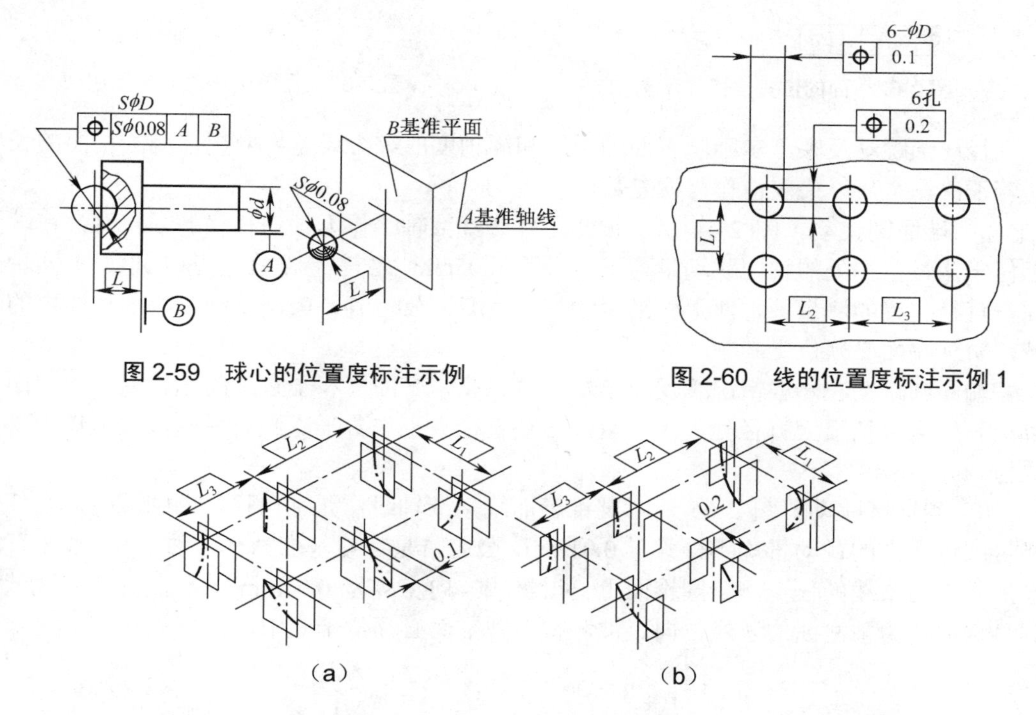

图 2-59　球心的位置度标注示例

图 2-60　线的位置度标注示例 1

图 2-61　线的位置度标注示例 2

③ 面的位置度。图 2-62 所示斜面相对于 ϕd 轴线成 65°，在轴线上的交点与轴尾端相距一理论正确尺寸 $\boxed{L}$，其位置度公差为 0.05mm。实际斜面必须位于距离为公差值 0.05mm，且以基准 A、B 和 $\boxed{L}$ 组成的三基面体系所确定的理想位置为中心，对称配置的两平行平面之间。

3．跳动公差

跳动公差是用跳动量控制被测要素形状和位置变动量的综合指标。它包括圆跳动和全跳动。

（1）圆跳动

圆跳动是被测要素围绕基准轴线，在无轴向移动的前提下，在任一测量平面内旋转一周时的最大变动量，即最大跳动量与最小跳动量之差。

① 径向圆跳动。图 2-63 所示 $\phi\, d_1$ 的圆柱面绕基准轴线作无轴向移动的回转时，在任一测量平面内的径向跳动量不得大于 0.05mm。公差带是在垂直于基准轴线的任一测量

平面内半径差为 0.05mm，并且圆心在基准轴线上的两同心圆之间的区域。实际轮廓必须位于其中。

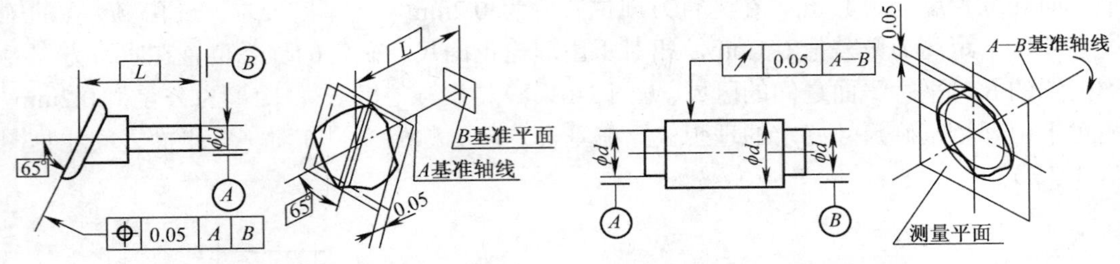

图 2-62　面的位置度标注示例　　　图 2-63　径向圆跳动标注示例

径向圆跳动反映了实际圆表面的圆度和同轴度的综合误差，应视被测圆柱面的长度作若干次测量后以最大值作为误差数值。

② 端面圆跳动。图 2-64 所示被测零件绕基准轴线作无轴向移动的回转时，在端面上任一测量直径处的轴向跳动量均不得大于 0.05mm。公差带是在与基准轴线 A 同轴的任一直径位置的测量圆柱面上，沿素线方向宽度为公差值 0.05mm 的一段圆柱面内的区域。实际端面必须位于其中。

端面圆跳动在一般情况下反映了端面直线度、平面度和垂直度的综合误差。端面圆跳动一般应包括最大直径处的跳动量，应视直径大小作若干次测量后以最大值作为误差数值。

③ 斜向圆跳动。图 2-65 所示圆锥表面绕基准轴线作无轴向移动的回转时，在任一测量圆锥面上的跳动量均不得大于 0.01mm。公差带是在与基准轴线同轴，其素线垂直于被测圆锥面素线的任一测量圆锥面上，沿素线方向宽度为 0.01mm 的一段圆锥面区域，其测量方向为被测面的法线方向。被测整个圆锥面必须位于其中。

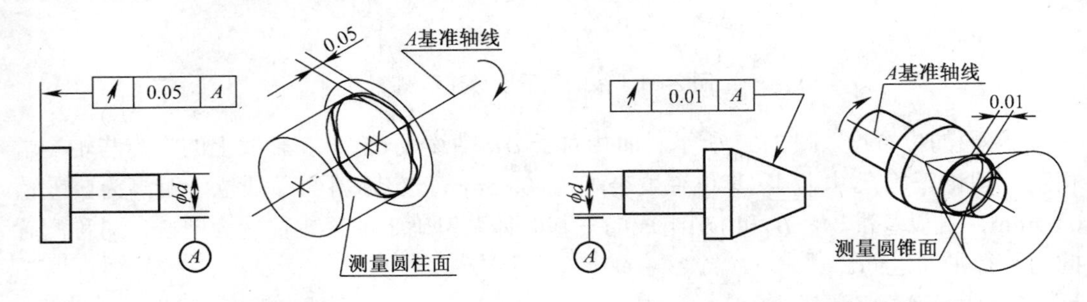

图 2-64　端面圆跳动标注示例　　　图 2-65　斜向圆跳动标注示例

斜向圆跳动反映了该斜表面或曲面上的圆度和同轴度的综合误差。

（2）全跳动

全跳动是被测要素绕基准轴线在无轴向移动的前提下旋转，在整个表面上的最大变动量，即最大跳动量与最小跳动量示值之差。

① 径向全跳动。图 2-66 所示 ϕd_1 表面绕基准轴线作无轴向移动的连续回转，同时指示表平行于基准轴线方向作直线移动，在整个 ϕd_1 表面上的跳动量不得大于 0.2mm。公

差带是半径差为公差值 0.2mm，且与公共基准轴线 A—B 同轴的两同轴圆柱面的区域。被测整个圆柱面必须位于其中。

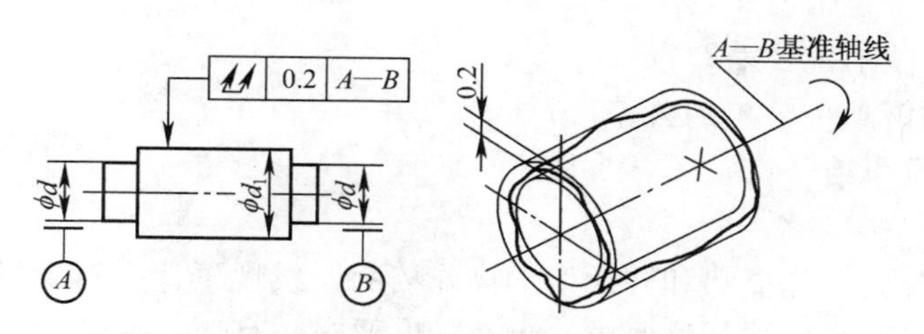

图 2-66　径向全跳动标注示例

径向全跳动反映了该实际圆表面的圆柱度和同轴度的综合误差。

② 端面全跳动。图 2-67 所示被测零件绕基准轴线作无轴向移动的连续回转，同时指示表沿垂直轴线的方向移动，在整个端面上的跳动量不得大于 0.05mm。公差带是距离为公差值 0.05mm，且与基准轴线垂直的两平行平面之间的区域。实际端面必须位于其中。

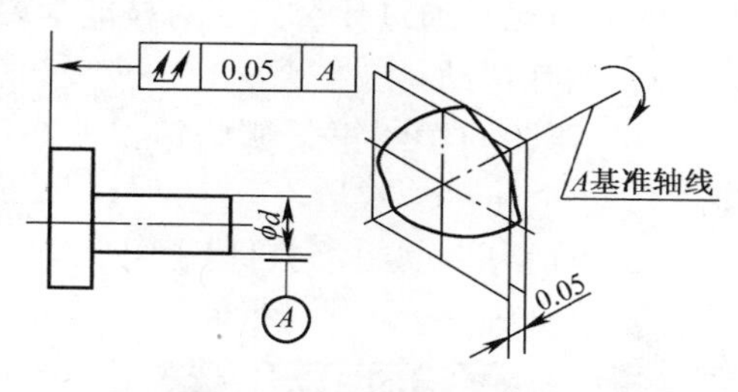

图 2-67　端面全跳动标注示例

端面全跳动反映了该实际端面的直线度、平面度和垂直度的综合误差。

【思与行（课后探究）——思考是进步的阶梯，实践能完善自己】

（1）尺寸误差知识。

（2）公差带知识。

（3）摩擦、磨损与润滑知识。

【多媒体——本项目课外阅读】

（1）《极限配合与技术测量》书籍中的相关内容。

（2）《钳工工艺学》、《钳工生产实习》书籍中的相关内容。

（3）上网搜索并学习“形位公差”。

项目学习评价

一、思考练习题

（1）如何安装与拆卸锉刀柄？

（2）正确的锉削姿势是怎样的？

（3）锉削要掌握哪些技术要领？

（4）如何保养锉刀？

（5）锉削的平面不平的形式有哪些，不平的原因是什么？

（6）如何检测垂直度和平行度？

（7）如何预防锉削时产生废品？

（8）如何使用百分表？

（9）钢与铸铁有何异同？你了解多少工程材料？举例说明。

（10）什么是形位公差？

（11）如何标注形位公差？

（12）如何理解形位公差的公差带？

二、个人学习小结

1．比较对照

（1）比较教师的操作姿势和同学们的操作姿势，发现了什么？最终将工件锉削达平面度要求、垂直度要求、平行度要求、尺寸精度要求，有哪些感受？

（2）“自检结果”和“得分”的差距在哪里？

（3）在本项目学习过程中，掌握了哪些技能与知识？

（4）自己是通过什么方法对技能学习有了信心的？

2．相互帮助

（1）帮助同学纠正了哪些错误？在同学的帮助下，改正了哪些错误，解决了哪些问题？

（2）你帮助同学找到自信了吗？

锉削工件项目总结

正确的锉削方法是我们获得锉削技能的法宝。玉不琢，不成器。经过我们加工的工件，其表面变得光滑平整、棱角分明，在平面度、垂直度、平行度和尺寸精度等方面达到技术要求，这就是收获。只要我们依据正确的方法刻苦训练，就会加工出光彩照人的产品。

项目三　加工工件孔

项目情境创设

你见过汽车曲轴中的油孔吗？你了解激光打孔吗？机电产品因有孔而奇妙。将你在机电产品中见到的孔进行分类，看看有多少种孔。古时候有个卖油翁的故事，卖油翁能将油注入小口的瓶中而不漏出一滴，靠的是娴熟的技巧。经过专心训练，你加工的孔也能很好地符合技术要求。

项目学习目标

学习目标	学习方式	学时
（1）能够按图纸要求进行各种孔加工； （2）学会正确操作与保养台钻（立钻）、砂轮机； （3）学会刃磨钻头； （4）掌握识读尺寸公差； （5）掌握视图、剖视图基本知识； （6）了解带传动和链传动	按照各任务中“基本技能”的顺序，逐项训练。对不懂的问题，查看后面的“基本知识”。在掌握技术要领的基础上，通过多次使用钻床，掌握钻床的使用技术；在使用砂轮机、刃磨钻头的过程中，掌握其基本技能。用心训练，做到精益求精，力争在项目评价时取得优秀成绩。还要对照实物和零件图，掌握视图、剖视图的基本知识，在识读尺寸中读懂尺寸公差	13

项目基本功

任务一　工 件 钻 孔

一、读懂工作图样

本次任务是在如图 3-1 所示的工件上钻孔。在图 3-1 中，距右侧面 21mm 处，在轴对称线上下各钻 1 个 ϕ8mm 的通孔，故在图上表示为 2×ϕ8（通孔）；同理，在工件的左侧钻 4 个 ϕ6mm 的通孔，在图上表示为 4×ϕ6（通孔）。

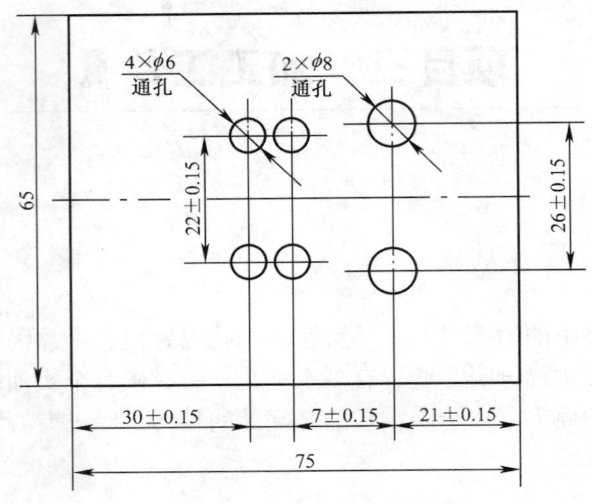

图 3-1　工件钻孔

二、工作过程和技术要领

1. 工作准备

① 备料：铸铁 75mm×65mm×20mm，表面符合加工要求。（建议由项目二任务五得来，外形尺寸作适当调整）

② 台式钻床、钻 ϕ6 和 ϕ8 孔的钻头（各式）。（有关钻头知识见本任务的基本知识“一、麻花钻钻头”）

③ 平面划线工具。

2. 练习使用钻床

（1）台钻

台式钻床简称台钻，其外形如图 3-2 所示，这是一种小型钻床，一般用来加工小型工件上直径不大于 12mm 的小孔。

① 传动变速。操纵电器转换开关 5，能使电动机 6 正、反转启动或停止。电动机的旋转动力分别由装在电动机和头架 2 上的 5 级三角带轮（塔轮）3 和三角皮带传给主轴 1。改变三角皮带在 2 个塔轮 5 级轮槽的不同安装位置，可使主轴获得 5 种转速。（带传动知识见本任务的基本知识“六、带传动”）

钻孔时必须使主轴作顺时针方向转动（正转）。变速时必须先停车。松开螺钉 7 可推动电动机前后移动，借以调节三角带的松紧，调节后应将螺钉拧紧。主轴的进给运动即钻头向下的直线运动由手操纵进给手柄 10 控制。

② 钻轴头架的升降调整。头架 2 安装在立柱 8 上，调整时，先松开手柄 9，旋转摇把 4 使头架升降到需要位置，然后再旋转手柄 9 将其锁紧。

③ 维护保养要点如下。

（a）在使用过程中，工作台台面必须保持清洁。

（b）钻通孔时必须使钻头能通过工作台台面上的让刀孔，或在工件下面垫上垫铁，以免钻坏工作台台面。

（c）使用完毕后，必须将机床外露滑动面及工作台台面擦净，并对各滑动面及各注油孔加注润滑油。

（2）立钻

立式钻床简称立钻，常用的Z525立钻的外形如图3-3所示，一般用来钻中、小型工件上的孔，其最大钻孔直径有25mm、35mm、40mm、50mm几种。

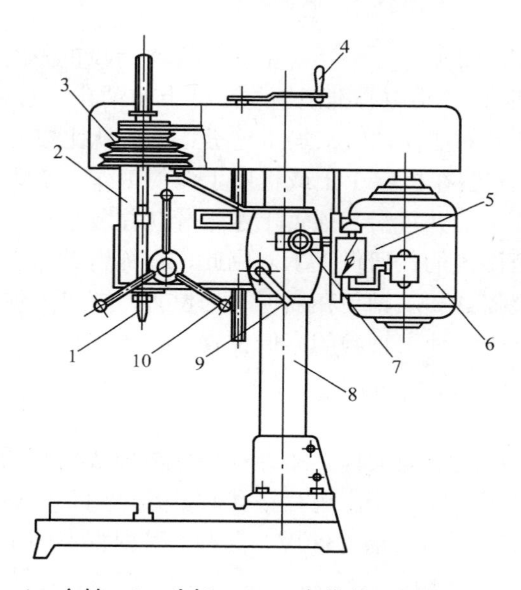

1—主轴；2—头架；3—三角带轮；4—摇把；
5—转换开关；6—电动机；7—螺钉；
8—立柱；9、10—手柄

图3-2　台钻外形

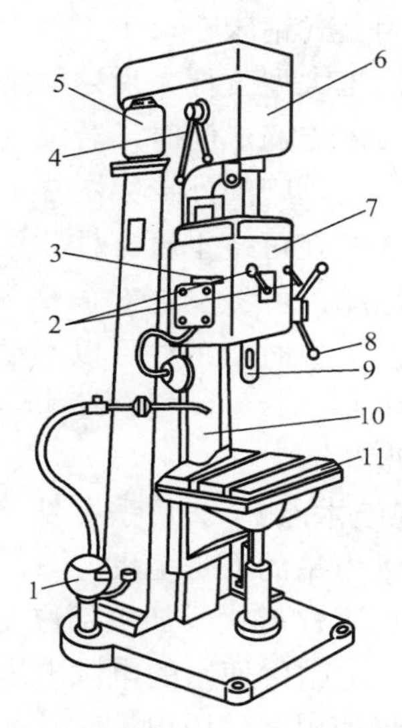

1—冷却电动机；2、3、4、8—手柄；
5—主电动机；6、7—变速箱；9—主轴；
10—立柱；11—工作台

图3-3　立钻外形

① 主要机构的使用、调整方法如下。

（a）主轴变速箱6位于机床的顶部，主电动机5安装在它的后面，变速箱左侧有两个变速手柄4，参照机床的变速标牌调整这两个手柄位置，能使主轴9获得8种不同转速。

（b）进给变速箱7位于主轴变速箱和工作台11之间，安装在立柱10的导轨上。进给变速箱的位置高度，可按被加工工件的高度进行调整。调整前须首先松开锁紧螺钉，待调整到所需高度，再将锁紧螺钉锁紧即可。进给变速箱左侧的手柄3为主轴正、反转启动或停止的控制手柄。正面有两个较短的进给变速手柄2，按变速标牌指示的进给速度与对应的手柄位置扳动手柄，可获得所需的机动进给速度。

（c）在进给变速箱的右侧有三星式进给手柄8，这个手柄连同箱内的进给装置称为进给机构。用它可以选择机动进给、手动进给、超越进给或攻丝进给等不同操作方式。

（d）工作台11安装在立柱导轨上，可通过安装在工作台下面的升降机构进行操纵，转动升降手柄即可调节工作台的高低位置。

（e）在立柱左边底座凸台上安装着冷却泵和冷却电动机1。开动冷却电动机即可输送冷却液，对刀具进行冷却润滑。

② 使用规则及维护保养要点如下。

（a）立钻使用前必须先空转试车，在机床各机构都能正常工作的情况下才可操作。

（b）工作中不采用机动进给时，必须将三星手柄端盖向里推，断开机动进给传动。

（c）变换主轴转速或机动进给量时，必须在停车后进行调整。

（d）需经常检查润滑系统。

（3）摇臂钻床

用立式钻床在一个工件上加工多孔时，每加工一个孔，工件就得移动找正一次。这对于加工大型工件来说是非常繁重的，并且使钻头中心准确地与工件上的钻孔中心重合，也是很困难的。此时，若采用主轴可以移动的摇臂钻床来加工这类工件，就比较方便。

摇臂钻床的外形如图 3-4 所示，工件安装在机座 1 上或机座上面的工作台 2 上。主轴箱 3 装在可绕垂直立柱 4 回转的摇臂 5 上，并可沿着摇臂上水平导轨往复移动。上述两种运动，可将主轴 6 调整到机床加工范围内的任何位置上。因此，在摇臂钻床上加工多孔的工件时，工件可以不动，只要调整摇臂和主轴箱在摇臂上的位置，即可方便地对准孔中心。此外，摇臂还可沿立柱上下升降，使主轴箱的高低位置适合于工件加工部位的高度。

【技术点】 使用手电钻

手电钻的外形见图 3-5，它是一种手提式电动工具。在进行工件修理或装配的过程中，当工件形状或加工部位受到限制以致无法在钻床上进行钻孔时，则可用手电钻来钻孔。手电钻所使用的电源电压有单相（220V）和三相（380V）两种，可根据不同工作情况选择使用。使用电钻时，应注意以下几点。

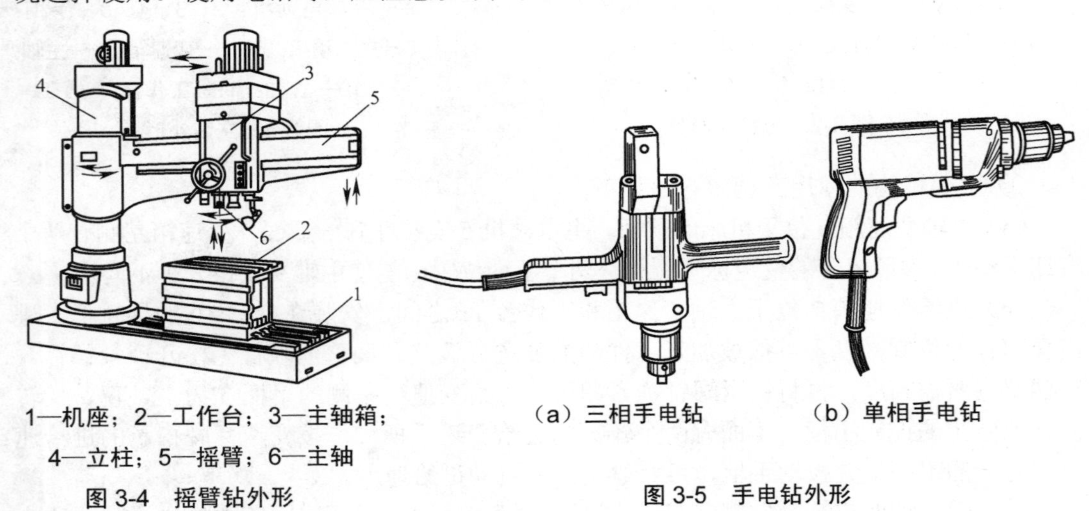

1—机座；2—工作台；3—主轴箱；
4—立柱；5—摇臂；6—主轴

图 3-4 摇臂钻外形

（a）三相手电钻　（b）单相手电钻

图 3-5 手电钻外形

① 在使用电钻之前，应先开机空转 1min，以此来检查各个部件是否正常。如有异常现象，应在故障排除后再进行钻削。

② 插入钻头后用钥匙旋紧钻夹头，不可用手锤敲击钻夹头旋紧，防止破坏电钻。

③ 使用的钻头必须保持锋利，且钻孔时不宜用力过猛。当孔将钻穿时，应逐渐减小

压力，以防发生事故。

④ 钻孔时必须拿紧电钻，不可晃动。小的晃动会使孔径增大，大的晃动会使电钻卡死，甚至折断钻头。

3．装夹钻头

通常使用钻夹头装夹钻头。（“钻夹头”的有关知识见本任务的基本知识“二、装夹钻头的工具”）

【技术要领】 用钻夹头装夹钻头时要用钻夹头钥匙，不可用扁铁和手锤敲击，以免损坏夹头和影响钻床主轴精度。

4．练习钻床的空车操作

5．在练习件上进行划线（有关平面划线技术见项目一）

先检查左右两侧面和上下两底面，达到尺寸要求后再划线。划线顺序如下。

① 用高度游标卡尺划工件的对称中心线，如图 3-6（a）所示。

② 用高度游标卡尺划孔的左右位置线，如图 3-6（b）中的 3 条细竖线所示。

③ 以对称中心线为基准，用平行线划法划孔的上下位置线，如图 3-6（c）中的 4 条细水平短线所示，并在孔的位置处打样冲眼。

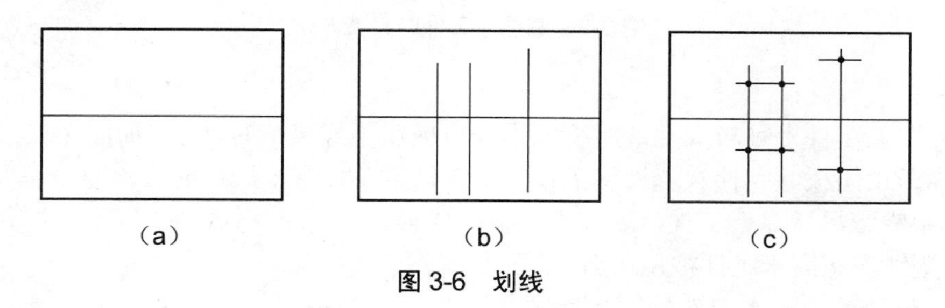

图 3-6 划线

6．装夹工件

钻孔时应根据钻孔直径大小和工件的形状与大小的不同，采用合适的夹持方法，以确保钻孔质量及安全生产。

（1）平整工件的夹持

① 用手握持。当钻孔直径在 8mm 以下，且工件又可以用手握牢而不会发生事故时，可用手直接拿稳工件进行钻孔，此时为防划伤手，应对工件握持边倒角。在快要将孔钻穿时，进给量要小。开始学钻孔时，不要用手握持工件。

有些工件虽可用手握持，但为保证安全，最好再用螺钉将工件靠在工作台上（见图 3-7）。

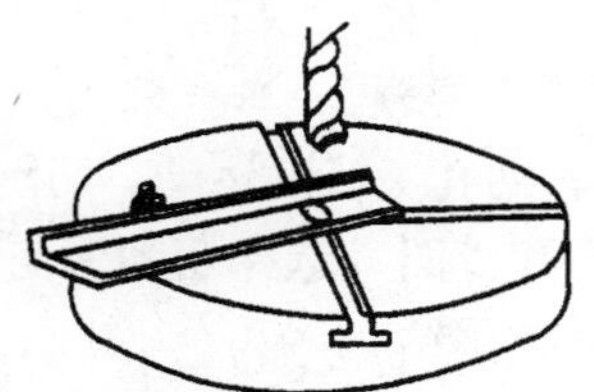

图 3-7 长工件用螺钉靠住

② 用手虎钳夹持。直径在 8mm 以上或用手不能握牢的小工件，可以用手虎钳夹持，或用小型机床用平口虎钳夹持（见图 3-8）。本任务用机用平口虎钳夹持。

（2）圆柱形工件的夹持

用 V 形架配以螺钉、压板夹持（见图 3-9），可使圆柱形工件在钻孔时不致转动。

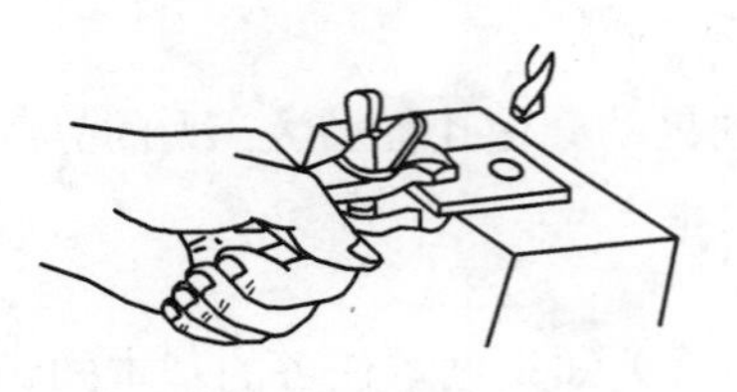

（a）用手虎钳

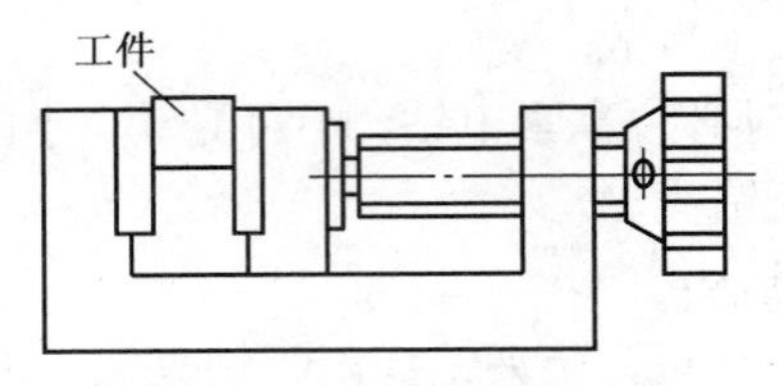

（b）小型机床用平口虎钳

图 3-8　钻小孔时的夹持

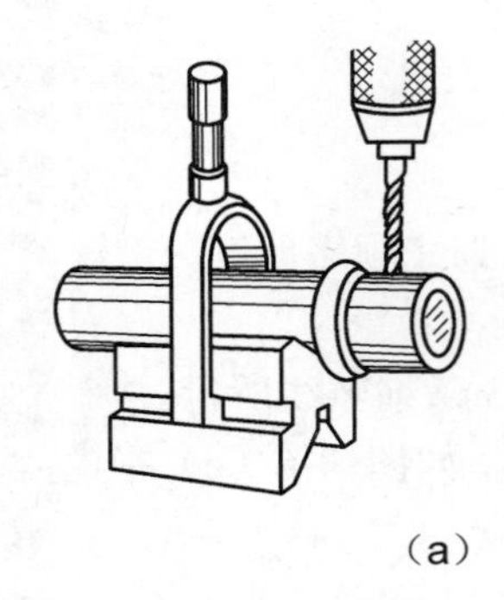

（a）

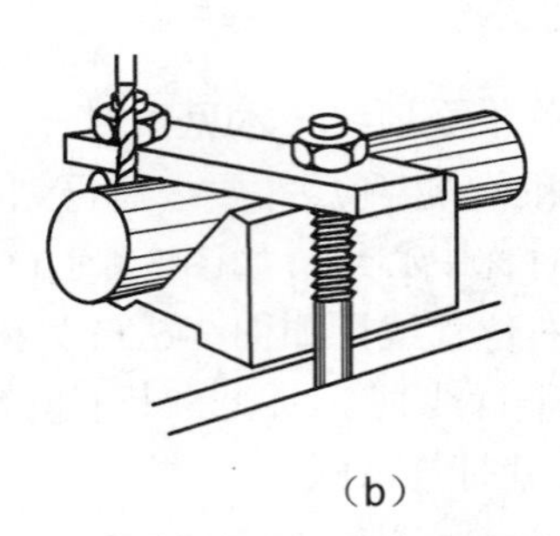

（b）

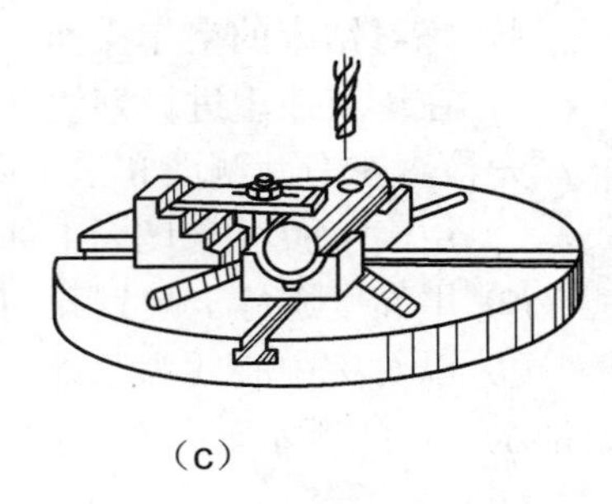

（c）

图 3-9　圆柱形工件的夹持方法

（3）搭压板夹持

当需要在工件上钻较大孔或用机床用平口虎钳不好夹持时，可用如图 3-10 所示的方法夹持，即用压板、螺栓、垫铁将工件固定在钻床工作台上。此时应注意以下几点。

① 垫铁应尽量靠近工件，以减少压板的变形。

② 垫铁应略高于工件被压表面，否则压紧后压板对工件的着力点在工件的边缘处，这样当只用一块压板压紧工件时，工件就会翘起。

③ 螺栓应尽量靠近工件，使工件获得尽量大的压紧力。

④ 对已经过精加工的表面压紧时，应在这一表面垫上铜皮等软衬垫物，以保护表面不被压出印痕。

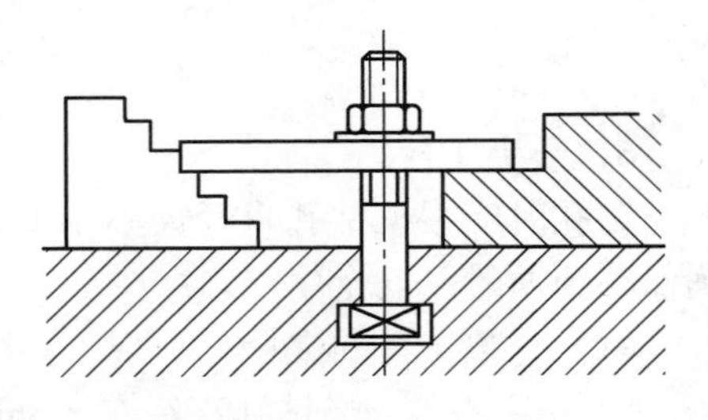

图 3-10　用压板夹持工件

【技术要领】 工件装夹应牢固、可靠，必须做好装夹面的清洁工作。

7．钻孔（钻削运动、切削液与切削用量的选择见本任务的基本知识“三、分析钻削运动”和“四、选择切削液与切削用量”）

（1）试钻

起钻的位置是否准确，直接影响孔的加工质量。钻孔前，先把孔中心的样冲眼冲大一些，这样可使钻头横刃在钻前落入样冲眼内，钻孔时钻头就不易偏离中心了。判断钻尖是否对准钻孔中心，先要在两个相互垂直的方向上观察。当观察到已对准后，先试钻一浅坑，看钻出的锥坑与所划的钻孔圆周线是否同心，如果同心，就可继续钻孔，否则要借正后再钻。

（2）借正

当发现试钻的锥坑与所划的钻孔圆周线不同心时，应及时借正。一般靠移动工件位置借正。当在摇臂钻床上钻孔时，要移动钻床主轴。如果偏离较多，也可用样冲或油槽錾在需要多钻去材料的部位錾几条槽，以减小此处的切削阻力而让钻头偏过来，达到借正的目的。

（3）限速限位

当钻通孔即将钻穿时，必须减小进给量，如原采用自动进给，此时最好改成手动进给。因为当钻尖刚钻穿工件材料时，轴向阻力突然减小，由于钻床进给机构的间隙和弹性变形突然恢复，将使钻头以很大的进给量自动切入，以致造成钻头折断或钻孔质量降低等现象。如果钻不通孔，可按孔的深度调整挡块，并通过测量实际尺寸来检查挡块的高度是否准确。

（4）排屑

深孔的钻削要注意排屑。一般当钻进深度达到直径的 3 倍时，钻头就要退出排屑。并且每钻进一定深度，钻头就要退刀排屑一次，以免钻头因切屑阻塞而扭断。

（5）分次钻削

直径超过 30mm 的大孔可分两次钻削。先用 0.5～0.7 倍孔径的钻头钻孔，然后用所需孔径的钻头扩孔，这样既可以减小轴向力，保护机床和钻头，又能提高钻孔质量。

【技术要领】 ①钻孔前，清理好工作场地，检查钻床安全设施是否齐备，润滑状况是否正常；②扎紧衣袖，戴好工作帽，严禁戴手套操作钻床；③开动钻床前，检查钻夹头钥匙或斜铁是否插在钻床主轴上。松紧钻夹头应在停车后进行，且要用“钥匙”来松紧而不能敲击。当钻头要从钻头套中退出时要用斜铁敲出；④工件应装夹牢固。钻通孔时要垫垫块或使钻头对准工作台的沟槽，防止钻头损坏工作台。通孔快被钻穿时，要减小进给量，以防产生事故；⑤钻孔时，手动进给的压力应根据钻头的实际工作情况凭感觉进行控制，并注意操作安全；⑥清除切屑时不能用嘴吹、手拉，要用毛刷清扫，缠绕在钻头上的长切屑，应停车用铁钩去除；⑦停车时应让主轴自然停止，严禁用手制动；⑧严禁在开车状态下测量工件或变换主轴转速；⑨清洁钻床或加注润滑油时应切断电源。

产生钻削废品和钻头损坏的原因见本任务基本知识“五、分析钻削废品和钻头损坏的原因”。

8．修毛刺

9．清理工作现场

10．检测加工工件（本任务成绩评定填入表 3-1）

表 3-1　　工件钻孔评分表　　总得分________

项次	项目和技术要求	配分	评 分 标 准	自检结果	小组互评	教师评价	得分
1	划线规范、正确	10	规范、正确				
2	装夹钻头、工件	10	规范、正确				
3	操作钻床	15	规范				
4	尺寸 22mm±0.15mm	5	超差不得分				

续表

项次	项目和技术要求	配分	评 分 标 准	自检结果	小组互评	教师评价	得分
5	尺寸 26mm±0.15mm	5	超差不得分				
6	尺寸 30mm±0.15mm	5	超差不得分				
7	尺寸 7mm±0.15mm	5	超差不得分				
8	尺寸 21mm±0.15mm	5	超差不得分				
9	4×ϕ6	4×5	每孔 5 分，超差不得分				
10	2×ϕ8	2×5	每孔 5 分，超差不得分				
11	保养钻床	10	规范、正确				
12	安全文明生产		违者扣 1～10 分				

一、麻花钻钻头

麻花钻是应用最广泛的钻头（见图 3-11），它由以下 3 个部分组成。

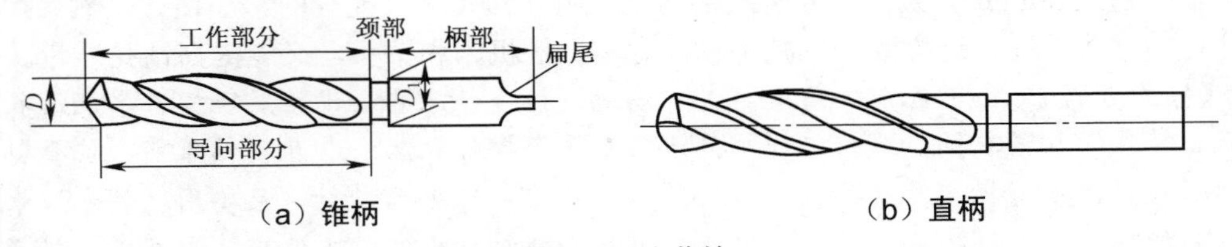

（a）锥柄　（b）直柄

图 3-11　麻花钻

1．柄部

被机床或电钻夹持的部分，用来传递扭矩和轴向力。按形状不同，柄部可分为直柄和锥柄两种。直柄所能传递的扭矩较小，用于直径在 13mm 以下的钻头。当钻头直径大于 13mm 时，一般都采用锥柄。锥柄的扁尾既能增加传递的扭矩，又能避免工作时钻头打滑，还能供拆钻头时敲击之用。

2．颈部

颈部位于柄部和工作部分之间，主要作用是在磨削钻头时供砂轮退刀用。同时，颈部还可刻印钻头的规格、商标和材料等，以供选择和识别。

3．工作部分

工作部分是钻头的主要部分，由切削部分和导向部分组成。切削部分承担主要的切削工作。导向部分在钻孔时起引导钻削方向和修光孔壁的作用，同时也是切削部分的备用段。

切削部分的“六面五刃”如图 3-12 所示。

2 个前刀面：切削部分的两螺旋槽表面。

2 个后刀面；切削部分顶端的两个曲面，加工时

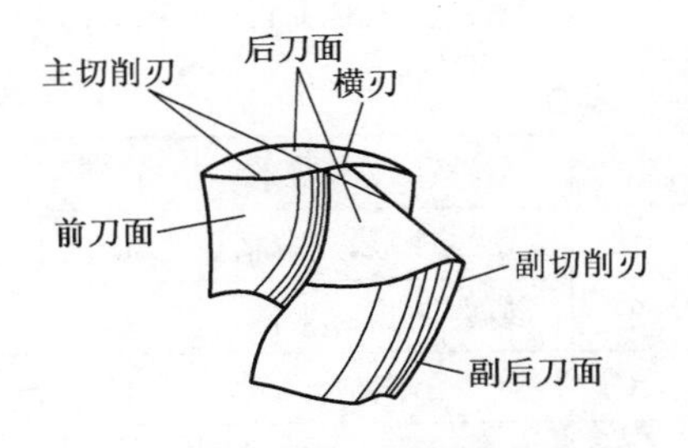

图 3-12　钻头的切削部分

它们与工件的切削表面相对。

2 个副后刀面：与已加工表面相对的钻头两棱边（面）。

2 条主切削刃：两个前刀面与两个后刀面的交线。

2 条副切削刃：两个前刀面与两个副后刀面的交线。

1 条横刃：两个后刀面的交线。

导向部分各组成要素的作用分别如下。

螺旋槽：两条螺旋槽使两个刀瓣形成两个前刀面，每一刀瓣可看成是一把外圆车刀。切屑的排出和切削液的输送都是沿此槽进行的。

棱边：在导向面上制得很窄且沿螺旋槽边缘凸起的窄边。它的外缘不是圆柱形，而是被磨成倒锥，即直径向柄部逐渐减小。这样，棱边既能在切削时起导向及修光孔壁的作用，又能减少钻头与孔壁的摩擦。

钻心：两螺旋形刀瓣中间的实心部分。它的直径向柄部逐渐增大，以增强钻头的强度和刚性。

二、装夹钻头的工具

1．钻夹头

钻夹头用来夹持直径 13mm 以下的直柄钻头。钻头直接推入钻夹头中即可使用。

如图 3-13 所示（对照钻夹头实物分析），夹头体 1 的上端有一锥孔，用于与夹头柄紧配，夹头柄做成莫氏锥体，装入钻床的主轴锥孔内。钻夹头中的 3 个夹爪 4 用来夹紧钻头的直柄。当带有小锥齿轮的钥匙 3 带动夹头套 2 上的大锥齿轮转动时，与夹头套紧配的内螺纹圈 5 也同时旋转。这个内螺纹圈与 3 个夹爪上的外螺纹相配，于是 3 个夹爪便同时伸出或缩进，使钻头直柄被夹紧或松开。

2．钻头套

钻头套是用来装夹锥柄钻头的，其外形如图 3-14 所示。

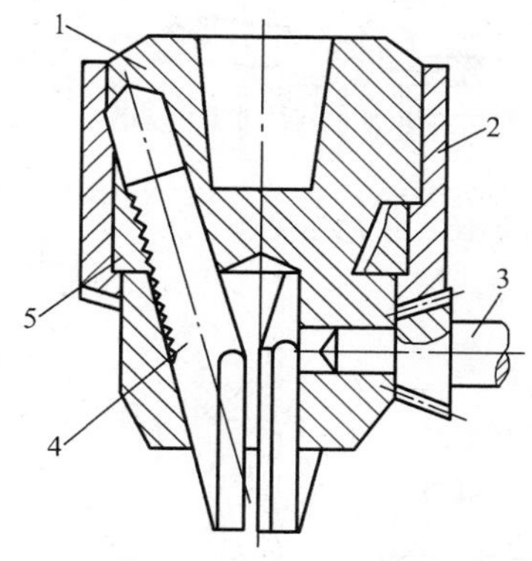

1—夹头体；2—夹头套；3—钥匙；
4—夹爪；5—内螺纹圈

图 3-13 钻夹头

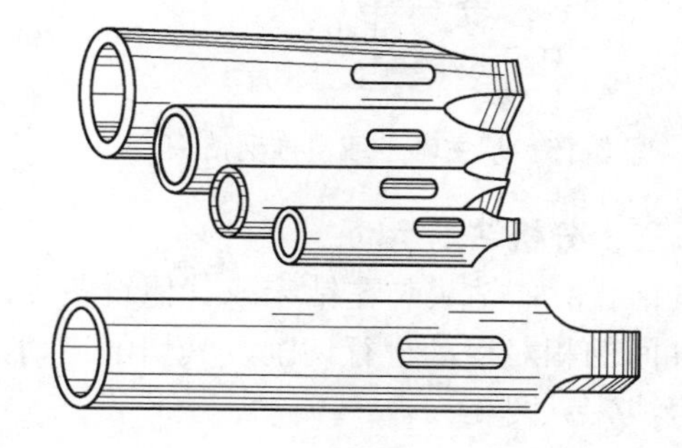

图 3-14 钻头套外形

钻头套共分 5 种，工作中应根据钻头锥柄莫氏锥度的号数选用相应的钻头套。

当用较小直径的钻头钻孔时，用一个钻头套有时不能直接与钻床主轴锥孔相配，此时要把几个钻头套配接起来应用。但这样装拆较麻烦，且钻床主轴与钻头的同轴度较差，为此可用特制的钻头套。

用斜铁拆卸钻头的方法如图 3-15 所示。拆卸时，要把斜铁带圆弧的一边放在上面，否则会损坏主轴上的长圆孔。右手用手锤轻敲斜铁，左手要握住钻头，以防钻头跌落，这样就可拆出钻头。

3．快换钻夹头

在钻床上加工同一工件时，往往需调换直径不同的钻头或其他钻孔刀具。如果用普通的钻夹头或钻头套，需停车换刀，不仅浪费时间，而且容易损坏刀具和钻头套，甚至影响钻床精度。这时最好采用不需停车的快换钻头套，如图 3-16 所示（对照快换钻夹头实物分析）。夹具体的莫氏锥柄装在钻床主轴锥孔内。可换锥套根据加工的需要备有很多个，内有莫氏锥孔以供预先装好钻头，可换锥套的外表面有 2 个凹坑，钢球嵌入凹坑时，便可传递动力。滑套的内孔与夹具体松配。当需要更换钻头时可不停车，只要用手握住滑套往上推，2 粒钢球就会因受离心力而贴于滑套的端部大孔表面。此时可用另一只手把可换锥套向下拉出，然后把装有另一个钻头的可换锥套插入，放下滑套，2 粒钢球就被重新压入可换锥套的凹坑内，于是就带动钻头旋转。弹簧环的作用是限制滑套上下的位置。

图 3-15　从主轴上取出锥柄钻头

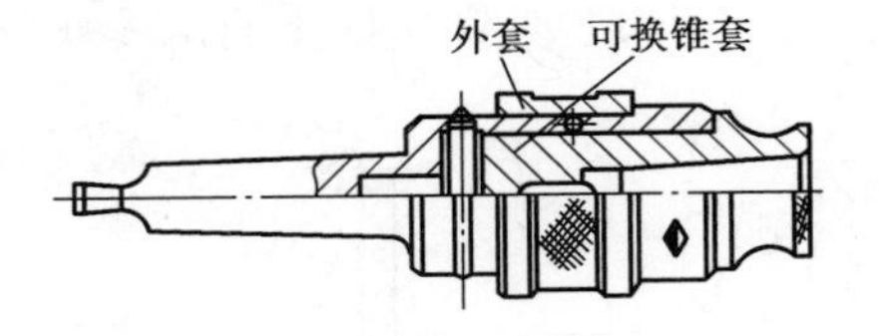

图 3-16　快换钻夹头

三、分析钻削运动

钻孔时，钻头装在钻床或其他设备上，依靠钻头与工件间的相对运动进行切削，其切削运动由以下两个运动合成，见图 3-17。

（1）主运动

将切屑切下所需的基本运动，即钻头的旋转运动，称为主运动。

（2）进给运动

使被切削金属继续投入切削的运动，即钻头的直线移动，称为进给运动。

图 3-17　钻头的运动

四、选择切削液与切削用量

1．切削液的作用、种类及选择

（1）切削液的作用

① 冷却作用。切削液的输入能吸收和带走大量的切削热，降低工件和钻头的温度，限制积屑瘤的生长，防止已加工表面硬化，减少因受热变形产生的尺寸误差，这是切削液的主要作用。

② 润滑作用。切削液能渗透到钻头与工件的切削部分，形成有吸附性的润滑油膜，起到减轻摩擦的作用，从而降低钻削阻力和钻削温度，使切削性能及钻孔质量得以提高。

③ 内润滑作用。切削液能渗入金属微细裂缝中，起到内润滑作用，减小材料的变形抗力，从而使钻削更省力。

④ 洗涤作用。流动的切削液能冲走切屑，避免切屑划伤已加工表面。

（2）切削液的种类

① 乳化液。3%～8%的乳化液具有良好的冷却作用，主要用于钢、铜、铝合金等材料的钻削。

② 切削油。切削油具有一定的黏度，能形成一层油膜，具有较好的润滑作用。在高强度或塑性、韧性较大的材料上钻孔时，因钻头前面承受较大的压力，要求切削液有足够的润滑作用，此时用切削油较合适，如各类矿物油、植物油、复合油等。它主要用来减小被加工表面的粗糙度值，或减少积屑瘤的产生。

（3）切削液的选择

钻孔时切削液的选择见表 3-2。

表 3-2 钻孔时切削液的选择

工 件 材 料	切削液种类
各类结构钢	3%～5%乳化液；7%硫化乳化液
不锈钢、耐热钢	3%肥皂加 2%亚麻油水溶液；硫化切削油
紫铜、黄铜、青铜	不用；或用 5%～8%乳化液
铸铁	不用；或用 5%～8%乳化液；煤油
铝合金	不用；或用 5%～8%乳化液；煤油；油与菜油混合油
有机玻璃	5%～8%乳化液；煤油

2．钻孔时切削用量的选择

（1）切削用量的概念

钻孔时的切削用量主要指切削速度、进给量和切削深度。

① 切削速度（v_c）。切削速度是指钻削时钻头切削刃上任一点的线速度。一般指切削刃最外缘处的线速度。

② 进给量（f）。钻孔时的进给量是指钻头每转一圈，它沿孔的深度方向移动的距离，单位为 mm/r。

③ 切削深度（a_p）。钻孔时的切削深度等于钻头的半径，即 $a_p=D/2$，其中，D 表示

钻头直径，单位为 mm。

（2）切削用量的选择

合理选择切削用量，是为了在保证加工精度、表面粗糙度、钻头合理耐用度的前提下，最大限度地提高生产率，同时不允许超过机床的功率和机床、刀具、工件、夹具等的强度与刚度。

钻孔时，切削深度已由钻头直径所决定。切削速度和进给量对生产率的影响是相同的。对钻头使用寿命来说，切削速度的影响却大于进给量的影响，因为切削速度的增大会直接引起切削温度的升高和摩擦力的增大。对孔的表面粗糙度的影响，却是进给量明显于切削速度。因为进给量越大，加工表面的残留面积越大，表面越粗糙。因此，选择切削用量的基本原则是：在允许范围内，尽量先选用较大的进给量；当进给量受到表面粗糙度及钻头刚度限制时，再考虑选择较大的切削速度。具体选择时，则应根据钻头直径、钻头材料、工件材料、表面粗糙度等几个方面来决定。一般情况下，可查阅相关手册选取，必要时可作适当的修正或由试验确定。

五、分析钻削废品和钻头损坏的原因

如果钻头或工件装夹不当、钻头刃磨不准确、切削用量选择不适当以及操作不正确等，那么在钻孔时都会产生废品，见表 3-3。

表 3-3　钻孔时的废品分析

废品形式	产生原因
孔径大于规定尺寸	（1）钻头震动大或产生摆动； （2）钻头两主切削刃的长短、高低不同； （3）钻床主轴径向偏摆或工作台未锁紧有松动； （4）钻头本身弯曲或装夹不好，使钻头有过大的径向跳动现象
钻孔位置偏移或歪斜	（1）工件安装不正确，工件表面与钻头不垂直； （2）钻头横刃太长，引起定心不良，起钻过偏而没有校正； （3）钻床主轴与工作台不垂直； （4）进刀过于急躁，未试钻，未找正； （5）工件紧固不牢，引起工件松动，或工件有砂眼； （6）工件划线不正确； （7）工件安装时，安装接触面上的切屑未清除干净
孔壁粗糙	（1）钻头已磨钝； （2）后角太大； （3）进给量太大； （4）切削液选择不当或供应不足； （5）钻头过短、排屑槽堵塞
钻孔呈多角形	（1）钻头后角太大； （2）钻头两主切削刃长短不一，角度不对称

钻头用钝、切削用量太大、排屑不畅、工件装夹不妥以及操作不正确等，都易损坏钻头。钻头损坏形式和原因见表 3-4。

表 3-4 钻孔时钻头损坏的形式和原因

损坏形式	损坏原因
钻头工作部分折断	（1）用磨钝的钻头钻孔； （2）进刀量太大； （3）切屑堵塞； （4）钻孔快穿通时，未减小进给量； （5）工件松动； （6）钻薄板或铜料时未修磨钻头，钻头后角太大，前角又没有修磨小造成扎刀； （7）钻孔已偏斜而强行借正； （8）钻削铸铁时，遇到缩孔
切削刃迅速磨损或碎裂	（1）切削速度过大； （2）钻头刃磨角度与材料的硬度不相适应； （3）工件表皮或内部硬度高或有砂眼； （4）进给量过大； （5）切削液不足

六、带传动

带传动是一种常用的机械传动，广泛应用在金属切削机床、输送机械、农业机械、纺织机械、通风机械等方面。常用的带传动有V带传动和平带传动。

带传动是由带和带轮组成传递运动和（或）动力的传动，分摩擦传动和啮合传动两类。属于摩擦传动类的带传动有平带传动、V带传动和圆带传动，见图3-18（a）、图3-18（b）、图3-18（c）；属于啮合传动类的带传动有同步带传动，见图3-18（d）。

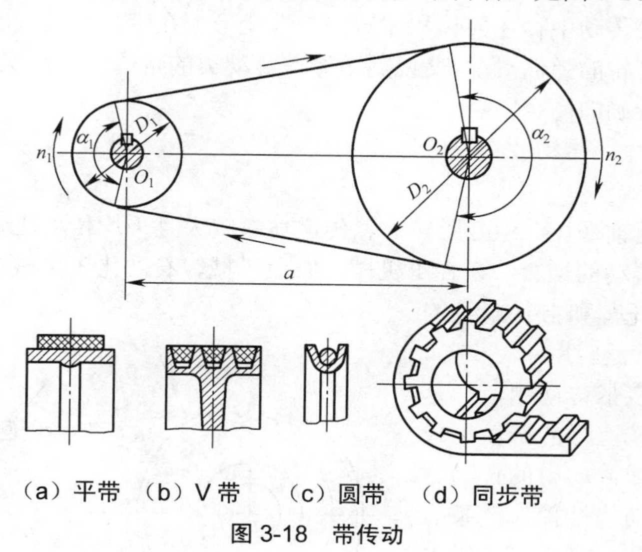

（a）平带 （b）V带 （c）圆带 （d）同步带

图3-18 带传动

1．带传动的工作过程

带传动是利用带作为中间挠性件，依靠带与带轮之间的摩擦力或啮合来传递运动和（或）动力的。如图3-18所示，把一根或几根闭合成环形的带张紧在主动轮D_1和从动轮D_2上，使带与两带轮之间的接触面产生正压力（或使同步带与两同步带轮上的齿相啮合），当主动轴 O_1 带动主动轮 D_1 回转时，依靠带与两带轮接触面之间的摩擦力（或齿的啮合）使从动轮 D_2 带动从动轴 O_2 回转，实现两轴间运动和（或）动力的传递。

平带传动是由平带和带轮组成的摩擦传动，带的工作面与带轮的轮缘表面接触。V 带传动是由一条或数条 V 带和 V 带轮组成的摩擦传动。V 带安装在相应的轮槽内，仅与轮槽的两侧接触，而不与槽底接触。

2．带传动的传动比

带传动的传动比 i 就是带轮的角速度之比或转速之比，用公式表示为

$$i=\omega_1/\omega_2=n_1/n_2$$

式中，ω_1——主动轮的角速度，rad/s；

ω_2——从动轮的角速度，rad/s；

n_1——主动轮的转速；

n_2——从动轮的转速。

3．平带传动和 V 带传动的特点

① 结构简单，使用维护方便，适用于两轴中心距较大的传动场合。平带传动比 V 带传动可允许更大的中心距。

② 由于传动带（平带或 V 带）富有弹性，能缓冲、吸震，所以带传动平稳，噪声低。

③ 在过载时，传动带在带轮上会打滑，可以防止薄弱零件的损坏，起到安全保护作用。

④ 属于摩擦传动类的带传动，带在传动中受力是周期变化的。带处于紧边位置时，受到拉力大，带的拉伸变形量也大；带处于松边位置时，受到拉力小，带的拉伸变形量也小。因此，带在传动中存在伸长和缩短的弹性变形，在带与带轮接触区内会因弹性变形而引起带相对带轮的弹性滑动。所以属于摩擦传动类的带传动不能保持准确的传动比，不适于要求传动准确的场合。

⑤ 外廓尺寸大，传动效率较低。

七、链传动

链传动用于两轴平行、中心距较远、传递功率较大且平均传动比要求准确、不宜采用带传动或齿轮传动的场合。在轻工机械、农业机械、石油化工机械、运输起重机械及机床、汽车、摩托车和自行车等的机械传动中得到广泛应用。

链传动与同步带传动相似，是由链条和具有特殊齿形的链轮组成的传递运动和（或）动力的传动。它是一种具有中间挠性件（链条）的啮合传动。如图 3-19 所示，当主动链轮 3 回转时，依靠链条 2 与两链轮之间的啮合力，使从动链轮 1 回转，进而实现运动和（或）动力的传递。

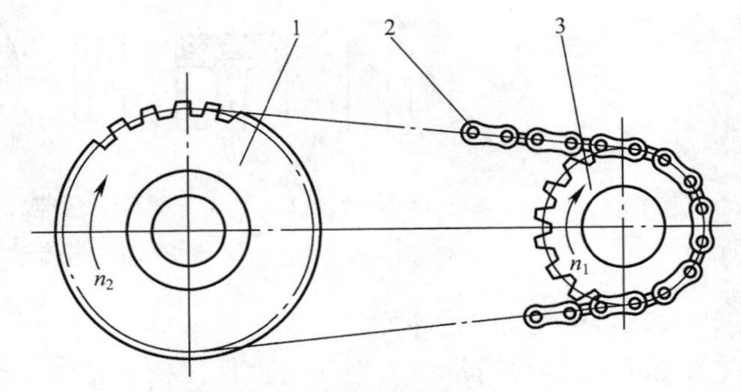

1—从动链轮；2—链条；3—主动链轮

图 3-19　链传动

1．链传动的传动比

设在某链传动中，主动链轮的齿数为 Z_1，从动链轮的齿数为 Z_2，主动链轮每转过一个齿，链条移动一个链节，从动链轮被链条带动转过一个齿。当主动链轮的转速为 n_1、从动链轮的转速为 n_2 时，单位时间内主动链轮转过的齿数 Z_1n_1 与从动链轮转过的齿数 Z_2n_2 相等，即

$$Z_1n_1= Z_2n_2 \text{ 或 } n_1/n_2= Z_2/Z_1$$

得链传动的传动比

$$i= n_1/n_2= Z_2/Z_1$$

上式说明，链传动的传动比就是主动链轮的转速 n_1 与从动链轮的转速 n_2 之比值，也等于两链轮齿数 Z_1 和 Z_2 的反比。

2．链传动的常用类型

链传动的类型很多，按用途不同，链可分为以下 3 类。

（1）传动链

应用范围最广泛。主要用来在一般机械中传递运动和动力，也可用于输送等场合。

（2）输送链

用于输送工件、物品和材料，可直接用于各种机械上，也可以组成链式输送机作为一个单元出现。为了实现特定的输送任务，在链条上需要特定的“附件”。

（3）曳引起重链（曳引链）

主要用以传递力，起牵引、悬挂物品的作用，兼作缓慢运动。

传动链的种类繁多，最常用的是滚子链和齿形链。

3．链传动的应用特点

与同属挠性类（具有中间挠性件的）传动的带传动相比，链传动具有以下特点。

① 能保证准确的平均传动比。

② 传递功率大，张紧力小，作用在轴和轴承上的力小。

③ 传动效率高，一般可达 0.95～0.98。

④ 能在低速、重载和高温条件下，以及尘土飞扬、淋水、淋油等不良环境中工作。

⑤ 能用一根链条同时带动几根彼此平行的轴转动。

⑥ 由于链节的多边形运动，所以瞬时传动比是变化的，瞬时链速不是常数，传动中会产生动载荷和冲击，因此不宜用于要求精密传动的机械上。

⑦ 安装和维护要求较高。

⑧ 链条的铰链磨损后，使链条节距变大，传动中链条容易脱落。

⑨ 无过载保护作用。

链传动的传动比一般 $i \leqslant 6$，低速传动时 i 可达 10；两轴中心距 $a \leqslant 6$m，最大中心距可达 15m；传动功率 $P<100$kW；链条速度 $v \leqslant 15$m/s，高速时可达 20～40m/s。

【多媒体（上网搜索）】

（1）搜索使用钻床的相关知识。

（2）观看“钻孔”视频。

（3）搜索“麻花钻”的相关网页、图片、视频。

（4）观看“带传动”、“链传动”视频。

任务二 工件铰孔

一、读懂工作图样

本次任务是在如图 3-20 所示的工件上进行孔加工。在图 3-20 中：

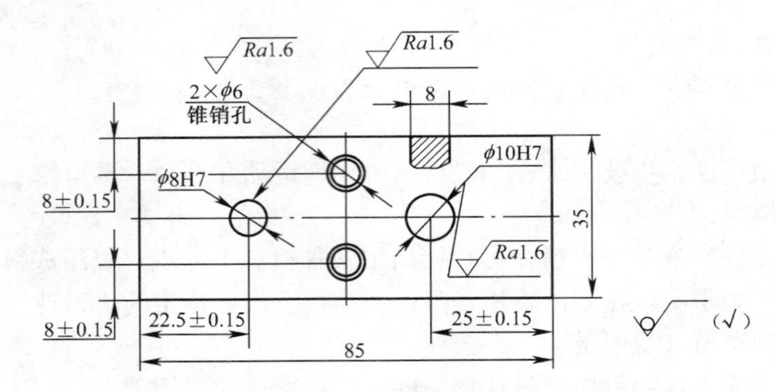

图 3-20 在工件上铰孔

① “ϕ8H7”表示直径为 8mm 的孔，公差为 H7;（有关公差知识见本任务的基本知识“一、尺寸公差初步知识”）

② “ϕ10 H7”表示直径为 10mm 的孔，公差为 H7;

③ “2×ϕ6 锥销孔”表示直径为 6mm 的锥销孔上下各一个；

④ 图右上角打斜线的一小块是局部剖视图，上面标注的“8”表示工件材料的厚度为 8mm。

二、工作过程和技术要领

1．工作准备

① 备料：铸铁 85mm×35mm×8mm，表面符合加工要求。（也可就任务一使用后的材料进行铰孔训练，孔的位置尺寸作适当调整）

② 立钻、铰刀及相应钻头。

③ 平面划线工具。

2．在练习件上按要求划线，夹持工件

检查上、下、左、右表面，达到尺寸要求。划线与夹持工件方法同任务一。

3．钻孔、扩孔，预留适当的铰孔余量

【技术点】 扩孔

用扩孔工具将工件上已加工孔径扩大的操作称为扩孔。扩孔具有以下特点：切削阻力小；产生的切屑小，排屑容易；避免了横刃切削所引起的不良影响等。扩孔公差可达 IT9～IT10 级，表面粗糙度 *Ra* 可达 3.2μm。因此，扩孔常作为孔的半精加工和铰孔前的

预加工。

① 常用的扩孔方法是用麻花钻扩孔和用扩孔钻扩孔。

（a）用麻花钻扩孔时，由于钻头的横刃不参加切削，轴向阻力小，进给省力。但因钻头外缘处前角较大，易把钻头从钻头套（或从主轴锥孔）中拉下，所以应把麻花钻外缘处的前角修得小一些，并适当控制进给量。扩孔前钻削的底孔直径约为扩孔后直径的0.5～0.7 倍，扩孔时的切削速度约为钻孔的 1/2，进给量约为钻孔的 1.5～2 倍。

（b）用扩孔钻扩孔。扩孔钻有高速钢扩孔钻和硬质合金扩孔钻两种，如图 3-21 所示。

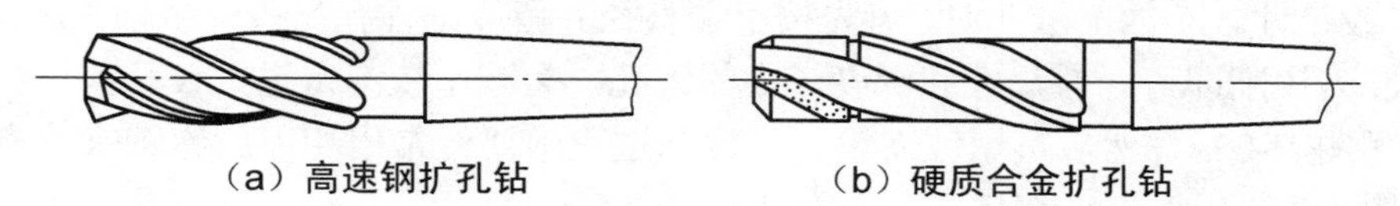

（a）高速钢扩孔钻　　（b）硬质合金扩孔钻

图 3-21　扩孔钻类型

② 扩孔钻的结构特点。由于扩孔条件的改善，扩孔钻与麻花钻存在较大的不同，见图 3-22。

（a）由于扩孔钻中心不切削，因此没有横刃，切削刃只有外缘处的一小段。

（b）钻心较粗，可以提高刚性，使切削更加平稳。

（c）因扩孔产生的切屑体积小，容屑槽也浅，因此扩孔钻可做成多刀齿，以增强导向作用。

（d）扩孔时切削深度小，切削角度可取较大值，使切削省力。

用扩孔钻扩孔时，必须选择合适的预钻孔直径和切削用量。一般预钻孔直径为扩孔直径的 0.9 倍，进给量为钻孔的 1.5～2 倍，切削速度为钻孔的 1/2。

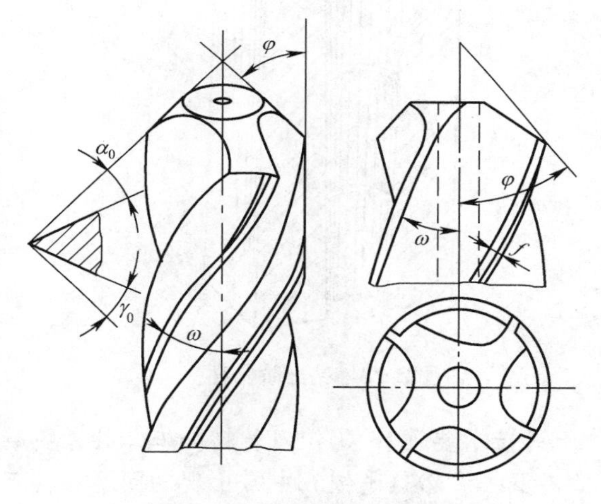

图 3-22　扩孔钻的工作部分

扩孔练习可根据实际情况，选择钻孔练习件进行。

4．铰孔，须符合图样要求

铰孔有手动铰孔和机动铰孔两种方法。

（1）铰刀的选用（有关铰刀知识见本任务的基本知识“二、铰刀的种类及结构特点”）

铰孔时，首先要使铰刀的直径规格与所铰孔相符合，其次要确定铰刀的公差等级。标准铰刀的公差等级分为 h7、h8、h9 三个级别。若铰削精度要求较高的孔，必须对新铰刀进行研磨，然后再进行铰孔。

（2）铰削操作方法（有关铰削知识见本任务的基本知识“三、铰削用量”～“五、铰孔常见缺陷分析”）

① 在手铰起铰时，应用右手在沿铰孔轴线方向上施加压力，左手转动铰刀。两手用力要均匀、平稳，不应施加侧向力，保证铰刀能够顺利引进，避免孔口成喇叭形或孔径

扩大。

② 在铰孔过程中和退出铰刀时，为防止铰刀磨损及切屑挤入铰刀与孔壁之间而划伤孔壁，铰刀不能反转。

③ 铰削不通孔时，应经常退出铰刀，清除切屑。

④ 机铰时，应尽量使工件在一次装夹过程中完成钻孔、扩孔、铰孔的全部工序，以保证铰刀中心与孔中心的一致性。铰孔完毕后，应先退出铰刀，然后再停车，防止划伤孔壁表面。

⑤ 铰尺寸较小的圆锥孔时，可先按小端直径并留取圆柱孔精铰余量钻出圆柱孔，然后用锥铰刀铰削即可。对尺寸和深度较大的锥孔，为减小铰削余量，铰孔前可先钻出阶梯孔（见图 3-23），然后再用铰刀铰削。铰削过程中要经常用相配的锥销来检查铰孔尺寸（见图 3-24）。

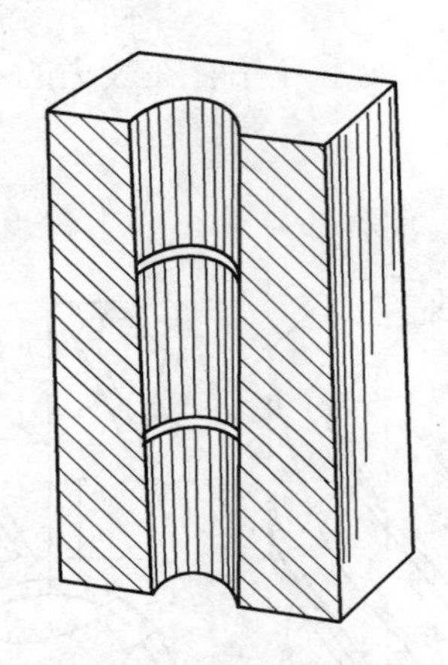

图 3-23 钻出阶梯孔

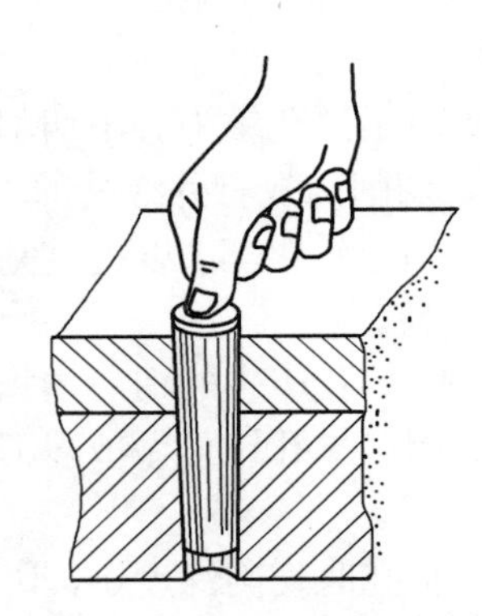

图 3-24 用锥销检查铰孔尺寸

【技术要领】①铰刀是精加工工具，要避免碰撞，对刀刃上的毛刺或积屑瘤，可用油石磨去；②熟悉铰孔中常出现的问题及其产生原因，在练习中应加以注意。

5．清理工作现场

6．检测加工工件（本任务成绩评定填入表 3-5）

表 3-5 工件铰孔评分表 总得分________

项次	项目和技术要求	配分	评 分 标 准	自检结果	小组互评	教师评价	得分
1	划线正确、规范	6	规范、正确				
2	保养、操作立钻	10	规范、正确				
3	钻孔	16	规范				
4	2× ϕ6 锥销孔	2×8	每孔 8 分，超差不得分				
5	ϕ8H7	10	超差不得分				
6	ϕ10H7	10	超差不得分				
7	Ra1.6μm（4 处）	4×8	超差不得分				
8	安全文明生产		违者扣 1～10 分				

一、尺寸公差初步知识

在现代专业化协作的生产中，必须按互换性要求组织生产。所谓互换性，通俗地讲，是指一个零件可以替代另一个零件，并能满足同样要求的能力。这里主要是指尺寸方面的互换性。

要保证尺寸方面的互换性，就必须严格贯彻 1997～2009 年间相继发布的国家标准《极限与配合》，从中选用符合使用要求的尺寸精度。选定的尺寸精度如何注写到图样上，则应执行 GB/T 4458.5—2003 的规定。

1．公差带代号和配合代号的注法

尺寸公差（简称公差）是指允许尺寸的变动量。公差带是指最大、最小极限尺寸限定的区域。

必须明确，零件图上的尺寸都是有公差要求的。这一要求有的注写在图形上，有的则注写在技术要求或专门的技术文件中。未注出的公差称为未注公差。

标注在零件图上的代号，如 ϕ40H8、ϕ40f7，称为公差带代号。代号中的字母大写表示孔公差带代号，字母小写则为轴公差带代号。

以分数形式标注在装配图上的孔、轴公差带代号的组合表示配合代号，如 ϕ40H8/f7。

公差带代号和配合代号在图样中的注法见表 3-6。

表 3-6　　尺寸公差与配合注法

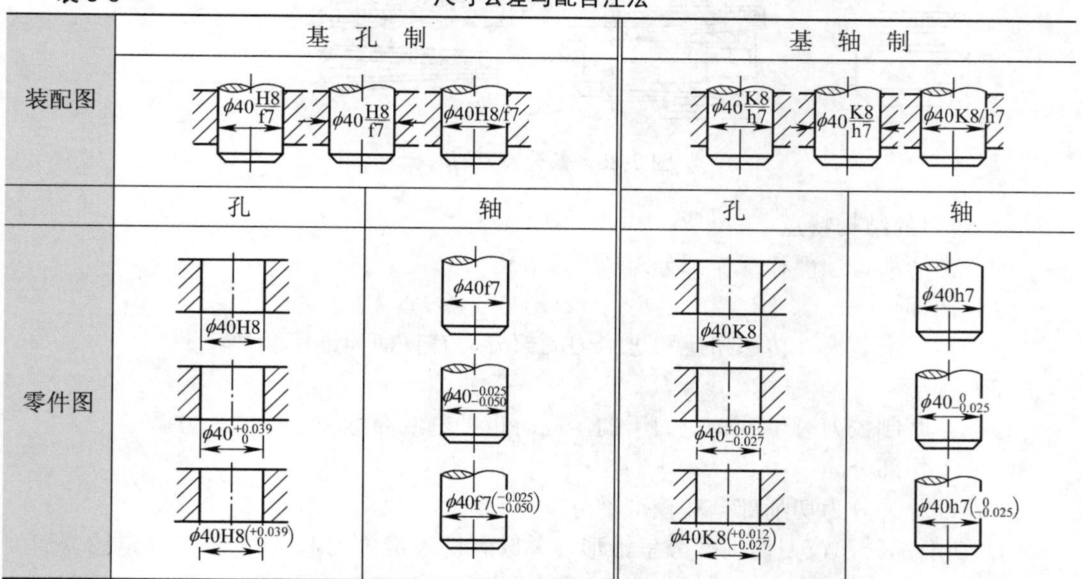

注写公差带代号和配合代号时应注意以下两点。

① 标注公差带代号。标注公差带代号时，基本偏差代号和公差等级数字均应与基本尺寸数字等高，如 ϕ50f7、ϕ50H8/f7。

② 标注偏差数值。上偏差应注在基本尺寸右上方，下偏差应与基本尺寸注在同一底线上，字体应比基本尺寸小一号，如 $\phi 50^{-0.025}_{-0.050}$。若上、下偏差相同，只是符号相反，则可简化标注，如 $\phi 40\pm0.2$，此时偏差数字应与基本尺寸数字等高。

2．公差带代号的表述

公差带的设计选用及其代号的识读和表述涉及许多概念和术语，可参见 GB/T 1800。

公差带代号的表述举例如下：ϕ40f7，表示基本尺寸为 ϕ40、基本偏差为 f、公差等级为 7 级的轴；ϕ40H8，表示基本尺寸为 ϕ40、基本偏差为 H、公差等级为 8 级的孔。

轴和孔的极限偏差表，基孔制优先、常用配合和基轴制优先、常用配合等见国家标准。

二、铰刀的种类及结构特点

用铰刀从工件孔壁上切除微量的金属层，以提高孔的尺寸精度和降低表面粗糙度的加工方法称为铰孔。铰孔属于对孔的精加工，一般铰孔的尺寸公差可达到 IT7～IT9 级，表面粗糙度可达 Ra1.6μm。

1．铰刀的种类

铰刀按刀体结构可分为整体式铰刀、焊接式铰刀、镶齿式铰刀和装配可调铰刀；按外形可分为圆柱铰刀和圆锥铰刀；按使用场合可分为手用铰刀和机用铰刀；按刀齿形式可分为直齿铰刀和螺旋齿铰刀；按柄部形状可分为直柄铰刀和锥柄铰刀。部分铰刀的形状如图 3-25 所示。

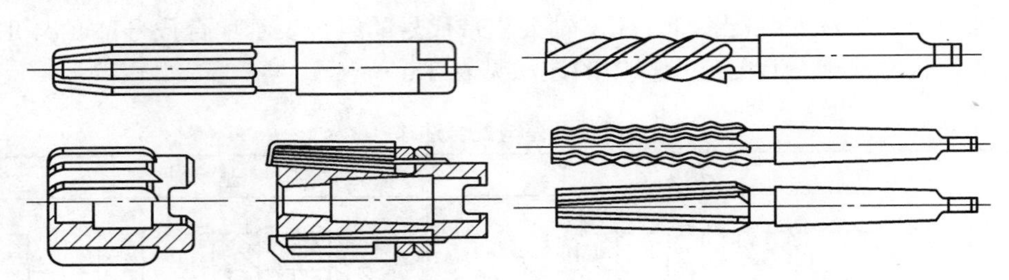

图 3-25　部分铰刀的形状

2．铰刀的结构特点

铰刀由柄部、颈部和工作部分组成。

（1）柄部

柄部是用来装夹、传递扭矩和进给力的部分，有直柄和锥柄两种。

（2）颈部

颈部是磨制铰刀时供砂轮退刀用的，同时也是刻制商标和规格的地方。

（3）工作部分

工作部分又分为切削部分和校准部分。

① 切削部分。铰刀切削部分呈锥形，并磨有切削锥角 2ϕ。切削锥角决定铰刀切削部分的长度，对切削时进给力的大小、铰削质量和铰刀寿命也有较大的影响。

一般手用铰刀的 ϕ=30′～1°30′，以提高定心作用，减小进给力。机用铰刀铰削碳钢及塑性材料通孔时，取 ϕ=15°；铰削铸铁及脆性材料时，取 ϕ=3°～5°；铰不通孔时，取 ϕ=45°。

② 校准部分。校准部分主要用来导向和校准铰孔的尺寸，也是铰刀磨损后的备磨部分。

铰刀齿数一般为 6～16 齿，可使铰刀切削平稳、导向性好。为克服铰孔时出现的周期性震纹，手用铰刀采用不等距分布刀齿。

三、铰削用量

1．铰削余量

铰削余量是指上道工序（钻孔或扩孔）留下的直径方向上的加工余量。铰削余量不宜过大，因为铰削余量过大，会使铰刀刀齿负荷增加，加大切削变形，使工件被加工表面产生撕裂纹，降低尺寸精度，增大表面粗糙度值，同时也会加速铰刀的磨损。但铰削余量也不宜过小，否则上道工序残留的变形难以纠正，无法保证铰削质量。

选择铰削余量时，应考虑孔径尺寸、工件材料、精度和表面粗糙度的要求、铰刀类型以及上道工序的加工质量等因素的综合影响，具体选择参见表 3-7。

表 3-7　铰削余量的选用

铰刀直径/mm	＜8	8～20	21～32	33～50	51～70
铰削余量/mm	0.1	0.15～0.25	0.25～0.3	0.35～0.5	0.5～0.8

2．机铰切削用量

机铰切削用量包括切削速度和进给量。当采用机动铰孔时，应选择适当的切削用量。铰削钢材时，切削速度应小于 8m/min，进给量控制在 0.4mm/r；铰削铸铁材料时，切削速度应小于 10m/min，进给量控制在 0.8mm/r。

四、铰孔切削液的选用

铰孔时，因产生的切屑细碎而易黏附在刀刃上或挤在铰刀与孔壁之间，使孔壁表面产生划痕，影响表面质量，因此，铰孔时应选用适当的切削液进行清洗、润滑和冷却。选用原则见表 3-8。

表 3-8　铰孔时切削液的选用

工件材料	切削液
钢材	（1）10%～20%乳化液； （2）铰孔精度要求较高时，采用 30%菜油加 70%乳化液； （3）高精度铰孔时，用菜油、柴油、猪油
铸铁	（1）可以不用； （2）煤油，但会引起孔径缩小，最大收缩量可达 0.02～0.04mm； （3）低浓度乳化液
铜	（1）2 号锭子油； （2）菜油
铝	（1）2 号锭子油； （2）2 号锭子油与蓖麻油的混合油； （3）煤油与菜油的混合油

五、铰孔常见缺陷分析

铰孔中经常出现的问题及产生的原因见表 3-9。

表 3-9　　铰孔缺陷分析

缺陷形式	产生原因
加工表面粗糙度超差	（1）铰孔余量留得不当； （2）铰刀刃口有缺陷； （3）切削液选择不当； （4）切削速度过高； （5）铰孔完成后反转退刀
孔壁表面有明显棱面	（1）铰孔余量留得过大； （2）底孔不圆； （3）钻床主轴振摆太大
孔径缩小	（1）铰刀磨损，直径变小； （2）铰铸铁时未考虑尺寸收缩量； （3）铰刀已钝
孔径扩大	（1）铰刀规格选择不当； （2）切削液选择不当或量不足； （3）手铰时两手用力不均； （4）铰削速度过高； （5）机铰时主轴偏摆过大或铰刀中心与钻孔中心不同轴； （6）铰锥孔时，铰孔过深

【多媒体（上网搜索）】

（1）搜索“铰刀”网页、图片、视频。

（2）观看“铰孔”视频。

※任务三　工 件 锪 孔

一、读懂工作图样

本次任务是在如图 3-26 所示的工件上进行孔加工。在图 3-26 中，右图是一局部剖视图，用来清楚地表示孔的结构。（“视图”、“剖视图”的相关知识见本任务的基本知识“一、视图”、“二、剖视图”）

二、工作过程和技术要领

1．工作准备

① 备料：铸铁 50×40×20，表面符合加工要求。（备料也可用任务二使用后的材料进行锪孔训练）

② 钻床、锪孔刀及相关钻头。（有关锪孔钻知识见本任务的基本知识“三、锪孔钻的种类及结构特点”）

③ 平面划线工具。

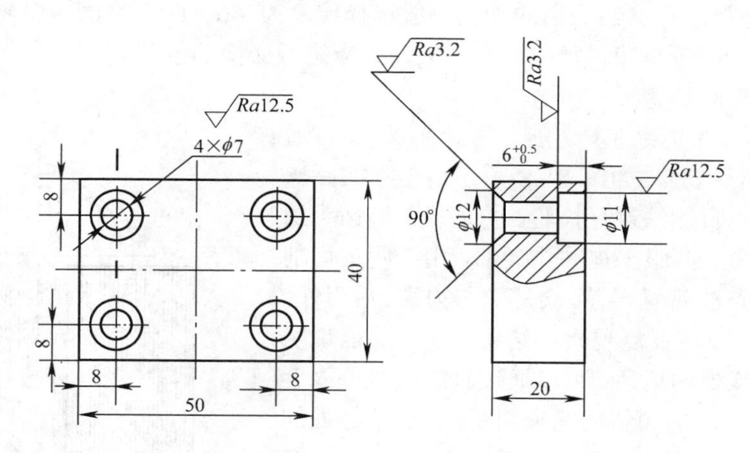

图 3-26 在工件上锪孔

2．划线和夹持工件

先要检查上、下、左、右表面，达到尺寸要求。

3．刃磨钻头

（1）钻头刃磨方法

① 两手握法。右手握住钻头切削部分，左手握住钻头柄部，如图 3-27 所示。

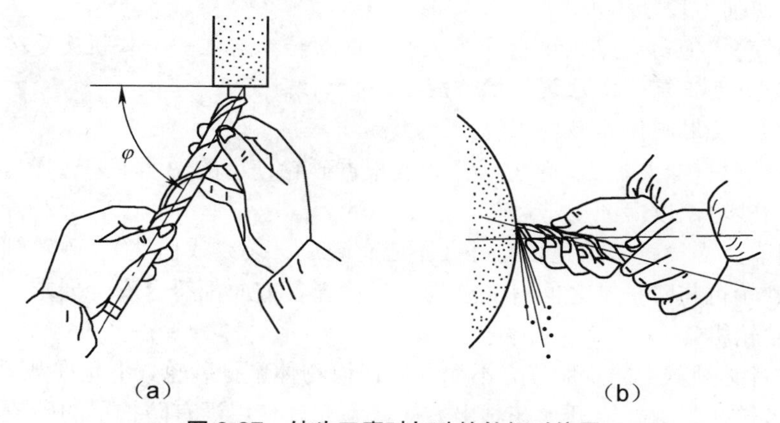

图 3-27 钻头刃磨时与砂轮的相对位置

② 钻头与砂轮的相对位置。钻头中心线与砂轮外圆母线在水平面内的夹角等于钻头顶角 2φ的一半，被刃磨的主切削刃处于水平位置，如图 3-27（a）所示。

③ 刃磨动作。主切削刃应放在略高于砂轮的水平中心平面处［见图 3-27（b）］，右手缓慢地使钻头绕自身轴线由下向上转动，并施加一定的压力，以刃磨整个后刀面；左手配合右手做同步的下压动作，以便磨出后角，下压动作的速度和幅度要随后角大小而变。为保证钻心处磨出较大后角，还应做适当的右移运动。刃磨时，两后刀面应经常轮换，以保证两主切削刃对称。同时，两手配合应协调、自然，压力不可过大，并要经常蘸水冷却，防止过热退火，降低硬度。

④ 砂轮选择。刃磨钻头用的砂轮一般选择粒度为 46～80、硬度为中软级的氧化铝砂轮。砂轮运转必须平稳，如跳动量过大，则应进行必要的修整。

（2）钻头刃磨检验

钻头的几何角度及两主切削刃的对称要求，可通过检验样板进行检验，如图 3-28 所示。但在实际操作中，经常采用目测法进行检验。目测时，把钻头切削部分向上竖立，两眼平视钻头尖部，由于两主切削刃一前一后会产生视觉误差，会感觉前刃高、后刃低，所以旋转 180°后应反复观察，结果一样，才能说明对称。钻头外缘处的后角，可以通过目测外缘处靠近刃口部分的后刀面的倾斜情况来判断。靠近中心处的后角，可通过观察横刃斜角来判断。

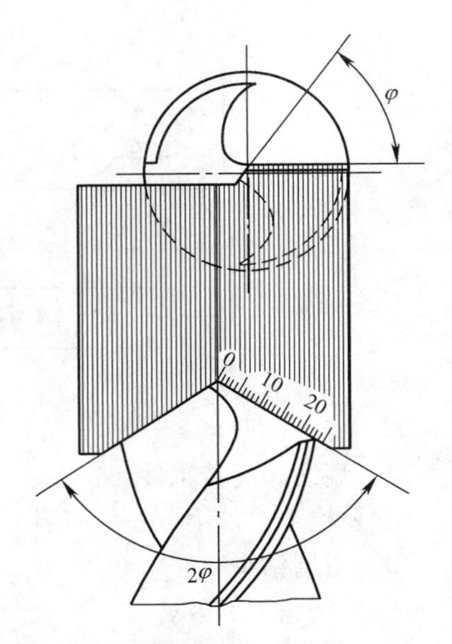

图 3-28　用样板检查钻头刃磨角度

（3）钻头刃磨练习

选择练习用钻头或废钻头进行刃磨练习。

技术要求如下：

① 顶角 2φ为 118°±2′;

② 外缘处后角（α_0）为 9°～12°；

③ 横刃斜角（ψ）为 50°～55°；

④ 两主切削刃长度相等。

【技术要领】 ①钻头刃磨技能是训练中的重点和难点之一，必须反复练习，做到姿势规范，钻头角度正确；②注意按操作规程进行训练。

【技术点】 使用与保养砂轮机

① 砂轮机要有专人负责，经常检查，要根据砂轮使用的说明书，选择与砂轮机主轴转数相符合的砂轮，以保证正常运转。

② 使用前，应检查砂轮是否完好（不应有裂痕、裂纹或伤残），砂轮轴是否安装牢固、可靠，砂轮机与防护罩之间有无杂物。当检查各方面都符合安全要求、确认无问题时，再开动砂轮机。

③ 操作者必须戴上防护眼镜，不允许用任何物体敲打砂轮，不允许戴手套操作，头部不要靠近砂轮，眼睛要避开火花溅出方向，不允许使用没有防护罩的砂轮机。

④ 砂轮机开动后，要空转 2～3min，待砂轮机运转正常时，才能使用。

⑤ 磨工件或刀具时，不能用力过猛，不准撞击砂轮；刀具应握牢，防止脱落在防护罩内，卡破砂轮。

⑥ 在同一块砂轮上，禁止两人同时使用，更不准在砂轮的侧面磨削。磨削时，操作者应站在砂轮机的侧面，不要站在砂轮机的正面，以防砂轮崩裂，发生事故。

⑦ 不允许在砂轮机上磨削较大较长物体，防止震碎砂轮飞出伤人。禁止磨削紫铜、铅、木头等东西，以防砂轮嵌塞。

⑧ 砂轮不准沾水，要经常保持干燥，以防湿水后失去平衡，发生事故。

⑨ 砂轮磨薄、磨小、磨损严重时，不准使用，应及时更换，保证安全。

⑩ 砂轮机用完后，应立即关闭电源，不要让砂轮机空转。

4．钻孔

5．锪孔

用锪钻（或经改制的钻头）对工件孔口进行形面加工的操作，称为锪孔。常见锪孔的应用如图 3-29 所示。

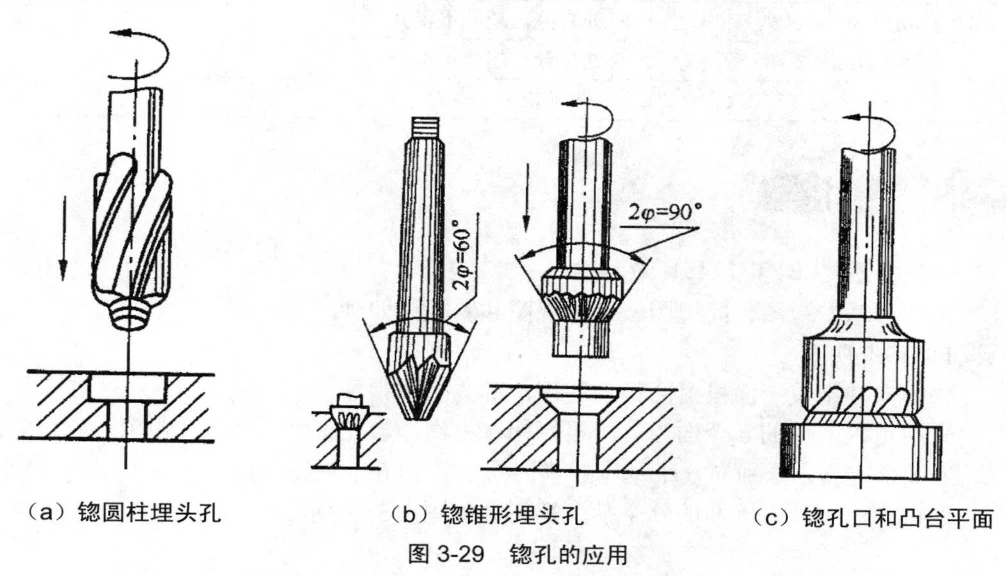

（a）锪圆柱埋头孔　（b）锪锥形埋头孔　（c）锪孔口和凸台平面

图 3-29　锪孔的应用

锪孔时要注意以下操作要领。

① 锪孔时，应先调整好工件底孔与锪钻的同轴度，再将工件夹紧。调整时，可用手旋转钻床主轴试钻，使工件能自然定位。为减小震动，工件夹紧必须稳固。为控制锪孔深度，可利用钻床上的深度标尺或定位螺母来保证尺寸。

② 在锪孔过程中，由于锪钻的震动，会使锪出的端面出现震纹，为克服这种现象，锪孔时应注意以下事项。

（a）尽量减小锪钻的前角和后角。如采用麻花钻改制锪钻，要尽量选择短钻头，并适当修磨前刀面，防止“扎刀”和震动。

（b）应选择较大的进给量（一般取钻孔的 2～3 倍）和较小的切削速度（一般取钻孔的 1/3～1/2）。精锪时，可利用钻床停车的惯性来锪孔。

（c）锪钢件时，应保证导柱与切削表面有良好的冷却和润滑。

6．清理工作现场

7．检测加工工件（本任务成绩评定填入表 3-10）

表 3-10　　工件锪孔评分表　　总得分________

项次	项目和技术要求	配分	评分标准	自检结果	小组互评	教师评价	得分
1	划线规范、正确	10	规范、正确				
2	操作、保养钻床	14	规范、正确				
3	4×ϕ7	4×6	每孔 4 分，超差不得分				

续表

项次	项目和技术要求	配分	评 分 标 准	自检结果	小组互评	教师评价	得分
4	刃磨钻头	12	顶角、后角、刃斜角、主切削刃达要求，各 3 分				
5	尺寸 8（8 处）	8×1	每处 1 分，超差不得分				
6	*Ra*12.5μm（8 处）	8×2	每处 2 分，超差不得分				
7	*Ra*3.2μm（8 处）	8×2	每处 2 分，超差不得分				
8	安全文明生产		违者扣 1～10 分				

基本知识

一、视图（CB/T 17451—1998）

视图分基本视图、向视图、局部视图和斜视图四种。

1．基本视图

物体向基本投影面投射所得的视图，称为基本视图。

采用正六面体的 6 个面为基本投影面。将物体放在正六面体中，由前、后、左、右、上、下 6 个方向，分别向 6 个基本投影面投射得到 6 个视图，再按图 3-30 所示的方法展开，便得到位于同一平面的 6 个基本视图，如图 3-31 所示。

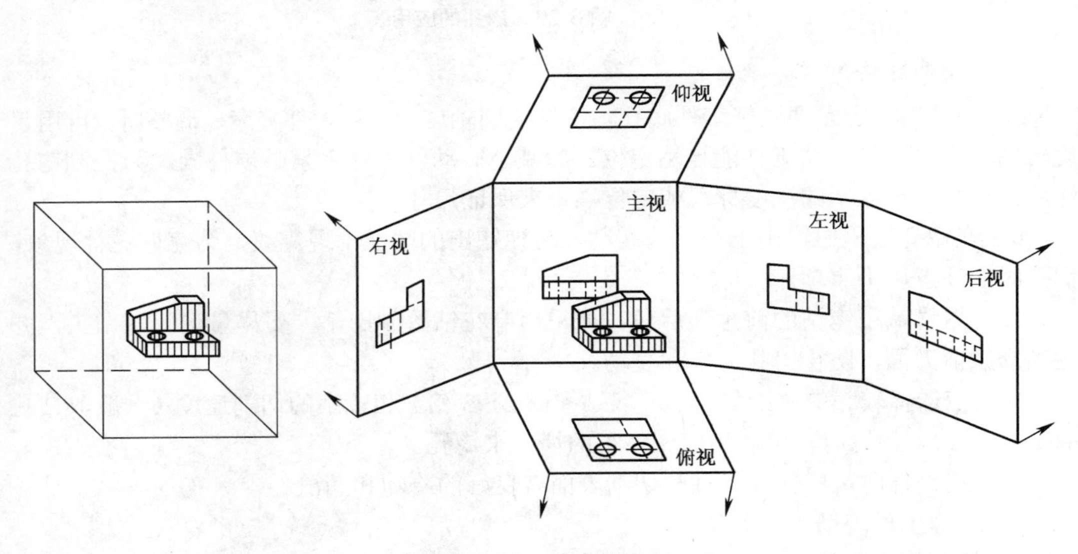

图 3-30 基本视图

6 个基本视图的名称和投射方向分别如下。

① 主视图，由前向后投射所得的视图。

② 俯视图，由上向下投射所得的视图。

③ 左视图，由左向右投射所得的视图。

④ 右视图，由右向左投射所得的视图。

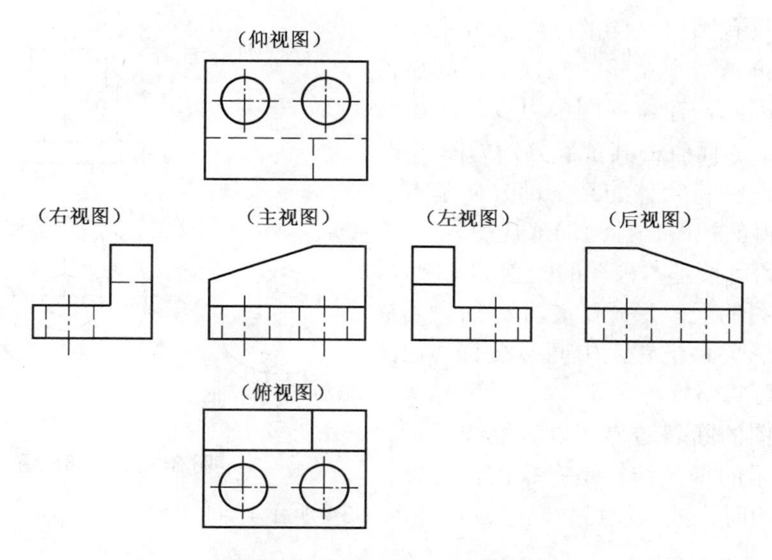

图 3-31　基本视图的配置关系

⑤ 仰视图，由下向上投射所得的视图。

⑥ 后视图，由后向前投射所得的视图。

基本视图的配置关系如图 3-31 所示。在同一张图纸上按图 3-30 配置视图时，一律不标注视图的名称。

6 个基本视图之间，仍符合“长对正，高平齐，宽相等”的投影关系。

基本视图主要用于表达零件在基本投射方向上的外部形状。在绘制零件图样时，应根据零件的结构特点，按实际需要选用视图。一般应优先考虑选用主、俯、左 3 个基本视图，然后再考虑其他的基本视图。总的要求是表达完整、清晰又不重复，使视图数量最少。

2．向视图

向视图是可自由配置的视图。在采用这种表达方式时，应在向视图的上方标注“×”（“×”为大写拉丁字母），在相应视图的附近用箭头指明投射方向，并标注相同的字母，如图 3-32 所示。

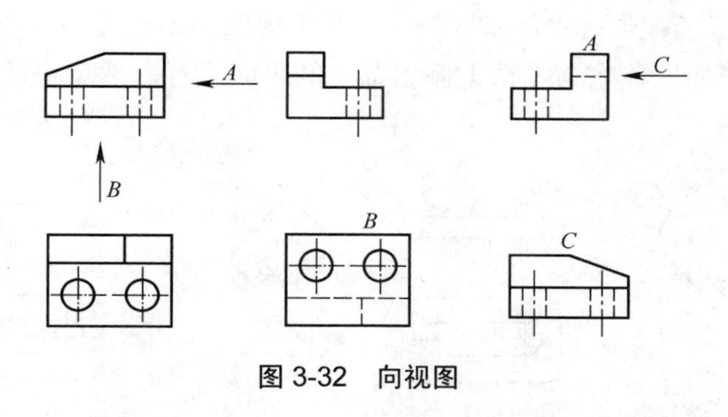

图 3-32　向视图

3．局部视图

如图 3-33（a）所示零件，用两个基本视图（主、俯视图）已能将零件的大部分形状表达清楚，只有圆筒左侧的凸缘部分未表达清楚，如果再画一个完整的左视图，则显得有些重复。因此，在左视图中可以只画出凸缘部分的图形，而省去其余部分，如图 3-33（b）所示。这种将物体的某一部分向基本投影面投射所得的视图，称为局部视图。

局部视图可按基本视图的配置形式配置，也可按向视图的配置形式配置并标注。当局部视图按投影关系配置，中间又没有其他图形隔开时，可省略标注。

局部视图的断裂边界应以波浪线表示。当它们所表示的局部结构是完整的，且外轮廓线又成封闭时，波浪线可省略不画，如图 3-34 所示。

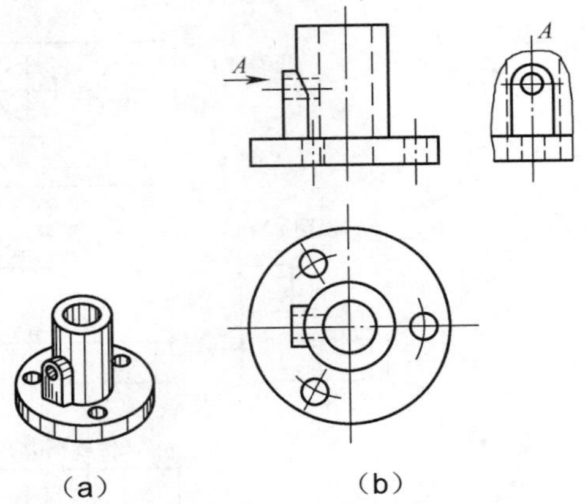

图 3-33 局部视图 1

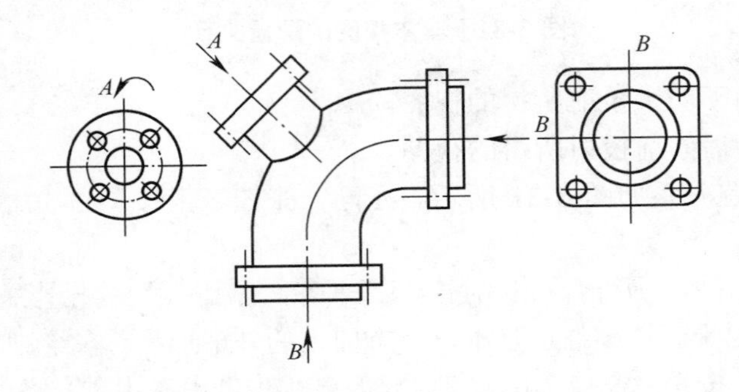

图 3-34 局部视图 2

局部视图应用起来比较灵活。当物体的其他部位都已表达清楚，只差某一局部需要表达时，就可以用局部视图表达该部分的形状，这样不但可以减少基本视图，而且可以使图样简单、清晰。

4．斜视图

图 3-35（a）所示零件具有倾斜部分，在基本视图中不能反映该部分的实形。这时可选用一个新的投影面，使它与零件上倾斜部分的表面平行，然后将倾斜部分向该投影面

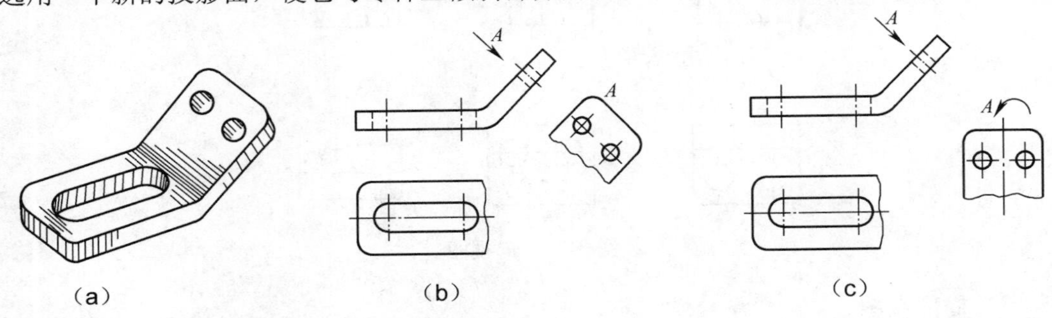

图 3-35 斜视图 1

投影，就可得到反映该部分实形的视图，如图 3-35（b）所示。这种物体向不平行于基本投影面的平面投射所得的视图，称为斜视图。

斜视图主要用来表达物体上倾斜部分的实形，所以其余部分不必全部画出而用波浪线或双折线断开。

斜视图通常按向视图的配置形式配置并标注（见图 3-35）。必要时，允许将斜视图旋转配置；标注时，表示该视图名称的大写拉丁字母应靠近旋转符号的箭头端［见图 3-35（c）］，也允许将旋转角度标注在字母之后（见图 3-36）。

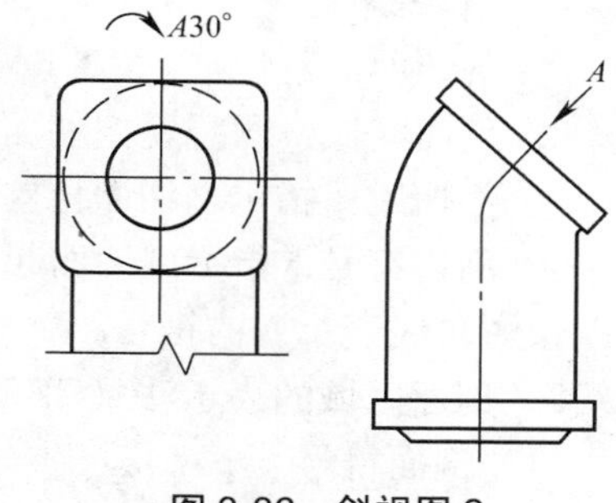

图 3-36　斜视图 2

二、剖视图（GB/T 17452—1998）

用视图表达零件形状时，对于零件上看不见的内部形状（如孔、槽等）用虚线表示。如果零件的内、外形状比较复杂，则图上就会出现虚、实线交叉重叠，这样既不便于看图，也不便于画图和标注尺寸。为了能够清楚地表达出零件的内部形状，在机械制图中常采用剖视的方法。

1．剖视图概述

（1）剖视图的概念

假想用剖切面剖开物体，将处在观察者和剖切面之间的部分移去，而将其余部分向投影面投射所得的图形，称为剖视图，简称剖视。

如图 3-37（a）所示，在零件的视图中，主视图用虚线表达其内部形状，不够清晰。如按图 3-37（b）所示，假想用一个剖切平面，通过零件的轴线并平行于 V 面将零件剖开，移去剖切平面与观察者之间的部分，而将其余部分向 V 面进行投射，就得到一个剖视的主视图，如图 3-37（c）所示。这时，原来看不见的内部形状变为看得见，虚线也就成为实线了。

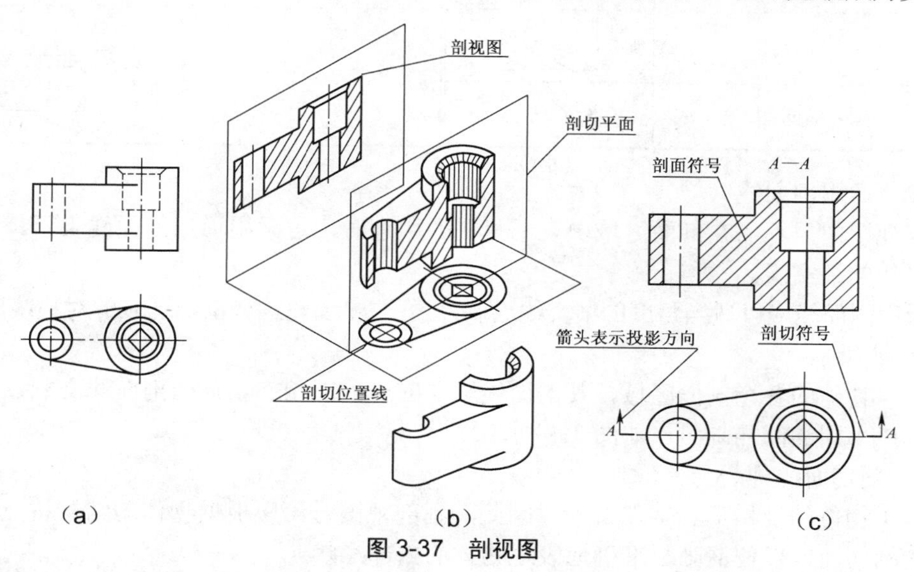

图 3-37　剖视图

（2）有关术语

① 剖切面：剖切被表达物体的假想平面或曲面。

② 剖面区域：假想用剖切面剖开物体，剖切面与物体的接触部分。

③ 剖切线：指示剖切面位置的线（用细点画线）。

④ 剖切符号：指示剖切面起、迄和转折位置（用粗短画线表示）及投射方向（用箭头或粗短画线表示）的符号。

2．剖面区域的表示法（GB/T 17453—1998、GB/T 4457.5—1984）

（1）剖面符号

剖视图中，剖面区域一般应画出特定的剖面符号，物体材料不同，剖面符号也不相同。画机械图时应采用 GB/T 4457.5—1984 中规定的剖面符号，见表 3-11。

表 3-11　不同材料的剖面符号（摘自 GB/T 4457.5—1984）

材料		剖面符号	材料	剖面符号
金属材料（已有规定剖面符号者除外）			木质胶合板（不分层数）	
线圈绕组元件			基础周围的泥土	
转子、电枢、变压器和电抗器等的叠钢片			混凝土	
非金属材料（已有规定剖面符号者除外）			钢筋混凝土	
型砂、填砂、粉末冶金、砂轮、陶瓷刀片、硬质合金刀片等			砖	
玻璃及供观察用的其他透明材料			格网（筛网、过滤网等）	
木材	纵断面		液体	
	横断面			

（2）通用剖面线

剖视图中，不需在剖面区域中表示材料的类别时，可采用通用剖面线表示，即画成互相平行的细实线。

通用剖面线应以适当角度的细实线绘制，最好与主要轮廓或剖面区域的对称线成 45°，如图 3-38 所示。

同一物体的各个剖面区域，其剖面线画法应一致。相邻物体的剖面线必须以不同的斜向或以不同的间隔画出，如图 3-39 所示。

3．剖切面的种类

由于物体的结构形状千差万别，因此，画剖视图时，应根据物体的结构特点，选用不同的剖切面，以便清晰、准确地表达物体的内部形状。

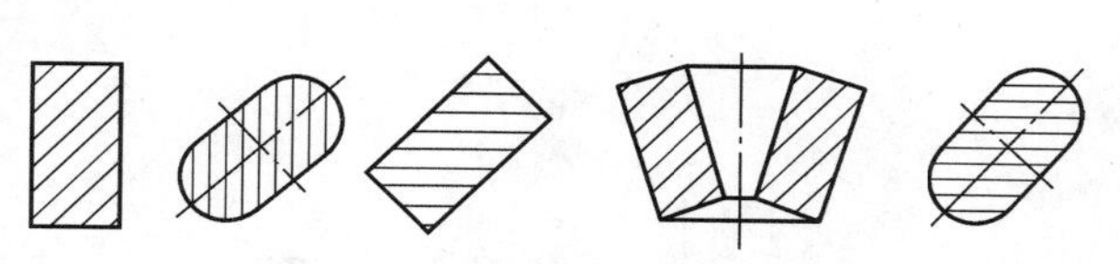

图 3-38 通用剖面线的绘制

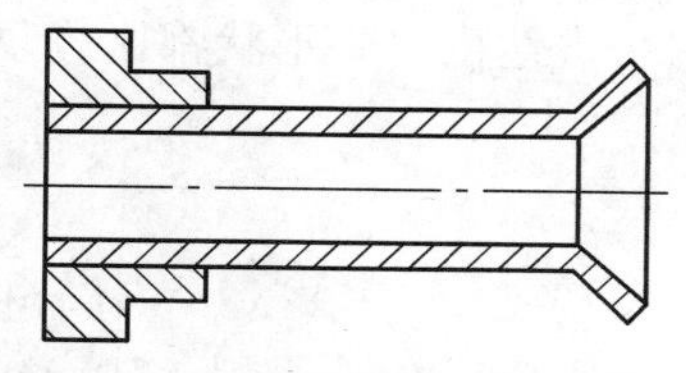

图 3-39 不同物体剖面线的绘制

常用的剖切面有以下 3 种。

① 单一剖切面，见图 3-37。

② 几个平行的剖切平面，见图 3-40。

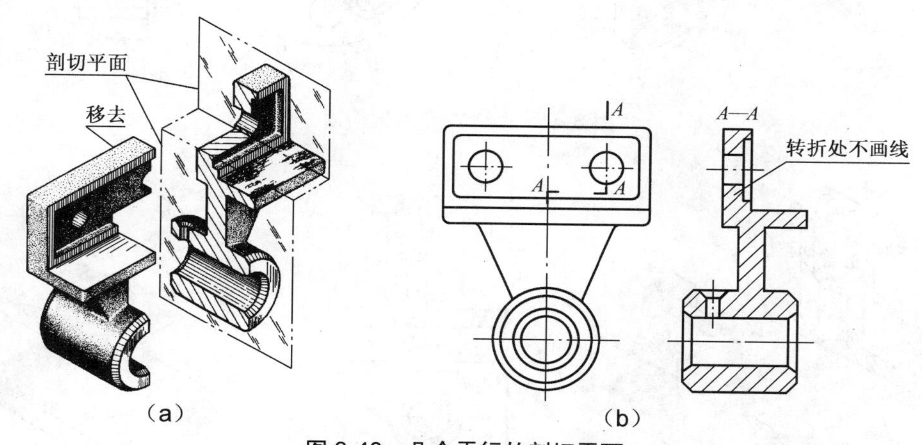

图 3-40 几个平行的剖切平面

③ 几个相交的剖切面，即其交线垂直于某一投影面，见图 3-41 和图 3-46。

需要注意的是：剖切面是一个假想的面，因此采用后两种剖切面时，在剖面区域内，对应于剖切符号的转折处不应画投影线（见图 3-40）。

4．剖视图的种类

按剖切的范围不同，剖视图可分为全剖视图、半剖视图和局部剖视图。

（1）全剖视图

用剖切面完全地剖开物体所得的剖视图称为全剖视图，如图 3-37、图 3-40 和图 3-41 所示。

全剖视图一般适用于表达内部形状比较复杂、外部形状比较简单或外部形状已在其他视图上表达清楚的零件。

（2）半剖视图

当零件具有对称平面时，向垂直于对称平面的投影面上投射所得的图形，可以对称中心线为界，一半画成剖视图，另一半画成视图，这样的图形称为半剖视图。

图 3-42（a）所示零件左右对称（对称平面是侧平面），所以在主视图上可以一半画成剖视图，另一半画成视图，如图 3-42（b）所示。

图 3-42（b）中，俯视图也画成半剖视图，其剖切情况如图 3-42（c）所示。

由于半剖视图既充分表达了机件的内部形状，又保留了机件的外部形状，所以常用它来表达内、外形状都比较复杂的对称机件。

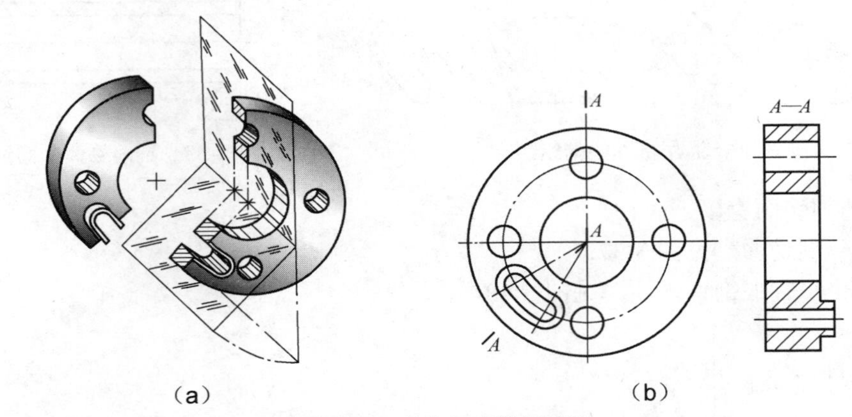

（a）（b）

图 3-41　几个相交的剖切面

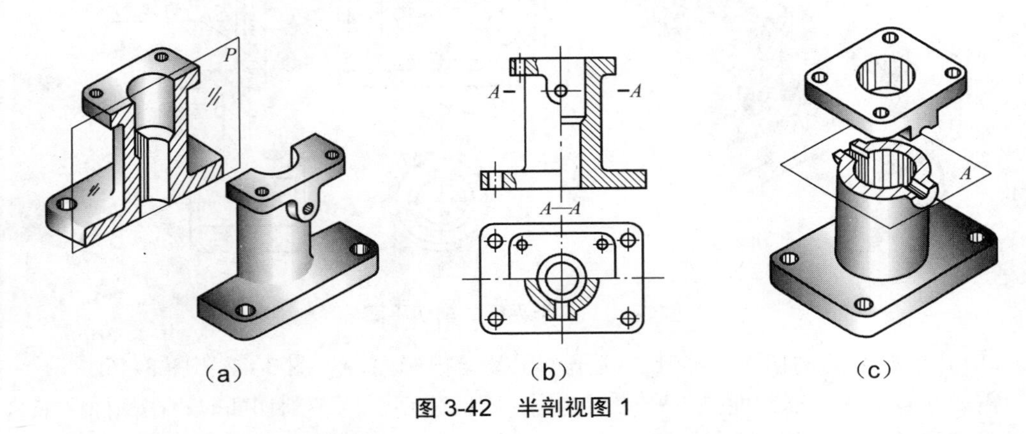

（a）（b）（c）

图 3-42　半剖视图 1

当机件的形状接近于对称，且不对称部分已另有图形表达清楚时，也可以画成半剖视图，如图 3-43 所示。

画半剖视图时应注意以下两点。

① 视图与剖视图的分界线应是对称中心线（细点画线），不应画成粗实线，也不应与轮廓线重合。

② 机件的内部形状在半剖视图中已表达清楚时，在另一半视图上就不必再画出虚线，但对于孔或槽等，应画出中心线位置。

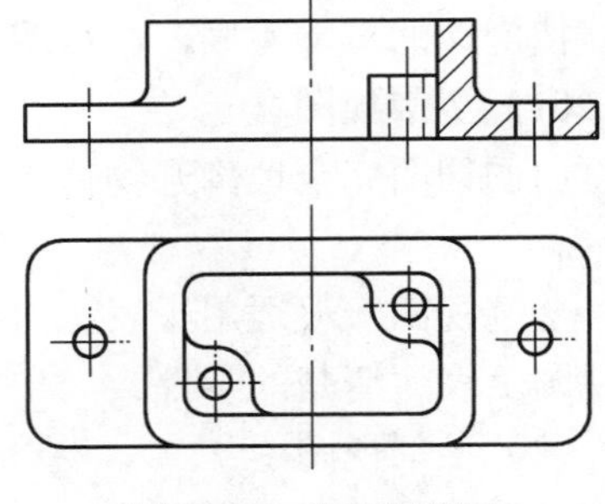

图 3-43　半剖视图 2

（3）局部剖视图

用剖切面局部地剖开物体所得的剖视图称为局部剖视图，如图 3-44 所示。

画局部剖视图时应注意以下几点。

① 局部剖视图用波浪线分界，波浪线不应和图样上其他图线重合。

② 当被剖结构为回转体时，允许将该结构的中心线作为局部剖视图与视图的分界

线，如图 3-45 所示。

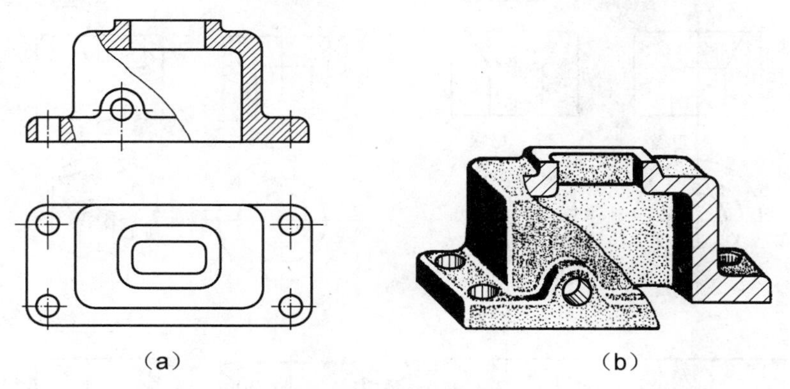

图 3-44　局部剖视图 1

③ 如有需要，允许在剖视图的剖面中再作一次局部剖切，采用这种表达方法时，两个剖面的剖面线应同方向、同间隔，但要互相错开，并用引出线标注其名称，如图 3-46 所示。

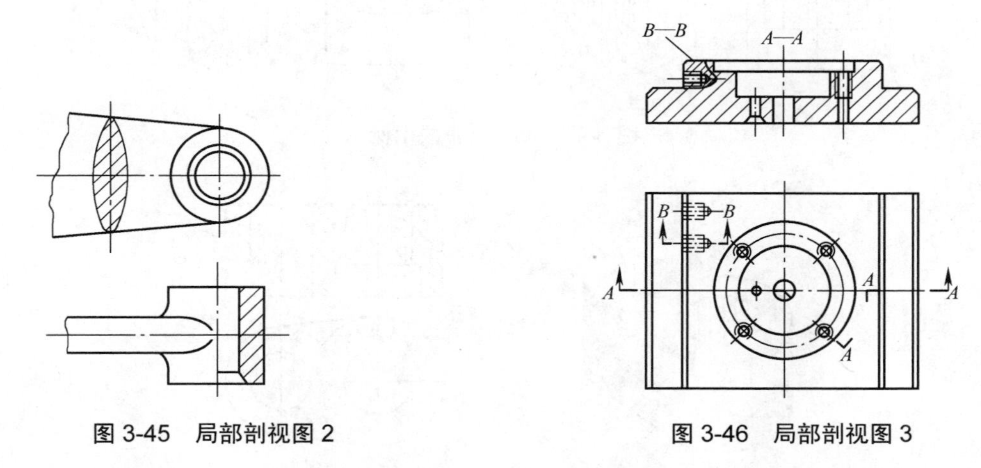

图 3-45　局部剖视图 2

图 3-46　局部剖视图 3

局部剖视图既能把物体局部的内部形状表达清楚，又能保留物体的某些外部形状，其剖切的位置和范围可根据需要而定，因此，局部剖视图是一种极其灵活的表达方法。

5．画剖视图的注意事项

① 剖视图是用剖切面假想地剖开物体，所以当物体的一个视图画成剖视图后，其他视图的完整性应不受影响，仍按完整视图画出，如图 3-37（c）所示的俯视图画成完整视图。

② 在剖切面后方的可见部分应全部画出，不能遗漏，也不能多画。图 3-47 所示是画剖视图时几种常见的漏线、多线现象。

③ 在剖视图上，对于已经表示清楚的结构，其虚线可以省略不画。但如果仍有表达不清楚的部位，其虚线则不能省略，如图 3-48 所示。在没有剖切的视图上，虚线的问题也按同样原则处理。

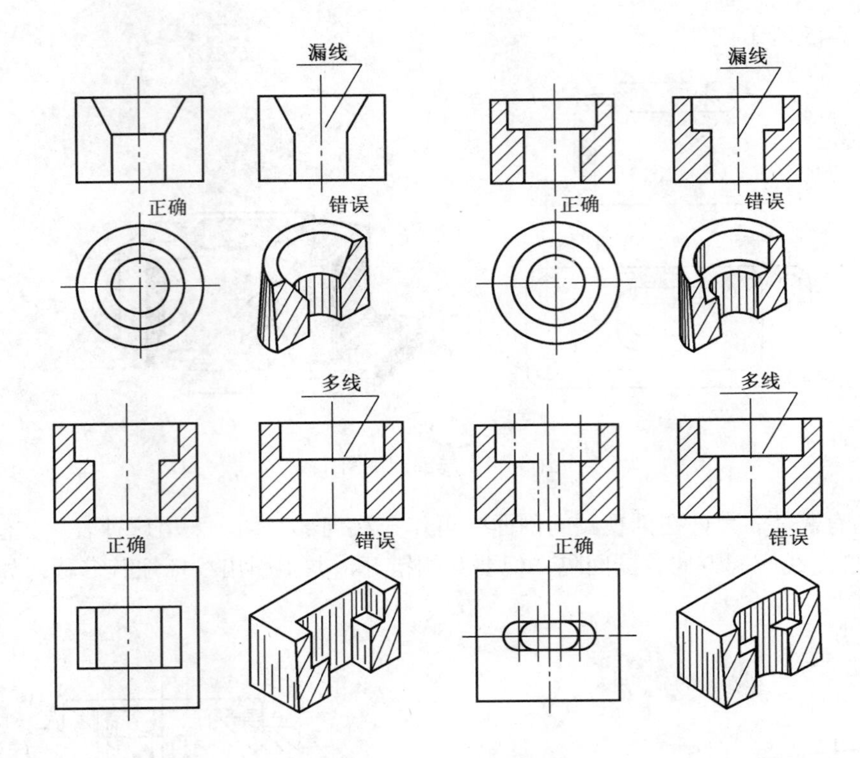

图 3-47　漏线、多线示例

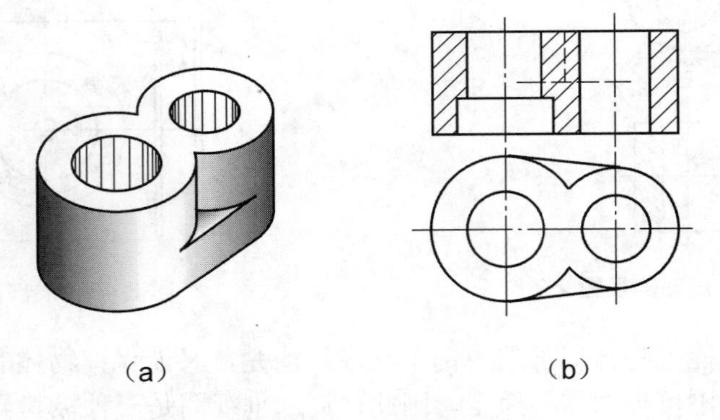

图 3-48　剖视图上的虚线

6．剖视图的标注

（1）标注方法

一般应在剖视图的上方标注剖视图的名称“×—×”（×为大写拉丁字母或阿拉伯数字）。在相应的视图上用剖切符号表示剖切位置和投射方向，并标注相同的字母，如图 3-46 所示。

（2）一些可以省略标注的场合

① 剖切符号之间用剖切线（细点画线）相连，剖切线也可省略不画，如图 3-46 所示。

② 转折处位置较小，难以注写又不致引起误解时，也可省注字母，如图 3-46 所示。

③ 当剖视图按投影关系配置，中间又没有其他图形隔开时，可省略箭头，如图 3-49 所示。

④ 当单一剖切平面通过物体的对称平面或基本对称的平面，且剖视图按投影关系配置，中间又没有其他图形隔开时，可省略标注，如图 3-50 所示的主视图。

⑤ 当单一剖切平面的剖切位置明显时，局部剖视图的标注可省略，如图 3-51 所示。

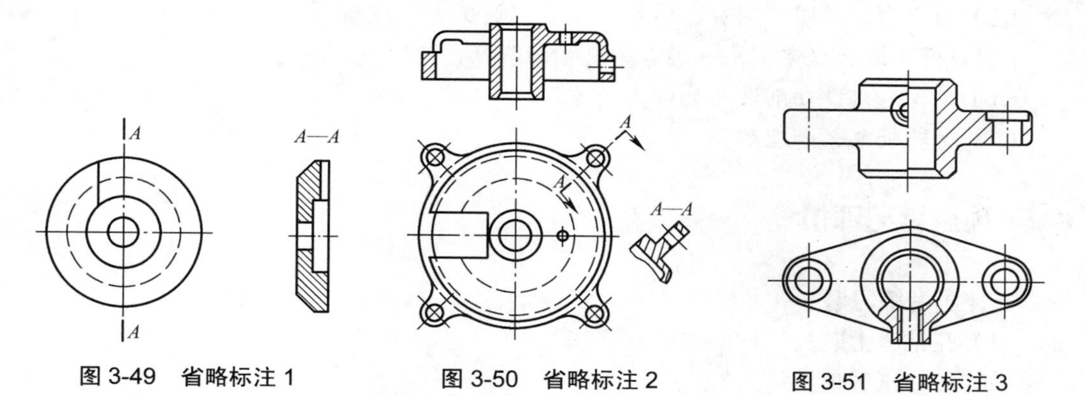

图 3-49　省略标注 1　　图 3-50　省略标注 2　　图 3-51　省略标注 3

三、锪孔钻的种类及结构特点

锪孔钻分柱形锪钻、锥形锪钻和端面锪钻 3 种。

1．柱形锪钻

柱形锪钻主要用于锪圆柱形埋头孔，其结构如图 3-52 所示。

柱形锪钻前端结构有带导柱、不带导柱和带可换导柱之分。导柱与工件已有孔为间隙配合，起定心和导向作用。柱形锪钻的螺旋槽斜角就是它的前角（$\gamma_0=\beta_0=15°$），后角 $\alpha_0=8°$，端面刀刃起主要切削作用。

2．锥形锪钻

锥形锪钻主要用于锪锥形埋头孔，其结构如图 3-53 所示。

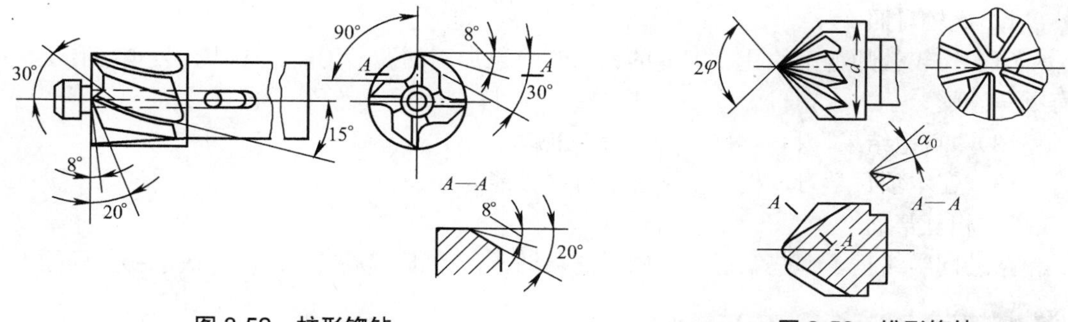

图 3-52　柱形锪钻　　图 3-53　锥形锪钻

锥形锪钻的锥角按工件的不同加工要求，分为 60°、75°、90°、120° 四种。锥形锪钻的前角 $\gamma_0=0°$，后角 $\alpha_0=6°\sim8°$，齿数为 4～12 个。为改善钻尖处的容屑条件，钻尖处每隔一齿将刀刃磨去一块。

3．端面锪钻

端面锪钻专门用于锪平孔口的端面，如图 3-29（c）所示。其端面刀齿为切削刃，前端的导柱起定心与导向作用，以保证孔的端面与孔中心线的垂直度。

【多媒体（上网搜索）】

（1）观看“刃磨钻头”视频。

（2）搜索“剖视图”网页、图片，观看“剖视图”视频。

【思与行（课后探究）——思考是进步的阶梯，实践能完善自己】

（1）对切削热、切削液与切削力的理解。

（2）对孔轴配合的理解。

项目学习评价

一、思考练习题

（1）在钻床上装夹工件的要领有哪些？

（2）如何正确使用钻床？

（3）钻孔有哪些方法？

（4）如何刃磨钻头？

（5）如何扩孔、铰孔？

※（6）锪孔要掌握哪些操作要领？

（7）如何保养砂轮机？

（8）什么是基本视图、向视图、局部视图和斜视图？

（9）如何识读剖视图？

（10）如何避免孔加工的缺陷？

（11）举例说明带传动和链传动。

二、个人学习小结

1．比较对照

（1）比较教师加工的孔、刃磨的钻头与自己加工的孔、刃磨的钻头，发现了什么？有哪些感受？

（2）“自检结果”和“得分”的差距在哪里？

（3）在本项目学习过程中，掌握了哪些技能与知识？

2．相互帮助

帮助同学纠正了哪些错误？在同学的帮助下，改正了哪些错误，解决了哪些问题？

加工工件孔项目总结

飞将军李广能百步穿杨，你能又快又好地钻孔、铰孔、扩孔（锪孔）吗？工件孔加工大多是在钻床上完成的，所以必须掌握钻床的性能，熟练使用并能保养好各种钻床，才能加工好各种孔。当然，加工高精度的孔，还必须有好的钻头，我们除了要会挑选合适的钻头外，还要会刃磨钻头，并能合理选用切削用量和使用切削液。

项目四　加工工件螺纹

项目情境创设

螺纹在机电产品中大量存在并发挥着很大的作用。在本项目中，我们学习用手工加工螺纹的技术。手工加工螺纹虽然速度慢些，但在机械维修和手工制作中有时却起着决定性的作用。

项目学习目标

学 习 目 标	学 习 方 式	学　时
（1）学会在工件上攻丝； （2）学会在杆件上套丝； （3）学会进行螺纹连接； （4）掌握识读螺纹及其连接图； （5）掌握螺纹的基本知识； （6）了解螺旋传动	按照各任务中“基本技能”的顺序，逐项训练。对不懂的问题，查看后面的“基本知识”。在掌握技术要领的基础上，通过多次攻丝、套丝，掌握攻丝、套丝基本技能，力争在项目评价时取得优秀成绩。在使用螺纹加工工具的过程中，熟练掌握其使用的基本技术。还要对照实物和零件图，识读内外螺纹及其连接图，掌握螺纹基本知识，了解螺旋传动	8

项目基本功

任务一　在工件上攻螺纹

一、读懂工作图样

本次任务是加工如图 4-1 所示的螺纹（有关螺纹知识见本任务的基本知识）。图 4-1 中，小圆外加约 3/4 圆表示螺纹，M8 表示大径为 8mm 的螺纹，M6、M10、M12 依此类推，“×”前的数字表示同样螺纹的个数。左视图表示工件厚度。

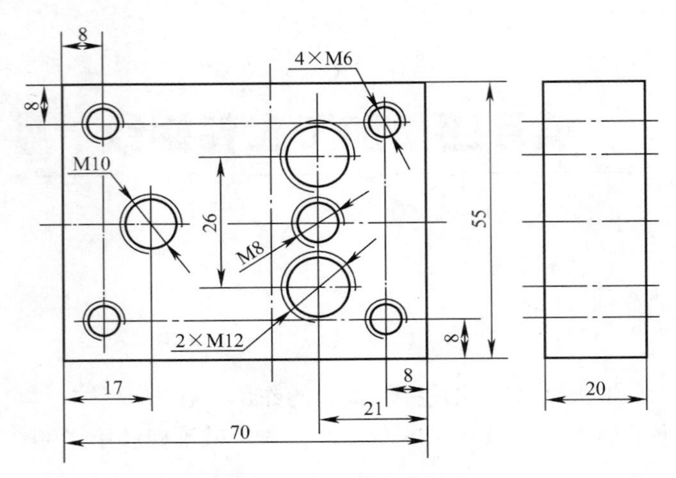

图 4-1　在工件上攻螺纹

二、工作过程和技术要领

1．工作准备

① 备料：铸铁 70×55×20，表面符合加工要求。（备料也可用项目三任务三或任务二使用后的材料进行攻螺纹训练，外形尺寸作适当调整）

② 丝锥、铰杠及相应钻头等。

2．使用丝锥和铰杠

（1）丝锥

丝锥是加工内螺纹的工具，主要分为机用丝锥与手用丝锥。

① 丝锥的构造。如图 4-2 所示，丝锥由工作部分和柄部构成，其中工作部分包括切削部分和校准部分。

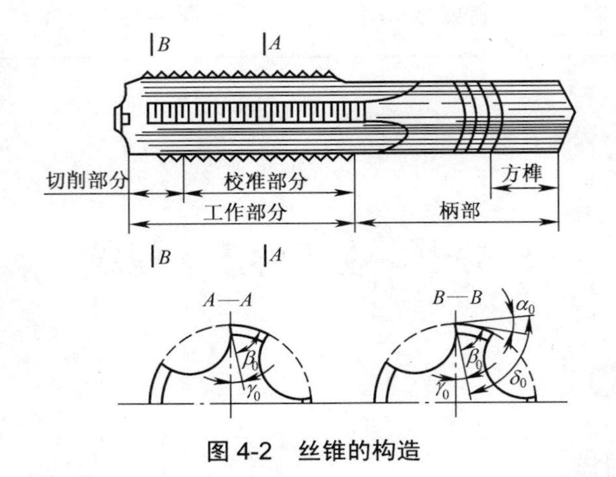

图 4-2　丝锥的构造

丝锥沿轴线方向开有几条容屑槽，用于排屑并形成切削部分锋利的切削刃，起主切削作用。切削部分的前角γ_0=8°～10°，后角磨成α_0=6°～8°（机用α_0=10°～12°）。工作部分前端磨出切削锥角，切削力分布在几个刀齿上，使切削省力，便于切入。

丝锥校准部分有完整的牙型，用于修正和校准已切出的螺纹，并引导丝锥沿轴向前进，其后角α_0=0°。丝锥校准部分的大径、中径、小径均有（0.05～0.12）/100 的倒锥，以减小丝锥与螺孔的摩擦，减小螺孔的扩张量。

丝锥的柄部做有方榫，可便于夹持。

② 丝锥的选用。丝锥的种类很多，常用的有机用丝锥、手用丝锥、圆柱管螺纹丝锥、圆锥管螺纹丝锥等。机用丝锥由高速钢制成，其螺纹公差带分 H_1、H_2 和 H_3 3 种；手用丝锥是指碳素工具钢的滚牙丝锥，其螺纹公差带为 H_4。丝锥的选用原则参见表 4-1。

表 4-1 丝锥的选用

丝锥公差带代号	被加工螺纹公差等级	丝锥公差带代号	被加工螺纹公差等级
H_1	5H、6H	H_3	7G、6H、6G
H_2	6H、5G	H_4	7H、6H

③ 丝锥的成组分配。为减少切削阻力、延长丝锥的使用寿命，一般将整个切削工作分配给几只丝锥来完成。通常 M6～M24 的丝锥每组有 2 只；M6 以下和 M24 以上的丝锥每组有 3 只；细牙普通螺纹丝锥每组有 2 只。圆柱管螺纹丝锥与手用丝锥相似，只是其工作部分较短，一般每组有 2 只。成组丝锥切削量的分配形式有两种：锥形分配和柱形分配。锥形分配（等径丝锥）就是一组丝锥中，每支丝锥的大径、中径、小径都相等，只是切削部分的长度及锥角不等；柱形分配（不等径丝锥）就是头攻（第一粗锥）、二攻（第二粗锥）的大径、中径、小径都比三攻（精锥）小。三支一组的丝锥按 6∶3∶1 分担切削量，两支一组的丝锥按 7.5∶2.5 分担切削量。

（2）铰杠

铰杠是手工攻螺纹时用来夹持丝锥的工具，分普通铰杠（见图 4-3）和丁字铰杠（见图 4-4）两类。各类铰杠又分为固定式和活络式两种。丁字铰杠主要用于攻工件凸台旁的螺纹或箱体内部的螺纹，将丝锥直接插入铰杠中即可使用。活络式铰杠可以调节夹持丝锥的方榫。

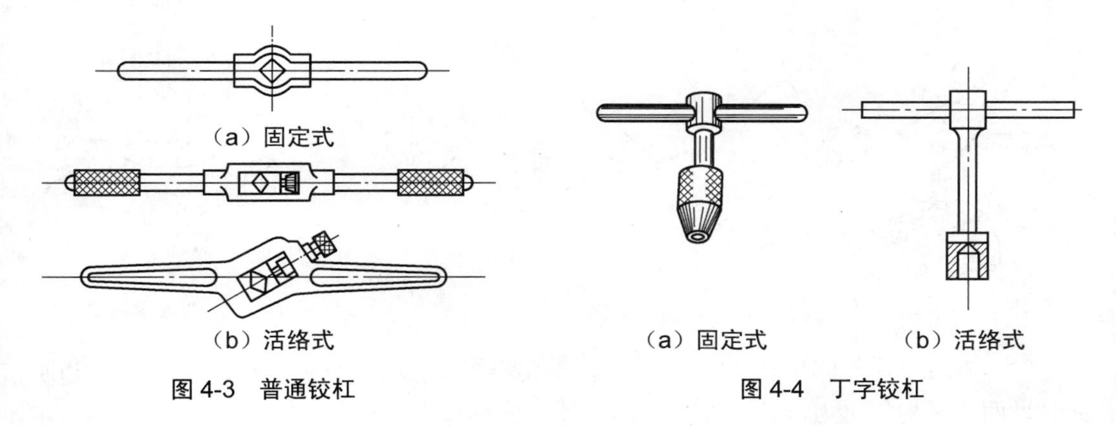
（a）固定式
（b）活络式
图 4-3 普通铰杠

（a）固定式
（b）活络式
图 4-4 丁字铰杠

铰杠的长度应根据丝锥尺寸的大小选择，以便更好地控制攻螺纹时的扭矩，选择方法参见表 4-2。

表 4-2　　铰杠长度的选择

丝锥直径/mm	≤6	8～10	12～14	≥16
铰杠长度/mm	150～200	200～250	250～300	400～450

3．按图纸要求划线，确定钻孔直径，选择钻头

检查上、下、左、右表面，达到尺寸要求。划线方法同项目一任务一。

攻螺纹时，丝锥对金属层有较强的挤压作用，使攻出螺纹的小径小于底孔直径，因此攻螺纹之前的底孔直径应稍大于螺纹小径。

螺纹底孔直径的计算式为

$$D_{孔}=D-KP$$

式中，$D_{孔}$——螺纹底孔直径，单位：mm；

D——螺纹大径，单位：mm；

P——螺距，单位：mm。

上式中 K 的选择：钢件或塑性较大的材料，$K=1$；铸铁或塑性较小的材料，$K=1.05$～1.1。

选择稍小于底孔直径的钻头钻孔。

4．夹持工件，按图纸要求依次完成钻孔、倒角的工作

【技术要领】 在螺纹底孔的孔口处要倒角，通孔螺纹的两端均要倒角，这样可以保证丝锥可以比较容易地切入，并防止孔口出现挤压出的凸边。

5．分别攻制 M6、M8、M10、M12 螺纹，并用相应的螺栓进行检验

① 起攻时应使用头锥，用手掌按住铰杠中部，沿丝锥轴线方向加压用力，另一手配合做顺时针旋转；或两手握住铰杠两端均匀用力，并将丝锥顺时针旋进，见图 4-5。一定要保证丝锥中心线与底孔中心线重合，不能歪斜。在丝锥旋入 2 圈时，应用 90° 角尺在前后、左右方向进行检查（见图 4-6），并不断校正。当丝锥切入 3～4 圈时，不允许继续校正，否则容易折断丝锥。

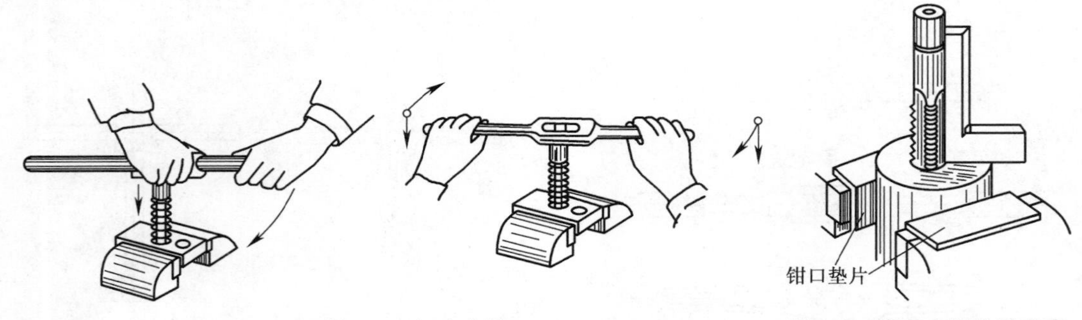

图 4-5　起攻方法　　　　图 4-6　检查攻螺纹垂直度

② 当丝锥切削部分全部进入工件时，不要再施加压力，只需靠丝锥自然旋进切削。此时，两手要均匀用力，铰杠每转 1/2～1 圈，应倒转 1/4～1/2 圈断屑。

③ 攻螺纹时必须按头锥、二锥、三锥的顺序攻削，以减小切削负荷，防止丝锥折断。

④ 攻不通孔螺纹时，可在丝锥上做上深度标记，并经常退出丝锥，将孔内切屑清除，

否则会因切屑堵塞而折断丝锥或攻不到规定深度。

【技术点 1】 攻螺纹时切削液的选用

攻螺纹时合理选择适当品种的切削液，可以有效地提高螺纹精度，降低螺纹的表面粗糙度。具体选择切削液的方法参见表 4-3。

表 4-3　　攻螺纹时切削液的选用

零件材料	切　削　液
结构钢、合金钢	乳化液
铸铁	煤油、75%煤油+25%植物油
铜	机械油、硫化油、75%煤油+25%矿物油
铝	50%煤油+50%机械油、85%煤油+15%亚麻油、煤油、松节油

【技术点 2】 从螺孔中取出断丝锥的方法

在取出断丝锥前，应先把孔中的切屑和丝锥碎屑清除干净，以防轧在螺纹与丝锥之间而阻碍丝锥的退出。从螺孔中取出断丝锥有以下几种方法。

① 用狭錾或冲头抵在断丝锥的容屑槽中顺着退出的方向轻轻敲击，必要时再顺着旋进方向轻轻敲击，使丝锥在多次正反方向的轻敲下产生松动，则退出就容易了。这种方法仅适用于断丝锥尚露出孔口或接近孔口时。

② 在带方榫的断丝锥上拧上 2 个螺母，用钢丝（根数与丝锥槽数相同）插入断丝锥和螺母的空槽中，然后用铰杠按退出方向扳动方榫，把断丝锥取出，见图 4-7。

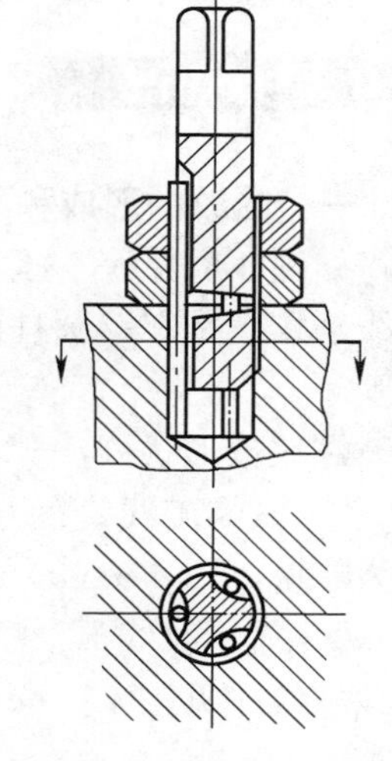

图 4-7　用钢丝插入槽内取出断丝锥的方法

③ 在断丝锥上焊上一个六角螺钉，然后用扳手扳六角螺钉而使断丝锥退出。

④ 用乙炔火焰或喷灯使断丝锥退火，然后用钻头钻一盲孔。此时钻头直径应比螺纹底孔直径略小，钻孔时也要对准中心，防止将螺纹钻坏。孔钻好后打入一个扁形或方形冲头，再用扳手旋出断丝锥。

⑤ 用电火花加工设备将断丝锥熔掉。

【技术要领】 ① 起攻时，一定要从两个方向检验垂直度并及时校正，这是保证螺纹质量的重要环节；② 攻螺纹时如何控制两手用力均匀是攻螺纹的基本功，必须努力掌握。

【技术点 3】 攻螺纹时常见缺陷分析（见表 4-4）

表 4-4　　攻螺纹时常见缺陷分析

缺 陷 形 式	产 生 原 因
丝锥崩刃、折断	（1）底孔直径小或深度不够； （2）攻螺纹时没有经常倒转断屑，从而使切屑堵塞； （3）用力过猛或两手用力不均； （4）丝锥与底孔端面不垂直； （5）使用铰杠不当

续表

缺陷形式	产生原因
螺纹烂牙	（1）底孔直径小或孔口未倒角； （2）丝锥磨钝； （3）攻螺纹时没有经常倒转断屑
螺纹中径超差	（1）螺纹底孔直径选择不当； （2）丝锥选用不当； （3）攻螺纹时铰杠晃动
螺纹表面粗糙度超差	（1）工件材料太软； （2）切削液选用不当； （3）攻螺纹时铰杠晃动； （4）攻螺纹时没有经常倒转断屑

6．清理工作现场

7．检测加工工件（本任务成绩评定填入表 4-6）

一、螺纹的形成和种类

如图 4-8 所示，将直角三角形绕到直径为 d_2 的圆柱上，其斜边在圆柱表面上形成螺旋线。螺纹是在该圆柱面上沿螺旋线所形成的、具有相同剖面的凸起和沟槽，如图 4-9 所示。

螺纹按形状分，有 3 种分法。

① 按螺旋线绕行方向，螺纹分为右旋和左旋。图 4-8 及图 4-9（a）、图 4-9（c）所示为右旋，图 4-9（b）所示为左旋。连接用螺纹常用右旋。

② 按螺纹线数，螺纹分为单线螺纹［见图 4-9（a）］、双线螺纹［见图 4-9（b）］和三线螺纹［见图 4-9（c）］。单线螺纹一般用于连接，其他螺纹多用于传动。

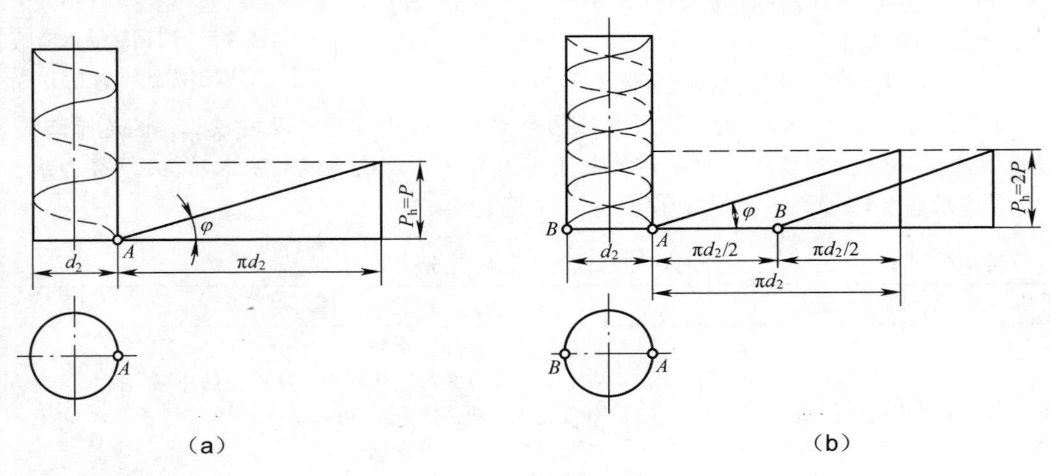

图 4-8　螺纹的形成 1

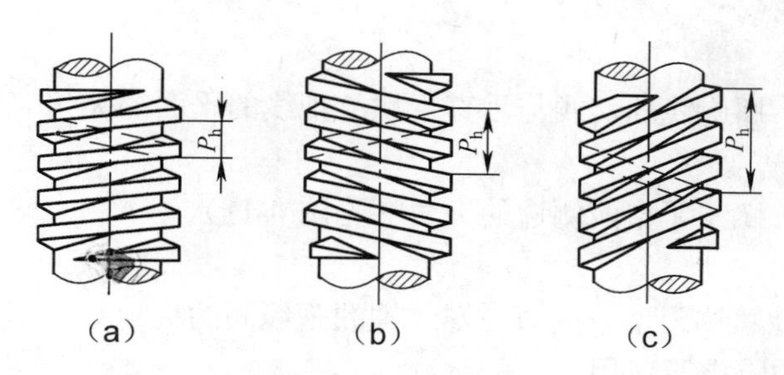

图 4-9 螺纹的形成 2

③ 按照螺纹牙型，螺纹分为普通螺纹［见图 4-10（a）］、管螺纹［见图 4-10（b）］、矩形螺纹［见图 4-10（c）］、梯形螺纹［见图 4-10（d）］和锯齿形螺纹［见图 4-10（e）］等。

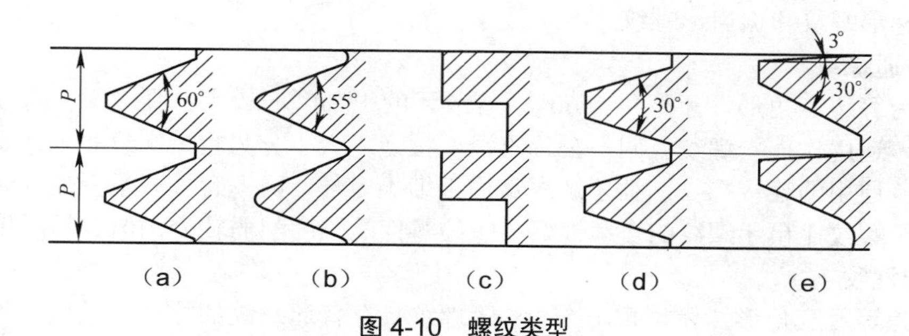

图 4-10 螺纹类型

二、螺纹的主要参数

下面以普通螺纹为例说明其主要参数（见图 4-11）。

1．大径 d

螺纹的最大直径，即与外螺纹牙顶（或内螺纹牙底）相切的圆柱的直径，在标准中规定它为公称直径。

2．小径 d_1

螺纹的最小直径，即与外螺纹牙底（或内螺纹牙顶）相切的圆柱的直径。

3．中径 d_2

通过螺纹轴向剖面内牙型上的沟槽与凸起宽度相等处的假想圆柱的直径，它近似等于螺纹的平均直径。

4．螺距 P

相邻两牙在中径线上对应两点间的轴向距离。

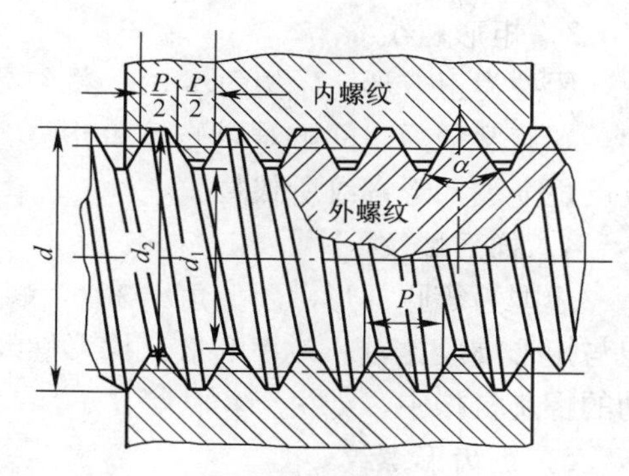

图 4-11 普通螺纹

5．导程 P_h

在同一条螺旋线上，相邻两牙在中径线上对应两点间的轴向距离。由图 4-8 可知，对于单线螺纹，$P_h=P$；对于螺旋线数为 n 的多线螺纹，$P_h=nP$。

6．螺纹升角φ

在中径圆柱上，螺旋线的切线与垂直于螺纹轴线的平面的夹角（见图 4-8）。

7．牙型角α

在含轴剖面内，螺纹牙型两侧边的夹角（见图 4-11）。

8．牙侧角β

在含轴剖面内，螺纹牙型一侧边与螺纹轴的垂线间的夹角。

三、常用螺纹的特点及应用

常用的螺纹有普通螺纹、管螺纹、矩形螺纹、梯形螺纹和锯齿形螺纹等（见图 4-10）。除矩形螺纹外，其余螺纹均已标准化。除管螺纹采用英制（螺距以每英寸牙数表示）外，其余螺纹均采用公制。

螺纹有连接和传动作用。一般连接用普通螺纹，管路连接用管螺纹。传动螺纹有矩形螺纹、梯形螺纹和锯齿形螺纹。

1．普通螺纹

牙型为等边三角形，牙型角α=60°。螺纹牙的根部削弱较小、强度大；螺纹面间的摩擦力大，适用作连接螺纹。同一公称直径，按螺距大小分为粗牙螺纹和细牙螺纹。粗牙螺纹是普通用的连接螺纹，细牙螺纹常用于细小零件、薄壁管件或承受变化载荷的零件上。细牙螺纹比粗牙螺纹的自锁性好，螺纹零件的强度削弱较少，但容易滑扣。

2．管螺纹

牙型为等腰三角形，牙型角α=55°。管螺纹具有普通螺纹的特点，且内、外螺纹旋合后无径向间隙，用于有紧密性要求的管件连接，以管子的内径为公称直径。管螺纹分为非螺纹密封和用螺纹密封的两类。非螺纹密封的螺纹，其内螺纹和外螺纹都是圆柱螺纹，连接本身不具备密封性能，若要求连接后具有密封性，可压紧被连接件螺纹外的密封面，也可在密封面间添加密封物。用螺纹密封的螺纹有两种连接形式：用圆锥内螺纹与圆锥外螺纹连接；用圆柱内螺纹与圆锥外螺纹连接。这两种连接方式本身都具有一定的密封能力，必要时也可以在螺纹内外间添加密封物，以保证连接的密封性。

3．矩形螺纹

牙型为正方形，牙型角α=0°。螺纹牙根部削弱大、强度小；传动效率高，适于作传动。螺旋磨损后，间隙难以修复和补偿，使传动精度降低，精确制造较为困难，矩形螺纹已逐渐被梯形螺纹所代替。

4．梯形螺纹

牙型为等腰梯形，牙型角α=30°。螺纹牙根强度较大，传动效率也较高，工艺性好，但与矩形螺纹比较，效率略低。梯形螺纹是常用的传动螺纹，广泛应用于传递动力或运动的螺旋机构中，如机床丝杠等。

5．锯齿形螺纹

牙型为不等腰梯形，工作面的牙侧角β=3°，非工作面的牙侧角β=30°。其牙根强度和传动效率都优于梯形螺纹，综合了矩形螺纹效率高和梯形螺纹牙根强度大的特点，多用做单向传力的螺旋，如轧钢机的螺旋、压力机的螺旋和机车架修理台的螺旋等。

四、螺纹代号与标记

1．普通螺纹的代号与标记

（1）普通螺纹的代号

粗牙普通螺纹用字母“M”及公称直径表示；细牙普通螺纹用字母“M”及“公称直径×螺距”表示。当螺纹为左旋时，在螺纹代号之后加“LH”字样。例如，M24 表示公称直径为 24mm 的粗牙普通螺纹；M24×1.5 表示公称直径为 24mm、螺距为 1.5mm 的细牙普通螺纹；M24×1.5LH 表示公称直径为 24mm、螺距为 1.5mm、方向为左旋的细牙普通螺纹。

（2）普通螺纹的标记

普通螺纹的完整标记由螺纹代号、螺纹公差带代号和螺纹旋合长度代号所组成。

螺纹公差带代号包括中径公差带代号与顶径（指外螺纹大径和内螺纹小径）公差带代号。公差带代号由表示其大小的公差等级数字和表示其位置的字母所组成，例如 6H、6g 等，其中“6”为公差等级数字，“H”或“g”为基本偏差代号。

螺纹公差带代号标注在螺纹代号之后，中间用“—”分开。如果螺纹的中径公差带与顶径公差带代号不同，则分别注出，前者表示中径公差带，后者表示顶径公差带。如果中径公差带与顶径公差带代号相同，则只标注一个代号。例如：

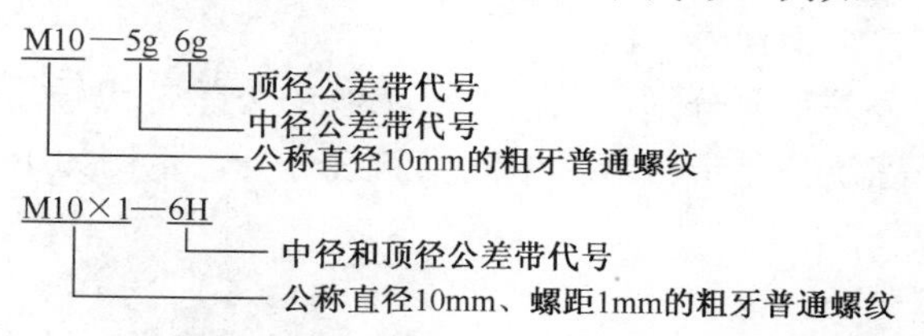

内、外螺纹装配在一起，其公差带代号用斜线分开，斜线左边表示内螺纹公差带代号，斜线右边表示外螺纹公差带代号。例如：

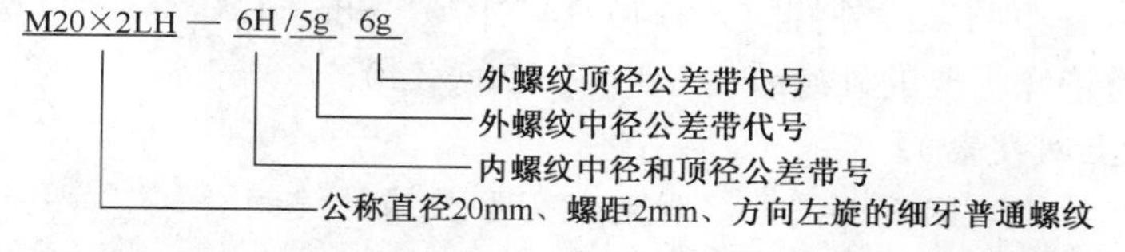

螺纹旋合长度是指两个相互配合的螺纹沿螺纹轴线方向相互旋合部分的长度，如图 4-12 所示。螺纹的旋合长度分为 3 组，分别称为短旋合长度、中等旋合长度和长旋合长度，相应的代号分别为 S、N、L。

在一般情况下，不标注螺纹旋合长度，使用时按中等旋合长度确定。必要时，在螺纹公差带代号之后加注旋合长度代号 S 或 L，中间用“—”分开。特殊需要时，可注明旋合长度的数值，中间用“—”分开。例如：

M10—5g6g—S　M10—7H—L　M20×2—7g6g—40

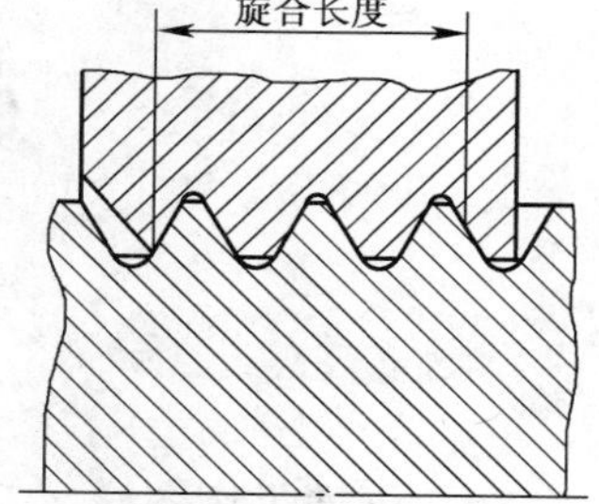

图 4-12　螺纹旋合长度

2．梯形螺纹的代号与标记

（1）梯形螺纹的代号

符合 GB 5796.1—1986 标准的梯形螺纹用“Tr”表示。单线螺纹的尺寸规格用“公称直径×螺距”表示；多线螺纹用“公称直径×导程（P 螺距）”表示。

当螺纹为左旋时，在尺寸规格之后加注“LH”。示例如下：

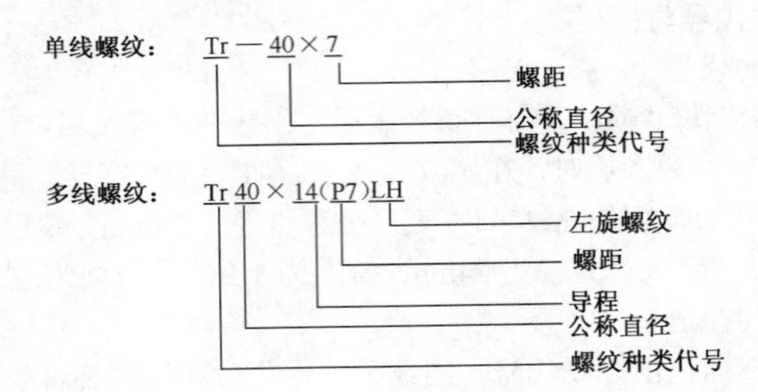

（2）梯形螺纹的标记

梯形螺纹的标记由梯形螺纹代号、公差带代号及旋合长度代号组成。

梯形螺纹的公差带代号只标注中径公差带（由表示公差等级的数字和表示公差带位置的字母组成）。

旋合长度分 N、L 两组。当旋合长度为 N 组时，不标注组别代号 N；当旋合长度为 L 组时，应将组别代号“L”写在公差带代号后面，并用“—”隔开。特殊需要时，可用具体旋合长度数值代替组别代号“L”。

梯形螺旋连接的公差带要分别注出内、外螺纹的公差带代号，前面的是内螺纹公差带代号，后面的是外螺纹公差带代号，中间用斜线分开。示例如下：

内螺纹：Tr40×7—7H

外螺纹：Tr40×7—7e

左旋外螺纹：Tr40×7LH—7e

螺旋连接：Tr40×7—7H/7e

旋合长度为 L 组的多线外螺纹：Tr40×14（P7）—8e—L

旋合长度为特殊需要的外螺纹：Tr40×7—7e—140

【多媒体（上网搜索）】

（1）浏览“丝锥”网页、图片，观看“刃磨丝锥”视频。

（2）观看“攻螺纹”视频。

（3）浏览“螺纹”网页、图片。

任务二　在工件上套螺纹

一、读懂工作图样

本次任务是加工如图 4-13 所示的外螺纹。（螺纹及其连接件的画法见本任务的基本知识“一、螺纹的规定画法”、“二、螺纹连接件及其画法”）在图 4-13 中，左端 30mm 和右端 40mm 部分是螺纹，2×C2 表示端头倒角 45°，倒角宽度为 2mm。

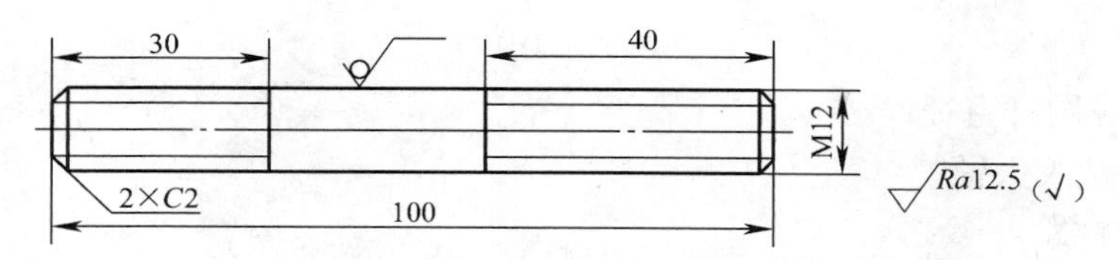

图 4-13 在工件上套螺纹

二、工作过程和技术要领

1．工作准备

① 备料：45 号钢，ϕ12mm×100mm（直径 12mm，长 100mm）。

② 板牙、板牙架。

2．使用板牙和板牙架

（1）板牙

板牙是加工外螺纹的工具。它由合金工具钢制作而成，并经淬火处理。

板牙结构如图 4-14 所示，由切削部分、校准部分和排屑孔组成。

切削部分是板牙两端有切削锥角的部分，它不是圆锥面，而是经铲磨加工而成的阿基米德螺旋面，能形成后角。板牙两端面均有切削部分，一面磨损后，可换另一面使用。

校准部分是板牙中间的一段，也是套螺纹时的导向部分。

在板牙的前面对称钻有 4 个排屑孔，用以排出套螺纹时产生的切屑。

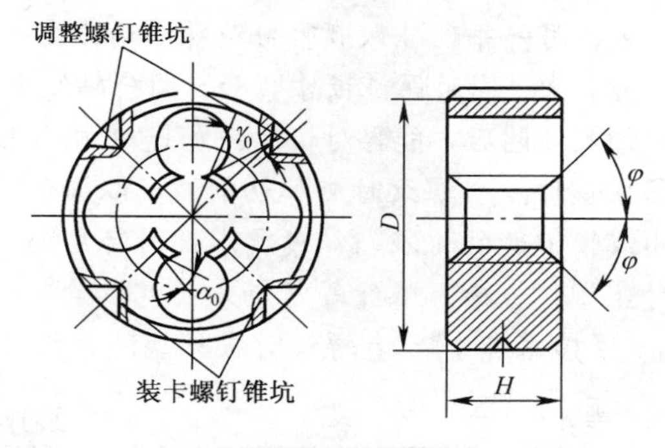

图 4-14 板牙结构

（2）板牙架

板牙架是装夹板牙用的工具，其结构如图 4-15 所示。板牙放入后，用螺钉紧固，即可使用。

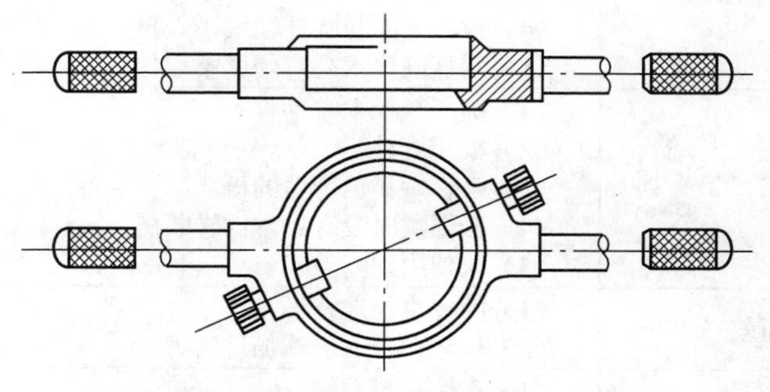

图 4-15 板牙架结构

3．确定套螺纹前圆杆直径

与攻螺纹一样，用板牙套螺纹的切削过程中同样存在挤压作用。因此，圆杆直径应小于螺纹大径，其直径尺寸可通过下式计算得出

$$d_{杆}=d-0.13P$$

式中，$d_{杆}$——圆杆直径；

d——螺纹大径；

P——螺距。

4．划线，夹持工件，按图 4-16 所示套螺纹 3 根

套螺纹的方法见图 4-16。

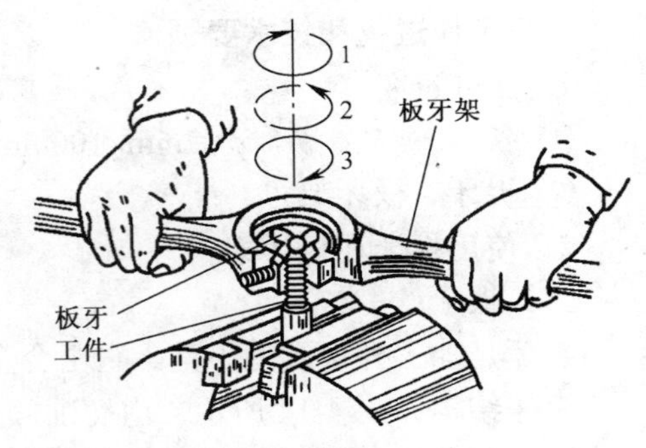

图 4-16　套螺纹的方法

【技术要领】 ①为使板牙容易切入工件，在起套前，应将圆杆端部做成 15°～20° 的倒角（本任务按图样要求倒 45° 角），且倒角小端直径应小于螺纹小径；②由于套螺纹的切削力较大，且工件为圆杆，套削时应用 V 形夹板或在钳口上加垫铜钳口，保证装夹端正、牢固；③起套方法与攻螺纹的起攻方法一样，用一手手掌按住铰杠中部，沿圆杆轴线方向加压用力，另一手配合做顺时针旋转，动作要慢，压力要大，同时保证板牙端面与圆杆轴线垂直，在板牙切入圆杆 2 圈之前及时校正；④板牙切入 4 圈后不能再对板牙施加进给力，让板牙自然引进。套削过程中要不断倒转断屑；⑤在钢件上套螺纹时应加切削液，以降低螺纹表面粗糙度和延长板牙寿命。一般选用机油或较浓的乳化液，精度要求高时可用植物油；⑥加工结束后，把各个零件清洗干净，对丝锥、板牙、螺纹等活动表面润滑。

【技术点 1】 套螺纹时常见缺陷分析（见表 4-5）

表 4-5　套螺纹时常见缺陷分析

缺陷形式	产生原因
板牙崩齿或磨损太快	（1）圆杆直径偏大或端部未倒角； （2）套螺纹时没有经常倒转断屑，使切屑堵塞； （3）用力过猛或两手用力不均； （4）板牙端面与圆杆轴线不垂直； （5）圆杆硬度太高或硬度不均匀
螺纹烂牙	（1）圆杆直径太大； （2）板牙磨钝； （3）强行矫正已套歪的板牙； （4）套螺纹时没有经常倒转断屑； （5）未使用切削液
螺纹中径超差	（1）圆杆直径选择不当； （2）板牙切入后仍施加进给力
螺纹表面粗糙度超差	（1）工件材料太软； （2）切削液选用不当； （3）套螺纹时板牙架左右晃动； （4）套螺纹时没有经常倒转断屑
螺纹歪斜	（1）板牙端面与圆杆轴线不垂直； （2）套螺纹时板牙架左右晃动

【技术点 2】 分析板牙损坏的原因

板牙损坏的形式有崩牙和扭断。其原因有以下几种。

① 工件材料硬度太高或硬度不均匀。

② 板牙切削部分刀齿前、后角太大。

③ 螺纹底孔直径太小或圆杆直径太大。

④ 板牙位置不正。

⑤ 板牙没有经常倒转，致使切屑将容屑槽堵塞。

⑥ 刀齿磨钝，并黏附有积屑瘤。

⑦ 未采用合适的切削液。

⑧ 套台阶旁的螺纹时，板牙碰到阶台仍在继续扳转。

5．清理工作现场

6．检测加工工件（本任务成绩评定填入表 4-6）

用标准螺母进行检验，以最后一根检验结果作为成绩记录。（螺旋传动的有关知识见本任务的基本知识“三、螺旋传动”）

一、螺纹的规定画法（GB/T 4459.1—1995）

① 螺纹牙顶圆的投影用粗实线表示，牙底圆的投影用细实线表示，螺杆的倒角或倒圆部分也应画出。在垂直于螺纹轴线的投影面的视图中，表示牙底圆的细实线只画约 3/4 圈（空出约 1/4 圈的位置不作规定），此时，不画出螺杆或螺孔上的倒角投影，如图 4-17 所示。

有效螺纹的终止界线（简称螺纹终止线）用粗实线表示，外螺纹终止线的画法如图 4-17（a）、图 4-17（c）所示，内螺纹终止线的画法如图 4-17（e）所示。

不可见螺纹的所有图线用虚线绘制，如图 4-17（f）所示。

② 螺尾部分一般不必画出。当需要表示螺尾时，该部分用与轴线成 30° 的细实线画出，如图 4-17（a）所示。

无论是外螺纹还是内螺纹，在剖视图或断面图中的剖面线都应画成粗实线。

③ 绘制不穿通的螺孔时，一般应将钻孔深度与螺纹部分的深度分别画出，如图 4-17（e）所示。

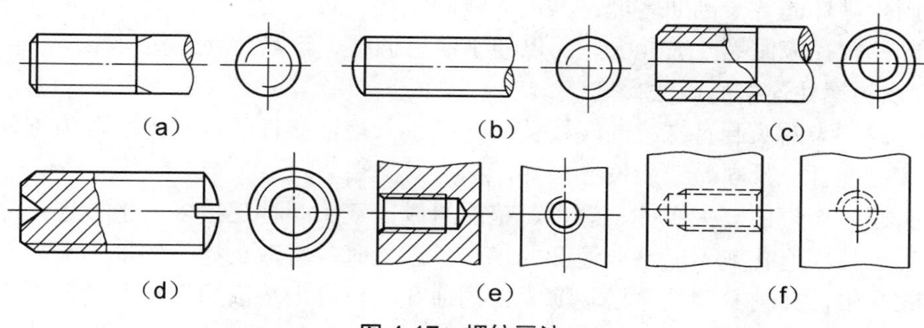

图 4-17 螺纹画法

④ 当需要表示螺纹牙型时，可按图 4-18 所示的形式绘制。

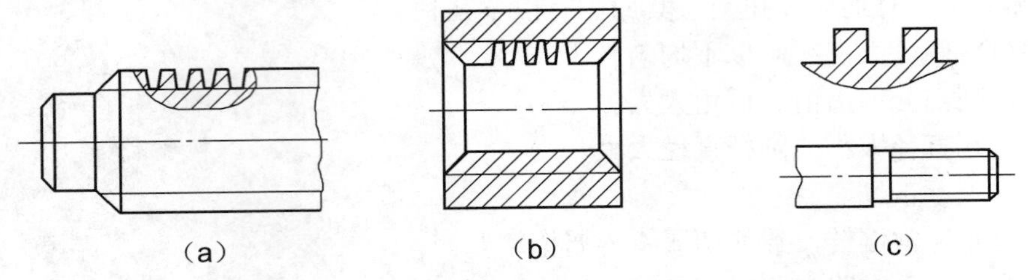

图 4-18 螺纹牙型的表示方法

⑤ 以剖视图表示内、外螺纹的连接时，其旋合部分应按外螺纹的画法绘制，其余部分仍按各自的画法表示，如图 4-19 所示。

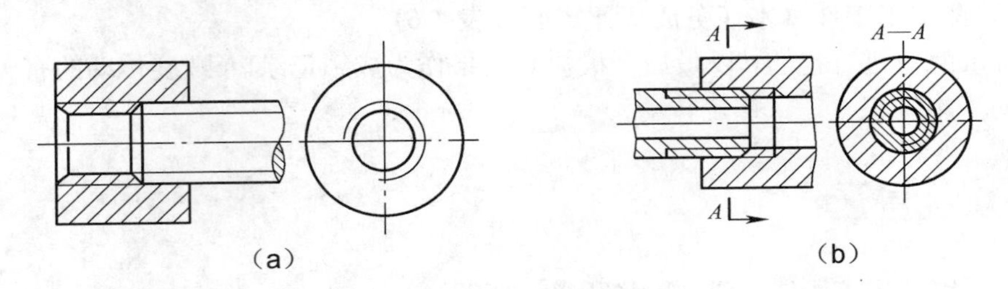

图 4-19 螺纹连接的画法

二、螺纹连接件及其画法

1．螺栓连接的画法

螺栓适用于连接两个不太厚的零件和需要经常拆卸的场合。螺栓穿入两个零件的光孔，再套上垫圈，然后用螺母拧紧。垫圈的作用是防止损伤零件表面，并能增加支承面积，使其受力均匀。

普通螺栓连接的比例画法如图 4-20 所示。

在装配图中，当剖切平面通过螺杆的轴线时，对于螺柱、螺栓、螺钉、螺母及垫圈等均按未剖切绘制。螺纹紧固件的工艺结构，如倒角、退刀槽、缩颈、凸肩等均可省略不画。2 个被连接零件的接触面只画一条线；2 个零件相邻但不接触，仍画成 2 条线。在剖视图中表示相邻的 2 个零件时，相邻零件的剖面线必须以不同的方向或以不同的间隔画出。同一零件的各个剖面区域，其剖面线画法应一致。为了保证装配工艺合理，被连接件的光孔直径应比螺纹大径大些，以便于螺母调整、拧紧，使连接可靠。

2．双头螺柱连接的画法

双头螺柱为两头制有螺纹的圆柱体，一端旋入被连接件的螺孔内，称为旋入端；另一端与螺母旋合，紧固另一个被连接件，称为紧固端。

双头螺柱连接由双头螺柱、螺母、垫圈组成。双头螺柱连接多用于被连接件之一太厚，不适于钻成通孔或不能钻成通孔的场合。连接时，将双头螺柱的旋入端旋入被连接件的螺纹孔中，并使紧固端穿过较薄零件的通孔，再套上垫圈用螺母拧紧。双头螺柱连接的比例画法如图 4-21 所示。

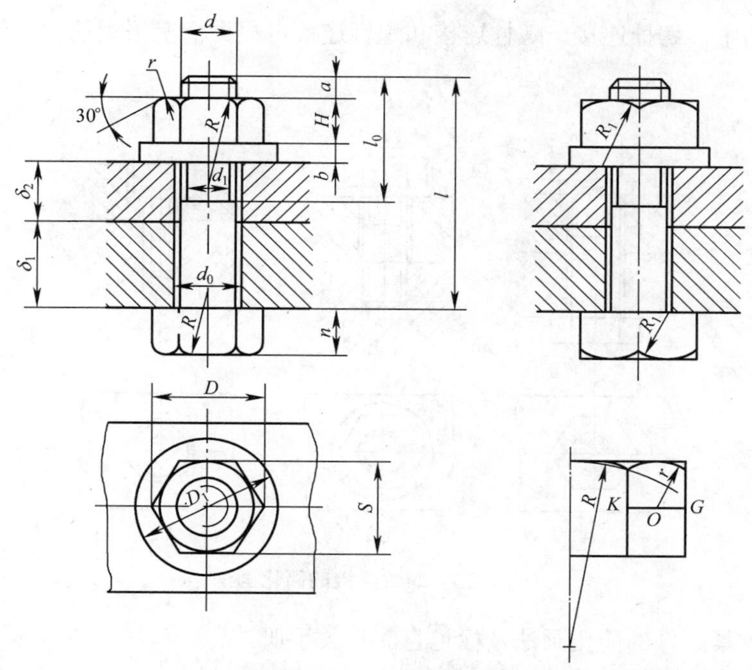

图 4-20　螺栓连接的画法

3．螺钉连接的画法

螺钉连接不用螺母，而是将螺钉直接拧入被连接件的螺孔里。螺钉连接适用于受力不大的零件间的连接。如图 4-22 所示，连接时，上面的零件钻通孔，其直径比螺钉大径略大，另一零件加工成螺纹孔，然后将螺钉拧入，用螺钉头压紧被连接件。螺钉的螺纹部分要有一定的长度，以保证连接的可靠性。

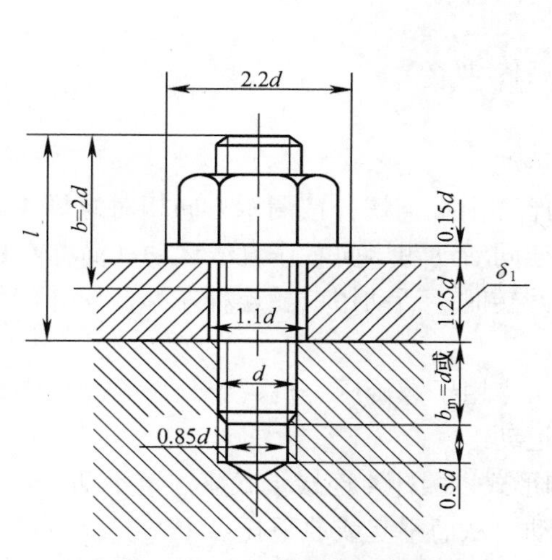

图 4-21　双头螺柱连接画法

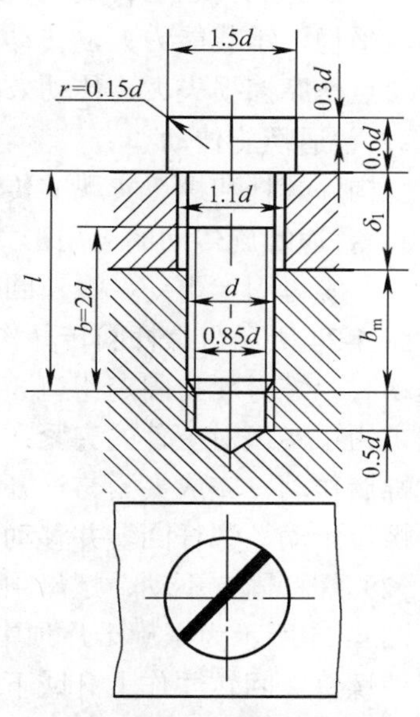

图 4-22　螺钉连接画法

在装配图中，螺栓连接、螺柱连接和螺钉连接可根据情况采用简化画法，如图 4-23 所示。

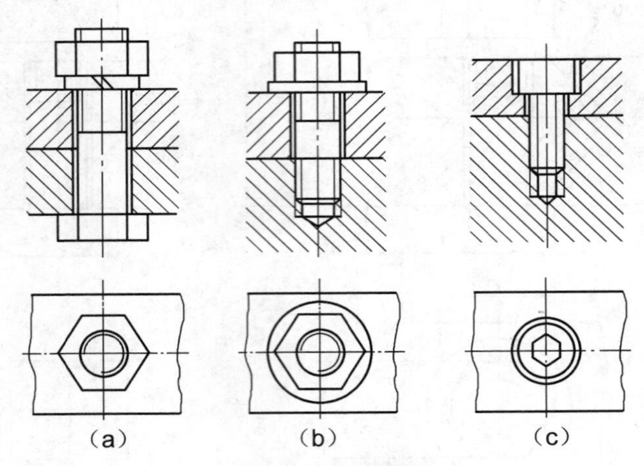

图 4-23　螺纹连接的简化画法

常用螺纹紧固件的简化画法及标记查阅相关手册。

三、螺旋传动

1．螺旋传动的特点

螺旋运动是构件的一种空间运动，它由具有一定制约关系的转动及沿转动轴线方向的移动两部分组成。

内、外螺纹相互旋合形成的连接称为螺纹副。螺旋传动是利用螺旋副来传递运动和（或）动力的一种机械传动，可以方便地把主动件的回转运动转变为从动件的直线运动。

与其他将回转运动转变为直线运动的传动装置相比，螺旋传动具有结构简单，工作连续、平稳，承载能力大，传动精度高等优点，因此，广泛应用于各种机械和仪器中。它的缺点是摩擦损失大，传动效率较低。

2．普通螺旋传动

由构件螺杆和螺母实现的传动是普通螺旋传动。

3．普通螺旋传动的应用形式

（1）螺母固定不动、螺杆回转并作直线运动

图 4-24 所示为螺杆回转并作直线运动的台虎钳。当螺杆按图示方向相对螺母 4 作回转运动时，螺母 4 与固定钳口 3 连接，螺杆连同活动钳口向右作直线运动（简称右移），与固定钳口实现对工件的夹紧；当螺杆反向回转时，活动钳口随螺杆左移，松开工件。通过螺旋传动，完成夹紧与松开工件的要求。

螺母不动、螺杆回转并移动的形式，通常应用于螺旋压力机、千分尺等。

（2）螺杆固定不动、螺母回转并作直线运动

图 4-25 所示为螺旋千斤顶中的一种结构形式，螺杆 4 连接于底座固定不动，转动手柄 3 使螺母 2 回转并作上升或下降的直线运动，从而举起或放下托盘 1。

螺杆不动、螺母回转并作直线运动的形式常用于插齿机刀架传动等。

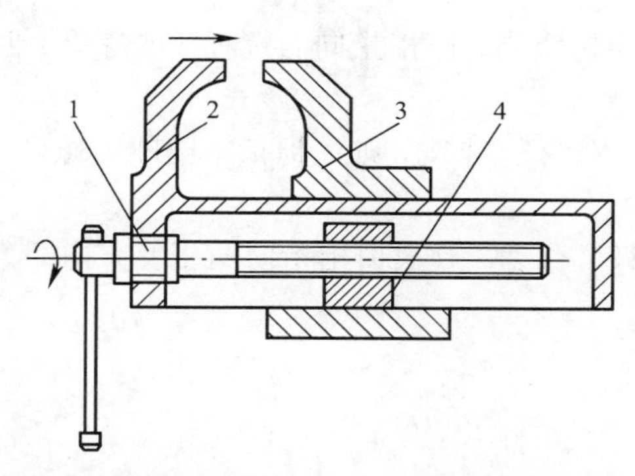

1—螺杆；2—活动钳口；3—固定钳口；4—螺母

图 4-24　台虎钳

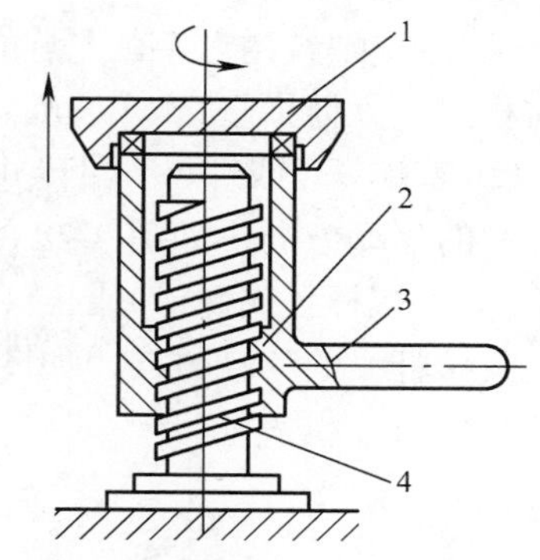

1—托盘；2—螺母；3—手柄；4—螺杆

图 4-25　螺旋千斤顶

（3）螺杆回转、螺母作直线运动

图 4-26 所示为螺杆回转、螺母作直线运动的传动结构图。螺杆 1 与机架 3 组成转动连接，螺母 2 与螺杆以左旋螺纹啮合并与工作台 4 连接。当转动手轮使螺杆按图示方向回转时，螺母带动工作台沿机架的导轨向右作直线运动。

螺杆回转、螺母作直线运动的形式应用较广泛，如用于机床的滑板移动机构等。

（4）螺母回转、螺杆作直线运动

图 4-27 所示为应力试验机上的观察镜螺旋调整装置。螺杆 2、螺母 3 为左旋螺旋副。当螺母按图示方向回转时，螺杆带动观察镜 1 向上移动；当螺母反向回转时，螺杆连同观察镜向下移动。

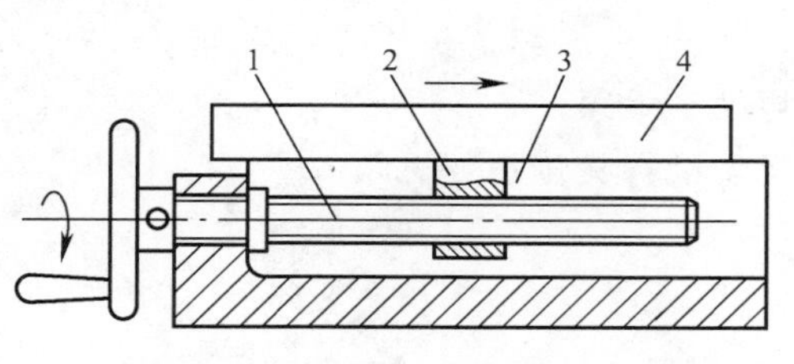

1—螺杆；2—螺母；3—机架；4—工作台

图 4-26　机床工作台移动机构

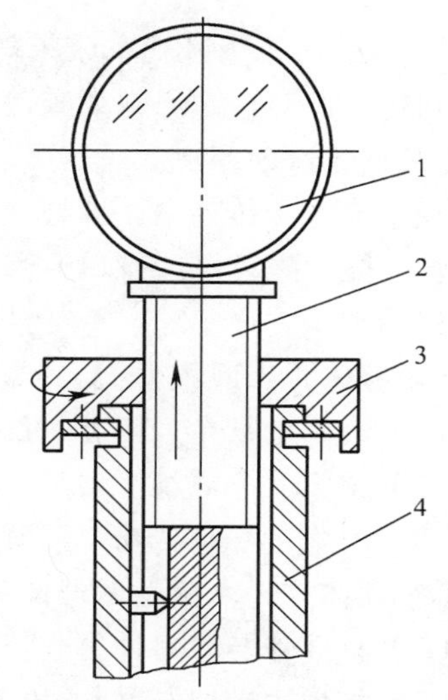

1—观察镜；2—螺杆；3—螺母；4—机架

图 4-27　观察镜螺旋调整装置

4．直线运动方向的判定

普通螺旋传动时，从动件作直线运动的方向（移动方向）不仅与螺纹的回转方向有关，还与螺纹的旋向有关。正确判定螺杆或螺母的移动方向十分重要。判定方法如下。

① 右旋螺纹用右手，左旋螺纹用左手。手握空拳，四指指向与螺杆（或螺母）回转方向相同，大拇指竖直。

② 若螺杆（或螺母）回转并移动、螺母（或螺杆）不动，则大拇指指向即为螺杆（或螺母）的移动方向，如图 4-28 所示。

③ 若螺杆（或螺母）回转、螺母（或螺杆）移动，则大拇指指向的相反方向即为螺母（或螺杆）的移动方向，如图 4-29 所示。

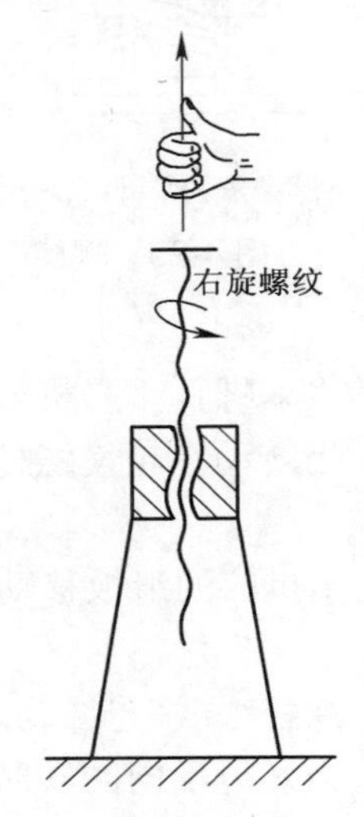

图 4-28　螺杆或螺母移动方向的判断

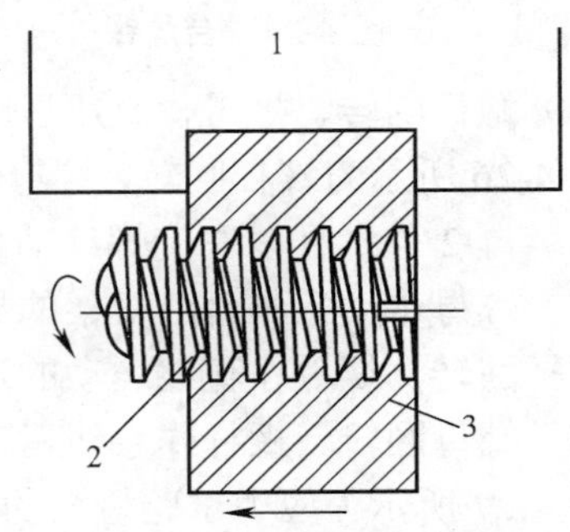

1—床鞍；2—丝杠；3—开合螺母

图 4-29　卧式车床床鞍的螺旋传动

图 4-29 所示为卧式车床床鞍的丝杠螺母传动机构。丝杠为右旋螺杆，当丝杠如图示方向回转时，开合螺母带动床鞍向左移动。

5．直线运动距离

在普通螺旋传动中，螺杆（或螺母）的移动距离与螺纹的导程有关。螺杆相对螺母每回转一圈，螺杆（或螺母）移动一个等于导程的距离。因此，移动距离等于回转圈数与导程的乘积。

【多媒体（上网搜索）】

（1）浏览“板牙”网页、图片。

（2）浏览“套螺纹”网页，观看“套螺纹”视频。

（3）浏览“螺旋传动”网页、图片，观看“螺旋传动”视频。

【多媒体——本项目课外阅读】

（1）标准件与常用件。

（2）机械运动副与机构。

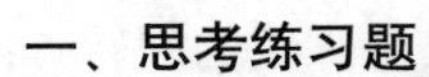

项目学习评价

一、思考练习题

（1）如何正确使用丝锥和铰杠？

（2）攻螺纹有哪些技术要领？
（3）攻螺纹常见缺陷的原因有哪些？
（4）螺纹有哪些种类？
（5）如何正确标记内、外螺纹？
（6）如何正确使用板牙和板牙架？
（7）套螺纹有哪些技术要领？
（8）套螺纹常见缺陷的原因有哪些？
（9）你能画出几种螺纹连接图吗？
（10）螺旋传动有哪些应用形式？

二、自我评价、小组互评及教师评价（见表 4-6）

表 4-6　　工件加工螺纹项目评分表　　总得分______

项次	项目和技术要求	配分	评 分 标 准	自检结果	小组互评	教师评价	得分
1	划线（攻螺纹）	5	规范、正确				
2	攻螺纹方法	10	规范、正确				
3	套螺纹方法	10	规范				
4	2×M12（攻丝）	2×5	每个 5 分，超差不得分				
5	M10（攻丝）	5	超差不得分				
6	M8（攻丝）	5	超差不得分				
7	4×M6（攻丝）	4×5	超差不得分				
8	M12（2 处，套丝）	2×10	每处 10 分，超差不得分				
9	2×*C*2（2 处，套丝）	2×5	每处 5 分，超差不得分				
10	*Ra*12.5μm（套丝）	5	超差不得分				
11	安全文明生产		违者扣 1～10 分				

三、个人学习小结

1．比较对照

（1）比较教师加工的内、外螺纹与自己加工的内、外螺纹，发现了什么？有哪些感受？
（2）“自检结果”和“得分”的差距在哪里？
（3）在本项目学习过程中，掌握了哪些技能与知识？

2．相互帮助

帮助同学纠正了哪些错误？在同学的帮助下，改正了哪些错误，解决了哪些问题？

加工工件螺纹项目总结

要攻好螺纹，必须掌握攻丝方法，根据螺纹尺寸选择丝锥（丝锥是标准件），合理选择切削液。同样，要套好螺纹，也必须掌握套丝方法，选好板牙（板牙也是标准件）和切削液。检验螺纹质量时，可以用标准的内或外螺纹与工件配合。另外，要读懂螺纹及其连接图。

项目五　按图纸要求加工工件

项目情境创设

在前面几个项目中，我们学习了钳工的一些基本技能。本项目就是运用以前学过的基本技能进行综合训练。如果之前某些技能学得还不很扎实，本项目可提供一个机会，在加工零件的同时把基本功练好，进一步学习好机械知识，为钳工初级工考核做准备。

项目学习目标

学习目标	学习方式	学时
（1）学会识读零件图； （2）学会对尺寸公差、形位公差进行检测； （3）学会根据图纸要求加工板料内外表面、角度零件、开式镶配零件、锤子等一些典型零件	按照各任务中“基本技能”的顺序，逐项训练。对不懂的问题，查看后面的“基本知识”。在加工零件的过程中，掌握基本技术和技术要领，把基本功练好，仔细揣摩各个零件的制作工艺过程，并模拟编写零件的制作工艺。用心训练，做到精益求精，力争在每个任务评价时取得优秀成绩。还要对照实物和零件图，会识读零件图	35

项目基本功

任务一　制作凸形块

一、读懂工作图样

本次任务是加工如图 5-1 所示的凸形块。图 5-1 中，主视图左上角的长方形框表示凸台左、右两面与对称中心线的对称度误差不大于 0.12（“对称度”的相关知识见本任务的基本知识）。技术要求中，要求去毛刺和孔口倒角。左视图是局部剖视图，表示螺纹和材料厚度。

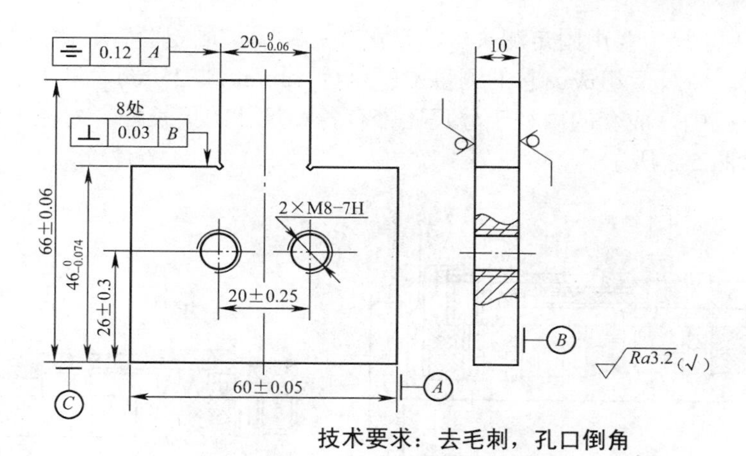

图 5-1 凸形块

二、工作过程和技术要领

1．工作准备

① 备料：45 号钢，61mm×67mm×10mm。

② 主要工具、量具：丝锥 M8、铰杠、螺纹塞规 M8—7H、千分尺、相关钻头。

2．使用千分尺

千分尺是一种精密的测微量具，用来测量加工精度要求较高的工件尺寸，主要有外径千分尺和内径千分尺两种。

（1）千分尺的结构

① 外径千分尺主要由尺架、砧座、固定套管、微分筒、锁紧装置、测微螺杆、测力装置等组成。它的规格按测量范围分为 0～25mm、25～50mm、50～75mm、75～100mm、100～125mm 等，使用时按被测工件的尺寸选用。外径千分尺具体结构如图 5-2 所示。

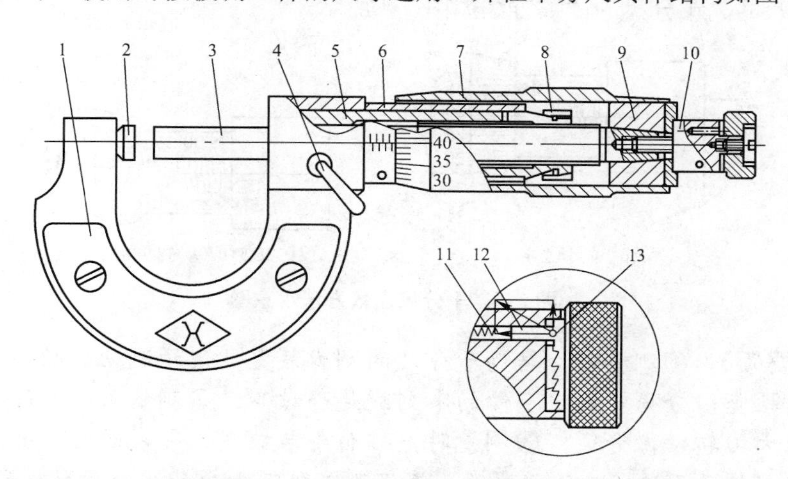

1—尺架；2—砧座；3—测微螺杆；4—锁紧手柄；5—螺纹套；6—固定套管；7—微分筒；8—螺母； 9—接头；10—测力装置；11—弹簧；12—棘轮爪；13—棘轮

图 5-2 外径千分尺结构

② 内径千分尺主要由固定测头、活动测头、螺母、固定套管、微分筒、调整量具、管接头、套管、量杆等组成。它的测量范围可达 13mm 或 25mm，最大不大于 50mm。为了扩大测量范围，成套的内径千分尺还带有各种尺寸的接长杆。内径千分尺及接长杆的具体结构如图 5-3 所示。

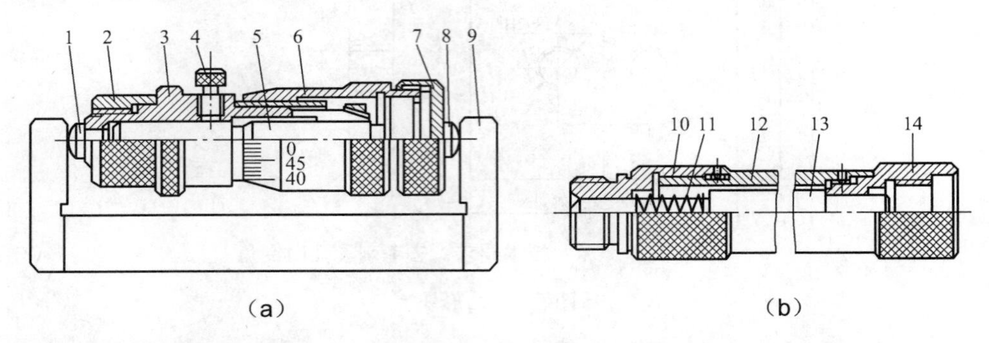

1—固定测头；2—螺母；3—固定套管；4—锁紧装置；5—测微螺母；6—微分筒；7—螺母；8—活动测头；9—调整量具；10、14—管接头；11—弹簧；12—套管；13—量杆

图 5-3 内径千分尺结构

（2）千分尺的刻线原理

千分尺测微螺杆上的螺距为 0.5mm，当微分筒转一圈时，测微螺杆就沿轴向移动 0.5mm。固定套管上刻有间隔为 0.5mm 的刻线，微分筒圆锥面上共刻有 50 个格，因此微分筒每转一格，螺杆就移动 0.5mm/50=0.01mm，该千分尺的精度值为 0.01mm。

（3）千分尺的读数方法

首先读出微分筒边缘在固定套管主尺的毫米数和半毫米数，然后看微分筒上哪一格与固定套管上基准线对齐，并读出相应的不足半毫米数，最后把两个读数相加起来就是测得的实际尺寸。千分尺的读数方法如图 5-4 所示。

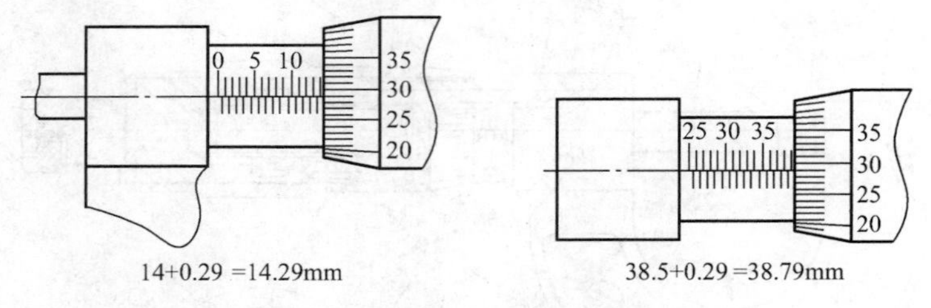

图 5-4 千分尺读数方法示意图

【技术要领】 ①测量前，转动千分尺的测力装置，使两测砧面贴合并检查是否密合，同时检查微分筒与固定套管的零刻线是否对齐；②测量时，在转动测力装置时，不要用大力转动微分筒；③测量时，砧面要与被测工件表面贴合并且测微螺杆的轴线应与工件表面垂直；④读数时，最好不要取下千分尺进行读数，如确需取下，应首先锁紧测微螺杆，然后轻轻取下千分尺，防止尺寸变动；⑤读数时，不要错读 0.5mm。

3．锉削基准面，达技术要求

4．按对称形体划线方法划出凸台加工线和圆心，在相关位置打样冲眼

如图 5-5（a）所示，细实线交叉处有 4 个样冲眼。

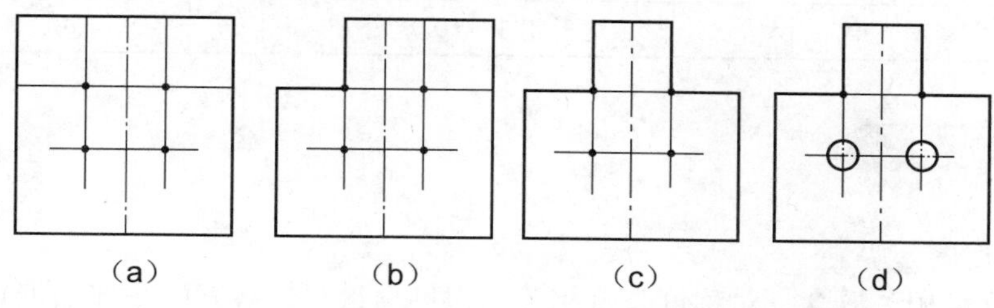

图 5-5 加工过程示意图

5．锯割、锉削加工左侧垂直角

根据 60mm 处的实际尺寸，通过控制 40mm 的尺寸误差值，从而保证在取得尺寸 $20_{-0.06}^{\ 0}$ mm 的同时，又能保证对称度。如图 5-5（b）所示，在凹角处，沿角平分线的反方向，锯深 1～2mm，称为清角。钳工作业，如无其他说明，一般有凹角必清，有时用钻小孔方法清角。

【技术要领】尺寸 60 mm 处的实际值必须测量准确，同时要控制好有关的工艺尺寸。

6．按划线锯去右侧垂直角，直接测量 20 mm 尺寸，达到图样要求

如图 5-5（c）所示，并进行清角。

7．加工尺寸 66mm，达到尺寸公差

8．钻、铰孔和攻丝［如图 5-5（d）所示］

【技术要领】 攻丝时要细心，同时孔口要倒角。

9．去毛刺，全面复检

10．清理工作现场

11．检测加工工件（本任务成绩评定填入表 5-1）

表 5-1　　制作凸形块评分表　　总得分________

项次	项目和技术要求	配分	评 分 标 准	自检结果	小组互评	教师评价	得分
1	$20_{-0.06}^{\ 0}$	10	每超差 0.02mm，扣 2 分				
2	$46_{-0.074}^{\ 0}$（2 处）	2×6	每超差 0.002mm，扣 2 分				
3	尺寸 66mm±0.06mm	6	每超差±0.02mm，扣 2 分				
4	尺寸 60mm±0.05mm	6	每超差±0.02mm，扣 2 分				
5	⊥ 0.03 B（8 处）	8×2	有一处不合格，扣 2 分				
6	⌯ 0.12 A	12	每超差±0.05mm，扣 3 分				
7	2×M8—7H	2×6	有一处不合格，扣 6 分				
8	尺寸 20mm±0.25mm	7	每超差±0.05mm，扣 3 分				
9	尺寸 26mm±0.3mm	4	超差不得分				

续表

项次	项目和技术要求	配分	评 分 标 准	自检结果	小组互评	教师评价	得分
10	*Ra*3.2（10 处）	10×1.5	有一处不合格，扣 1.5 分				
11	安全文明生产		违者扣 1～10 分				

一、对称度

1．对称度相关概念（对称度公差相关知识见项目二任务五的基本知识）

对称度误差是指被测表面的对称平面与基准表面的对称平面间的最大偏移距离 Δ，如图 5-6 所示。对称度公差带是距离为公差值 t，且相对基准中心平面对称配置的两平行平面之间的区域，如图 5-7 所示。

2．对称度误差的测量

测量被测表面与基准面的尺寸 A 和 B，其差值之半即为对称度的误差值。图 5-8 为对称度误差的测量示意图。

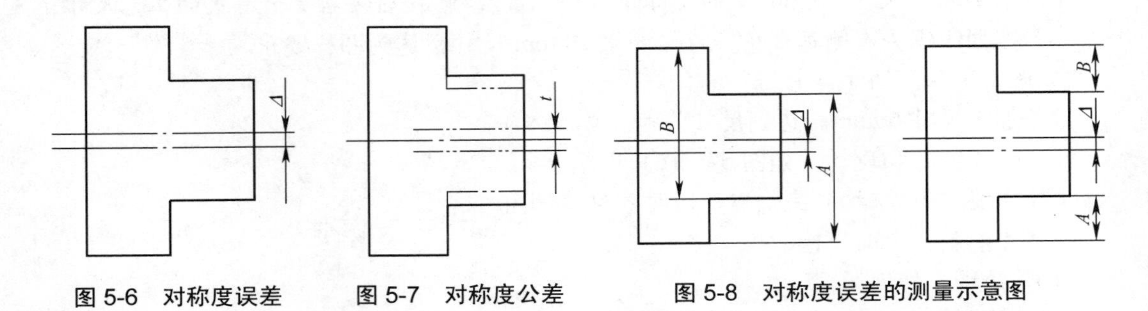

图 5-6　对称度误差　　图 5-7　对称度公差　　图 5-8　对称度误差的测量示意图

3．对称度误差对工件互换精度的影响

如图 5-9 所示，如果凸凹件都有对称度误差 0.05mm，并且在同方向位置上锉配达到要求间隙后，得到两侧基准面对齐，而调换 180° 后做配合就会产生两侧面基准面偏位误差，其总差值为 0.1mm。

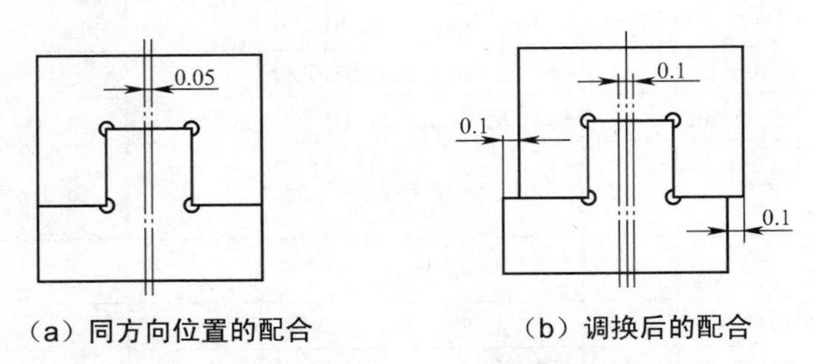

（a）同方向位置的配合　　（b）调换后的配合

图 5-9　对称度误差对工件互换精度的影响

【多媒体（上网搜索）】

浏览“千分尺”网页、图片，观看“使用千分尺”视频。

任务二　制作工形板

一、读懂工作图样

本次任务是加工如图 5-10 所示的工形板。图 5-10 中，有平面度、对称度、平行度、表面粗糙度和尺寸精度要求，自己根据主视图和左视图读出所有技术要求，并请同组同学或同桌、教师评价读得是否正确。

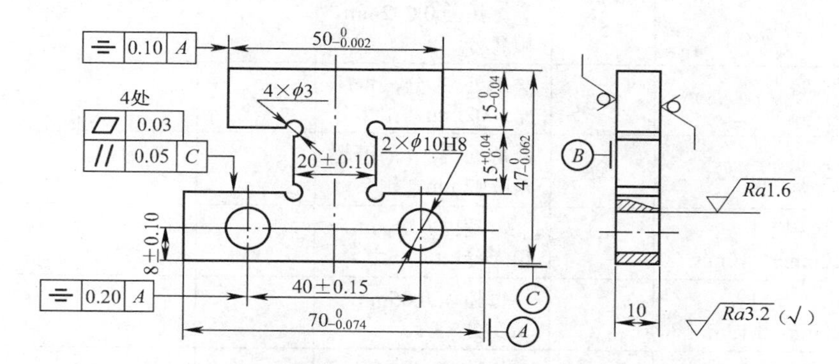

技术要求：锐边去毛刺，孔口倒角 C1

图 5-10　工形板

二、工作过程和技术要领

1．工作准备

① 备料：A3 号钢，71mm×50mm×10mm。

② 主要工具、量具：游标卡尺、千分尺、刀口角尺、百分表、多种锉刀、相关钻头。

2．修正下外侧面和右外侧面，两面垂直且与大面垂直并锉好另两侧面

3．以下外侧面和右外侧面为基准划出工形板的全部加工线［如图 5-11（a）所示］

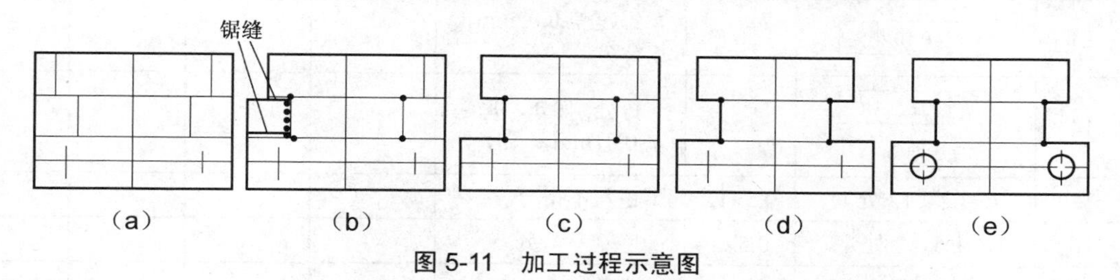

图 5-11　加工过程示意图

4．钻工艺孔 4×φ3，打排孔，先锯、后錾出工形板左肩缺口，并粗、细锉使之符合

尺寸、形位公差要求［如图 5-11（b）、图 5-11（c）所示］

5．同左肩缺口加工方法，加工右肩缺口，使工形板符合要求［如图 5-11（d）所示］

【技术要领】$50^{\ 0}_{-0.002}$、20mm±0.10mm 的尺寸通过右外侧面间接保证。

6．钻孔、铰孔，加工出 2×ϕ10H8 的孔［如图 5-11（e）所示］

7．清理工作现场

8．检测加工工件（本任务成绩评定填入表 5-2）

表 5-2　　制作工形板评分表　　总得分________

项次	项目和技术要求	配分	评分标准	自检结果	小组互评	教师评价	得分
1	$70^{\ 0}_{-0.074}$	5	每超差 0.002mm，扣 2 分				
2	$50^{\ 0}_{-0.062}$	5	每超差 0.002mm，扣 2 分				
3	$47^{\ 0}_{-0.062}$	5	每超差 0.002mm，扣 2 分				
4	$15^{+0.04}_{\ 0}$（2 处）	2×3	每处 3 分，每超差 0.02mm，扣 2 分				
5	$15^{\ 0}_{-0.04}$（2 处）	2×3	每处 3 分，每超差 0.02mm，扣 2 分				
6	尺寸 20mm±0.10mm	3	每超差 0.05mm，扣 3 分				
7	尺寸 40mm±0.15mm	3	每超差 0.05mm，扣 3 分				
8	尺寸 8mm±0.10mm（2 处）	2×2	每处 2 分，每超差 0.05mm，扣 1 分				
9	4×ϕ3	4×1	超差不得分				
10	2×ϕ10H8（2 处）	2×4	每处 4 分，超差不得分				
11	▱ 0.03（4 处）	4×4	每处 4 分，每超差 0.01mm，扣 1 分				
12	⌯ 0.20 A	6	每超差 0.02mm，扣 2 分				
13	⌯ 0.10 A	6	每超差 0.02mm，扣 2 分				
14	// 0.05 C（4 处）	4×4	每处 4 分，每超差 0.01mm，扣 1 分				
15	*Ra*3.2（12 处）	0.5×12	超差不得分				
16	*Ra*1.6（2 处）	0.5×2	超差不得分				
17	安全文明生产		违者扣 1～10 分				

【技术点】 錾削

錾削是利用手锤锤击錾子，实现对工件切削加工的一种方法。采用錾削，可除去毛坯的飞边、毛刺、浇冒口，切割板料、条料，开槽以及对金属表面进行粗加工等。尽管錾削工作效率低、劳动强度大，但由于它所使用的工具简单、操作方便，因此在许多不便机械加工的场合仍起着重要作用。

1．錾削工具

（1）錾子

錾子一般由碳素工具钢锻成，切削部分磨成所需的楔形后，经热处理便能满足切削要求。錾子切削时的角度如图 5-12 所示。

① 錾子切削部分的“两面一刃”。

（a）前面：錾子工作时与切屑接触的表面。

（b）后面：錾子工作时与切削表面相对的表面。

（c）切削刃：錾子前面与后面的交线。

② 錾子切削时的 3 个角度。

下面首先介绍与切削角度有关的辅助平面。

切削平面：通过切削刃并与切削表面相切的平面。

基面：通过切削刃上任一点并垂直于切削速度方向的平面。

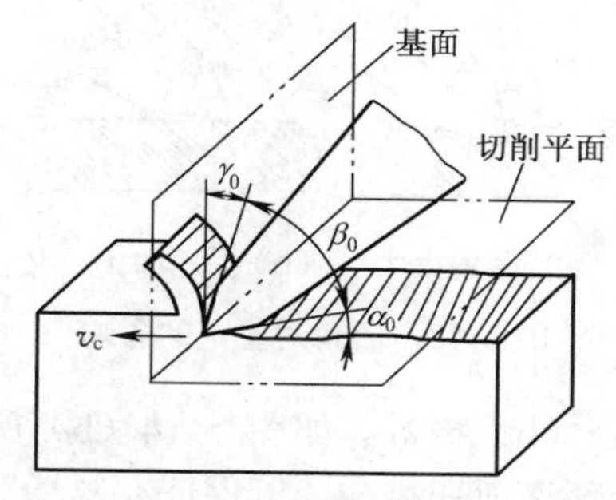

图 5-12 錾削时的角度

很明显，切削平面与基面相互垂直，这对我们讨论錾子的 3 个角度很方便。

（a）楔角β_0：前面与后面所夹的锐角。

（b）后角α_0：后面与切削平面所夹的锐角。

（c）前角γ_0：前面与基面所夹的锐角。

楔角的大小由刃磨时形成，它决定了切削部分的强度及切削阻力的大小。楔角愈大，刃部的强度就愈高，但受到的切削阻力也愈大。因此，应在满足强度的前提下，刃磨出尽量小的楔角。一般来说，錾削硬材料时，楔角可大些；錾削软材料时，楔角应小些，见表 5-3。

表 5-3 推荐选择的楔角大小

材　料	楔　角
中碳钢、硬铸铁等硬材料	60°～70°
一般碳素结构钢、合金结构钢等中等硬度材料	50°～60°
低碳钢、铜、铝等软材料	30°～50°

后角的大小决定了切入深度及切削的难易程度。后角愈大，切入深度就愈大，切削愈困难；反之，切入就愈浅，切削愈容易，但切削效率也愈低。但如果后角太小，会因切入分力过小而不易切入材料，錾子易从工件表面滑过。一般来说，取后角 5°～8°较为适中，如图 5-13 所示。

前角的大小决定切屑变形的程度及切削的难易度。由于$\gamma_0=90°-(\alpha_0+\beta_0)$，因此，当楔角与后角都确定之后，前角的大小也就确定下来了。

③ 錾子的构造与种类。錾子由头部、柄部及切削部分组成。头部一般制成锥形，以

便锤击力能通过錾子轴心。柄部一般制成六边形，以便操作者定向握持。切削部分则可根据錾削对象不同，制成以下 3 种类型。

（a）扁錾。如图 5-14（a）所示，扁錾的切削刃较长，切削部分扁平，用于平面錾削，去除凸缘、毛刺、飞边及切断材料等，应用最广。

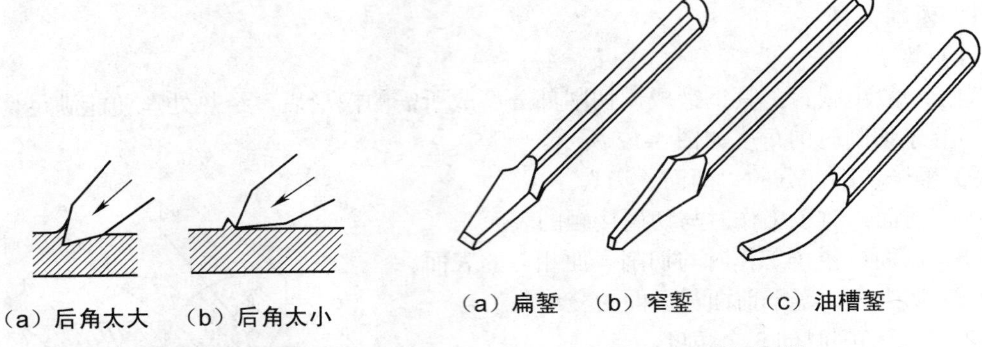

（a）后角太大　（b）后角太小

图 5-13　后角对錾削的影响

（a）扁錾　（b）窄錾　（c）油槽錾

图 5-14　常用錾子

（b）窄錾。如图 5-14（b）所示，窄錾的切削刃较短，且刃的两侧面自切削刃起向柄部逐渐变狭窄，以保证在錾槽时，两侧不会被工件卡住。窄錾用于錾槽及将板料切割成曲线等。

（c）油槽錾。如图 5-14（c）所示，油槽錾的切削刃制成半圆形并且很短，切削部分制成弯曲形状。

（2）手锤

手锤由锤头、木柄等组成。根据用途不同，锤头有软、硬之分。软锤头的材料种类分别有铅、铝、铜、硬木、橡皮等几种，也可在硬锤头上镶或焊一段铅、铝、铜材料。软锤头多用于装配和矫正。硬锤头主要用于錾削，其材料一般为碳素工具钢，锤头两端锤击面经淬硬处理后磨光。木柄用硬木制成，如胡桃木、檀木等。

手锤的常见形状如图 5-15 所示，使用较多的是两端为球面的一种。手锤的规格指锤头的重量，常用的有 0.25kg、0.5kg、1kg 等几种。手柄的截面形状为椭圆形，以便操作时定向握持。柄长约 350mm，若过长，会使操作不便，过短则又会使挥力不够。为使锤柄不易从锤头中脱落，在锤柄端部要打入楔子，如图 5-16 所示。

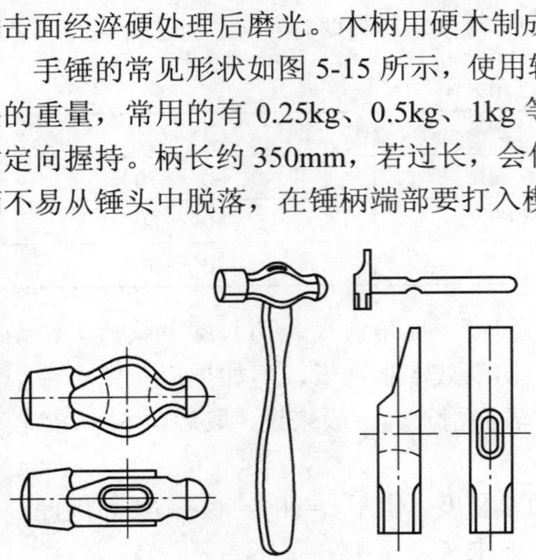

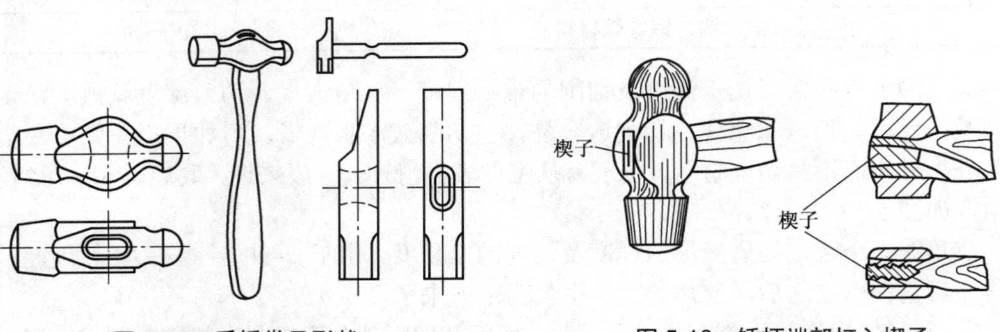

图 5-15　手锤常见形状

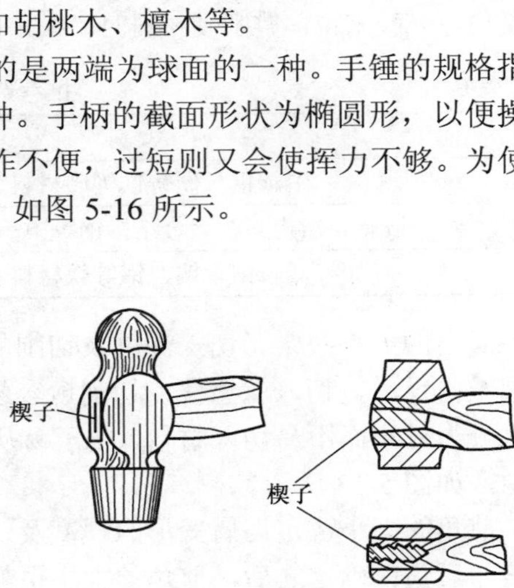

图 5-16　锤柄端部打入楔子

2．錾削方法

（1）錾子和手锤的握法

① 錾子的握法。錾子用左手的中指、无名指和小指握持，大拇指与食指自然合拢，让錾子的头部伸出约 20mm，见图 5-17。錾子不要握得太紧，否则手所受的震动就大。錾削时，小臂要自然平放，并使錾子保持正确的后角。

② 手锤的握法。手锤的握法分紧握法和松握法两种。

（a）紧握法。初学者往往采用此法。用右手五指紧握锤柄，大拇指合在食指上，虎口对准锤头方向，木柄尾端露出 15～30mm，敲击过程中五指始终紧握，见图 5-18（a）。

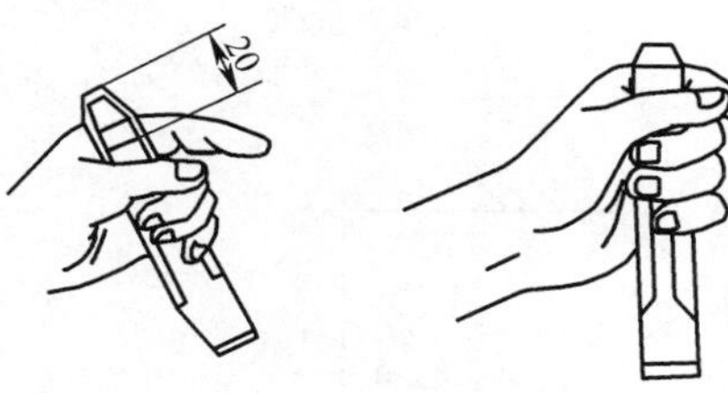

图 5-17　錾子的握法

（b）松握法。此法可减轻操作者的疲劳。操作熟练后，可增大敲击力。使用时用大拇指和食指始终握紧锤柄。锤击时，中指、无名指、小指在运锤过程中依次握紧锤柄。挥锤时，按相反的顺序放松手指，见图 5-18（b）。

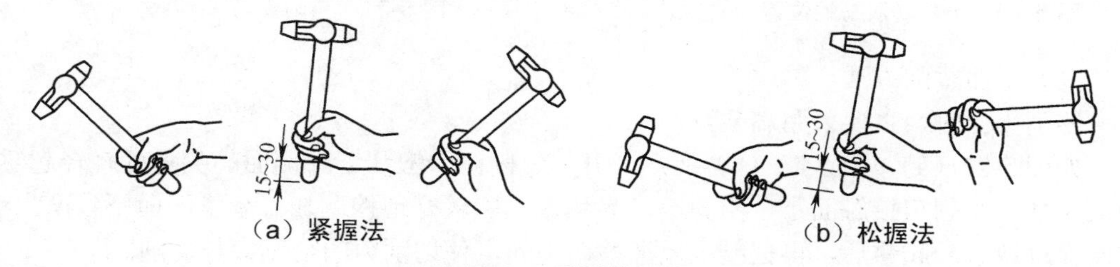

（a）紧握法　（b）松握法

图 5-18　手锤的握法

③ 挥锤方法。挥锤方法分手挥、肘挥和臂挥 3 种。

（a）手挥。手挥只依靠手腕的运动来挥锤，如图 5-19（a）所示。此时锤击力较小，一般用于錾削的开始和结尾或錾油槽等场合。

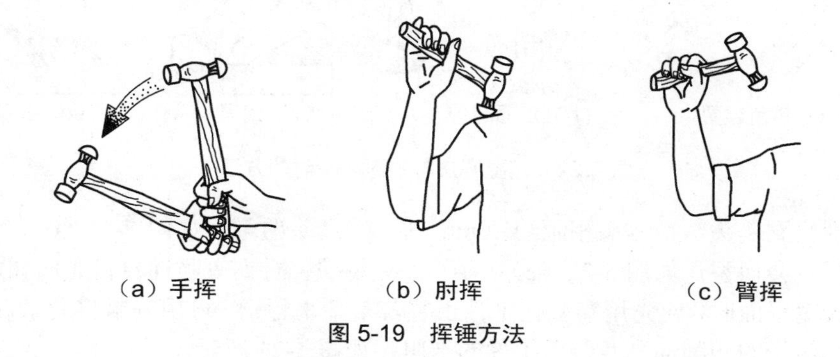
（a）手挥　（b）肘挥　（c）臂挥

图 5-19　挥锤方法

（b）肘挥。利用腕和肘一起运动来挥锤，如图 5-19（b）所示。肘挥的敲击力较大，应用最广。

（c）臂挥。利用手腕、肘和臂一起挥锤，如图 5-19（c）所示。臂挥的锤击力最大，用于需要大量錾削的场合。

④ 錾削姿势。錾削时，两脚互成一定角度，左脚跨前半步，右脚稍微朝后（见图5-20），身体自然站立，重心偏于右脚。右脚要站稳，右腿伸直，左腿膝盖关节应稍微自然弯曲。眼睛注视錾削处，以便观察錾削的情况，而不应注视锤击处。左手握錾使其在工件上保持正确的角度。右手挥锤，使锤头沿弧线运动，进行敲击（见图5-21）。

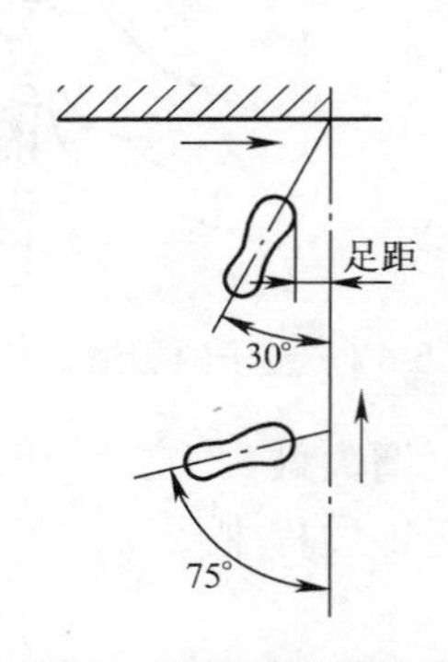

图5-20 錾削时双脚的位置

图5-21 錾削姿势

（2）平面錾削方法

錾削平面时，主要采用扁錾。

如图5-22（a）、图5-22（b）所示，开始錾削时，应从工件侧面的尖角处轻轻起錾。因尖角处与切削刃接触面小，阻力小，易切入，能较好地控制加工余量，而不致产生滑移及弹跳现象。起錾后，再把錾子逐渐移向中间，使切削刃的全宽参与切削。

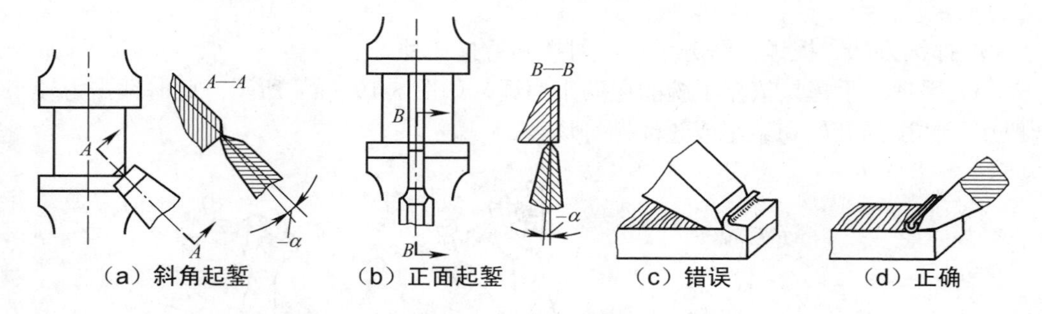

（a）斜角起錾　（b）正面起錾　（c）错误　（d）正确

图5-22 起錾方法与錾到尽头时的方法

当錾削快到尽头，与尽头相距约10mm时，应调头錾削［如图5-22（d）所示］，否则尽头的材料会崩裂［如图5-22（c）所示］。对铸铁、青铜等脆性材料尤应如此。

錾削较宽平面时，应先用窄錾在工件上錾若干条平行槽，再用扁錾将剩余部分錾去，这样能避免錾子的切削部分两侧受工件的卡阻，如图5-23所示。

錾削较窄平面时，应选用扁錾，并使切削刃与錾削方向倾斜一定角度，如图5-24所示。其作用是易稳定住錾子，防止錾子左右晃动而使錾出的表面不平。

錾削余量一般为每次0.5～2mm。余量太小，錾子易滑出，而余量太大又会使錾削太费力，且不易将工件表面錾平。

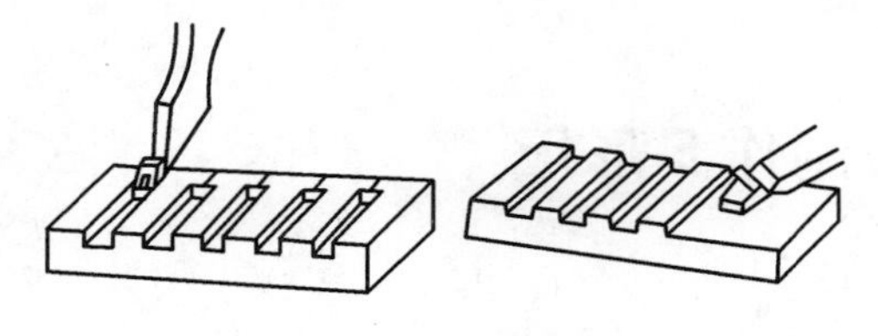

图 5-23　錾宽平面

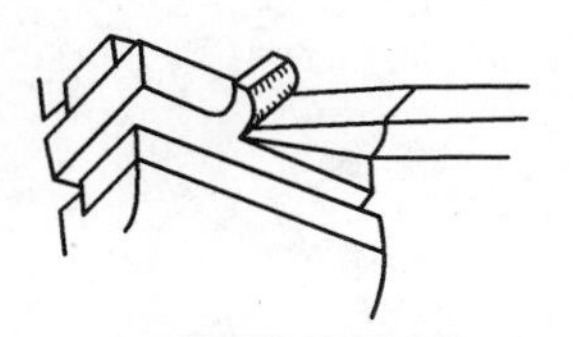

图 5-24　錾窄平面

（3）錾切板料

在缺乏机械设备的场合下，有时要依靠錾子切断板料或分割出形状较复杂的薄板工件。

① 在台虎钳上錾切。如图 5-25（a）所示，当工件不大时，将板料牢固地夹在台虎钳上，并使工件的錾削线与钳口平齐，再进行切断。为使切削省力，应用扁錾沿着钳口并斜对着板面（成 30°～45°角）自右向左錾切。因为斜对着板面錾切时，扁錾只有部分刃錾削，阻力小而容易分割材料，切削出的平面也较平整。图 5-25（b）所示为错误的切断法。

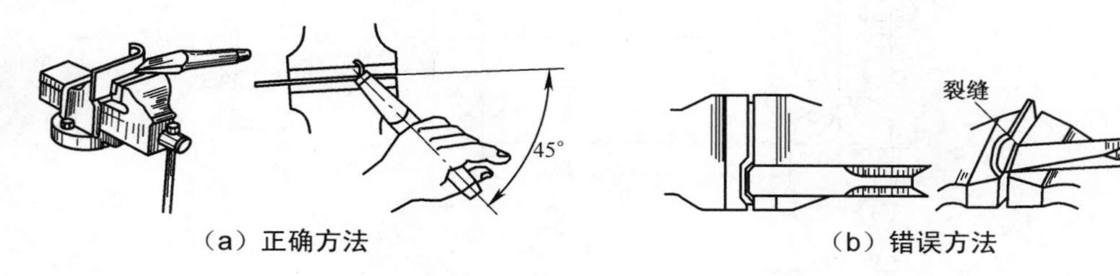

（a）正确方法　（b）错误方法

图 5-25　在台虎钳上錾切板料

② 在铁砧或平板上錾切。当薄板的尺寸较大而不便在台虎钳上夹持时，应将它放在铁砧或平板上錾切。此时錾子应垂直于工件。为避免碰伤錾子的切削刃，应在板料下面垫上废旧的软铁材料，见图 5-26。

③ 用密集排孔配合錾切。当需要在板料上錾切较复杂零件的毛坯时，一般先按所划出的轮廓线钻出密集的排孔，再用扁錾或窄錾逐步切成，见图 5-27。钳工中制作凹件时，常用先打排孔再錾削的方法。

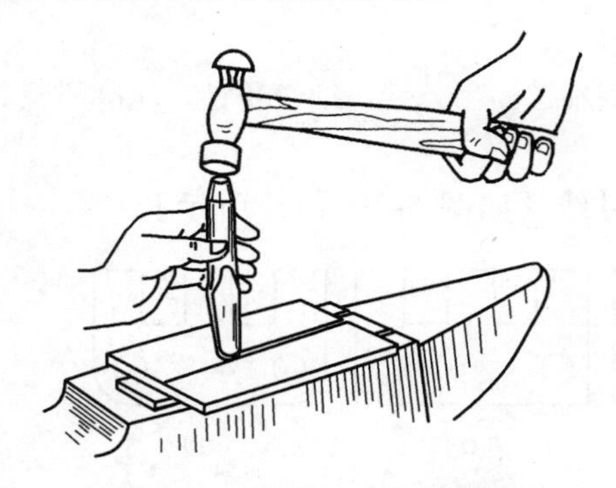

图 5-26　在铁砧上錾切板料

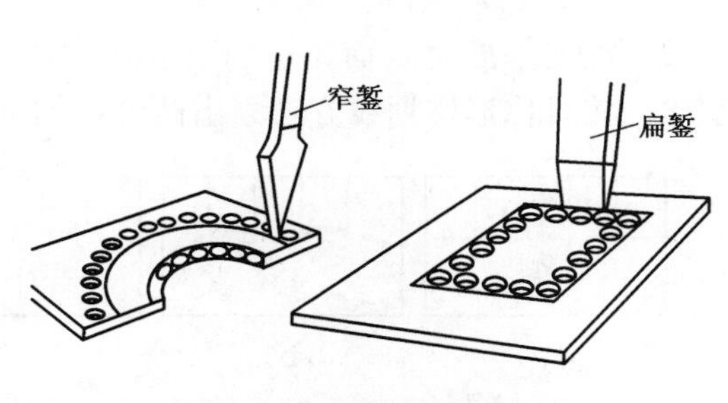

图 5-27　弯曲部分的錾断

【多媒体（上网搜索）】

浏览“錾削”网页，观看“錾削”视频。

任务三　制作 E 形板

一、读懂工作图样

本次任务是加工如图 5-28 所示的 E 形板。图 5-28 所示主视图中，右下方标“2 处”的长方形框表示零件下方两拐角处的线轮廓度。（“轮廓度”相关知识见本任务的基本知识）

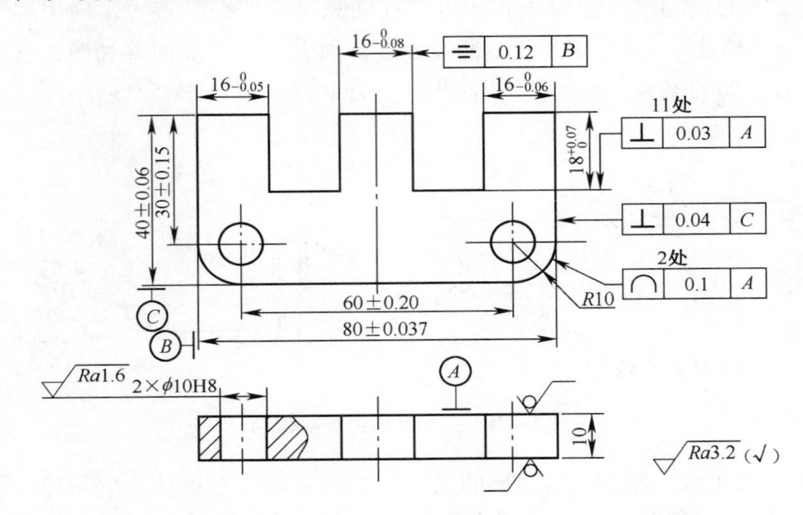

技术要求：去毛刺，孔口倒角 C0.5

图 5-28　E 形板

二、工作过程和技术要领

1．工作准备

① 备料：45 号钢，81mm×41mm×10mm。

② 主要工具、量具：游标卡尺，千分尺，粗、细扁锉，粗方锉，细三角锉，轮廓样板。

2．加工基准面 C 面，达到形位公差要求

3．按对称形体划线方法划出凸台各加工面尺寸线［如图 5-29（a）所示］

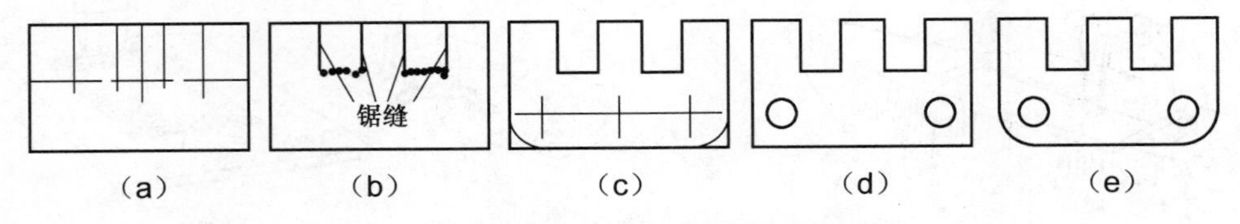

图 5-29　加工过程示意图

4．加工基准面 *B* 面，达到形位公差要求

5．钻排孔、锯割、錾削两凹形，去除余料并粗锉接近加工线 [如图 5-29（b）所示]

6．分别锉削三凸台（可先中间后两边），达到图纸要求 [如图 5-29（c）所示]

【技术要领】 锉削中间凸台应根据实际尺寸 80，通过控制左右与外形尺寸误差值来保证对称。

7．划 *R*10 圆弧线和孔距尺寸线 [如图 5-29（c）所示]

8．钻、铰孔 [如图 5-29（d）所示]

【技术要领】 钻孔时工件夹持应牢固。

9．锉削 *R*10 圆弧，检测线轮廓度，达到尺寸要求 [如图 5-29（e）所示]

10．去毛刺，全面复检

11．清理工作现场

12．检测加工工件（本任务成绩评定填入表 5-4）

表 5-4　　制作 E 形板评分表　　总得分__________

项次	项目和技术要求	配分	评分标准	自检结果	小组互评	教师评价	得分
1	尺寸 80mm±0.037mm	4	每超差 0.002mm，扣 2 分				
2	$16^{\ 0}_{-0.05}$（3 处）	3×4	每处 4 分，每超差 0.01mm，扣 1 分				
3	$18^{+0.07}_{\ 0}$（2 处）	2×4	每处 4 分，每超差 0.01mm，扣 1 分				
4	⌒ | 0.1 | *A*（2 处）	2×6	每处 6 分，超差不得分				
5	⌯ | 0.12 | *B*	7	每超差 0.01mm，扣 2 分				
6	⊥ | 0.04 | *C*	6	每超差 0.01mm，扣 2 分				
7	⊥ | 0.03 | *A*（11 处）	11×2	每处 2 分，每超差 0.01mm，扣 1 分				
8	*Ra*3.2（12 处）	12×1	每处 1 分，超差不得分				
9	2×ϕ10H8	2×2	每处 2 分，超差不得分				
10	尺寸 30mm±0.15mm	4	每超差 0.05mm，扣 2 分				
11	尺寸 60mm±0.20mm	5	每超差 0.05mm，扣 2 分				
12	*Ra*1.6（2 处）	2×2	每超差一级扣 1 分				
13	安全文明生产		违者扣 1～10 分				

本任务线轮廓度用轮廓样板检测。

线 轮 廓 度

线轮廓度⌒是表示在零件的给定平面上，任意形状的曲线保持其理想形状的状况。

线轮廓度公差是指非圆曲线的实际轮廓线的允许变动量。也就是图样上给定的、用以限制实际曲线加工误差所允许的变动范围。线轮廓度的基本概念见项目二任务五的基本知识。

线轮廓度的检测方法有以下几种。

1．用轮廓样板检测

图 5-30 所示为对合式样板。其工作轮廓与被测轮廓的凹凸情况恰好相反。测量时，它可与被测轮廓对合，对合后从垂直于被测轮廓的方向观察光缝。用光隙法估读间隙大小，取最大间隙作为该工件线轮廓度误差。

2．仿形法

图 5-31 是用仿形法测量线轮廓度误差的示意图。先按要求调整好轮廓样板与被测件的位置（两者应处于相同的对应位置上），用 2 个尺寸和形状都相同的测头，分别与轮廓样板及被测件在相同的位置上接触，并将两指示表都置零；然后按被测轮廓方向移动工作台开始测量，记下各测点两指示表的读数差进行计算。

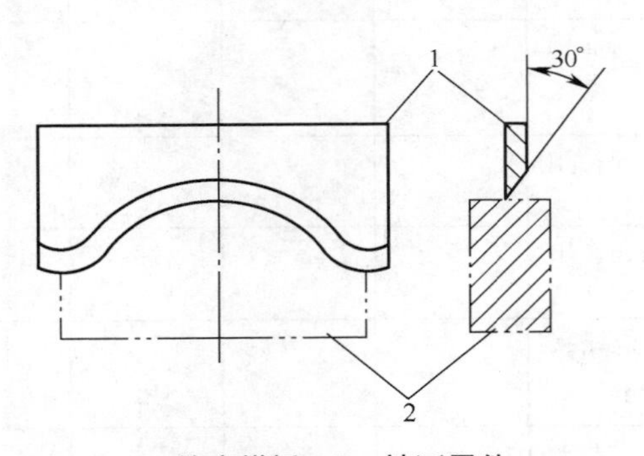

1—轮廓样板；2—被测零件

图 5-30　轮廓样板测量线轮廓度误差

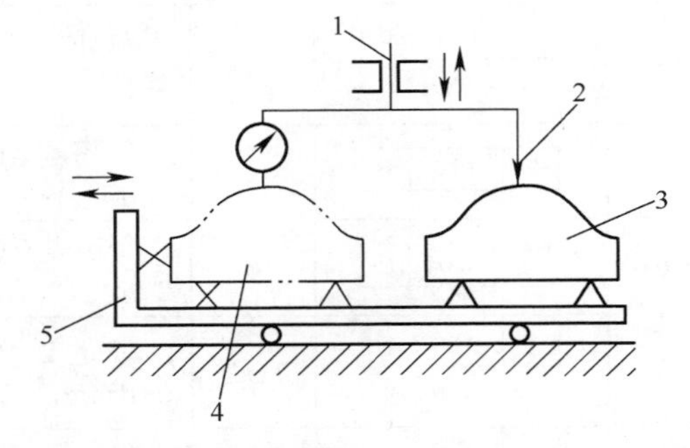

1—测轴；2—仿形测头；3—轮廓样板；4—被测零件；5—工作台

图 5-31　仿形法测量线轮廓度误差

仿形法多用于大批量生产中。

3．投影法

投影法是利用投影仪或其他投影测量装置，将工件的被测轮廓投影放大在影屏上成清晰像，再与根据公差要求绘制好的并按仪器所用放大倍率放大了 K 倍的极限轮廓图形相比较，如图 5-32（a）所示。若被测轮廓影像都在极限轮廓图形之内，则被测轮廓合格，否则为不合格。

也可以将被测轮廓影像与放大了 K 倍的标准轮廓图形比较，如图 5-32（b）所示，沿标准轮廓法向测出两者间的最大值进行计算。

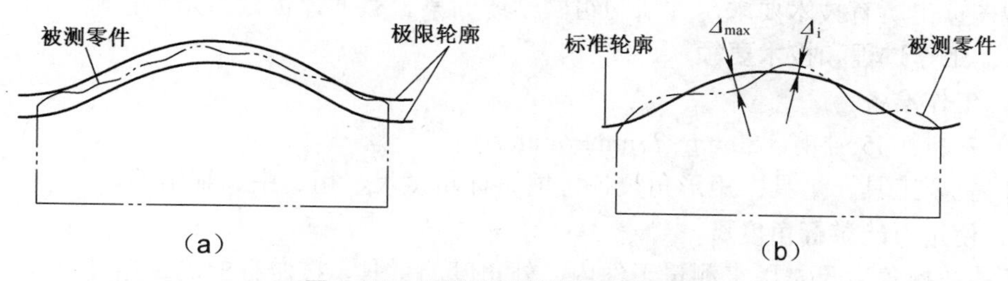

图 5-32　投影法测量线轮廓度误差

当被测轮廓有对基准的定位要求时，应按定位要求放置标准轮廓或极限轮廓的图形。投影法适用于测量尺寸较小、精度要求一般的薄型零件。

4．坐标测量仪

可用来测量线轮廓度的坐标仪器有大型和万能工具显微镜、三坐标测量机等。这些仪器的测量精度和功能各不相同，但测量线轮廓度的原理方法基本上是一致的。这里不再作具体介绍。

任务四　制作角度样板

一、读懂工作图样

本次任务是加工如图 5-33 所示的角度样板。图 5-33 中，中间画细斜线的是局部断

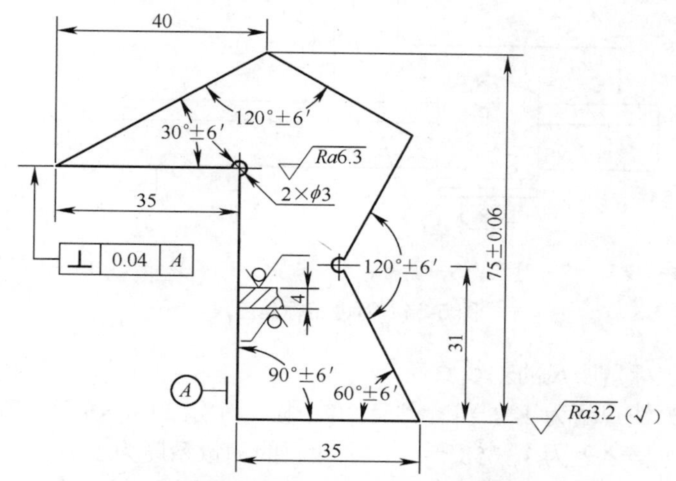

技术要求：（1）工件表面直线度均为 0.06；
（2）未注公差按 IT12 要求

图 5-33　角度样板

面图（“断面图”相关知识见本任务的基本知识），其中，“4”表示板的厚度尺寸。自己根据视图读出所有技术要求，并请同组同学或同桌、教师评价读得是否正确。

二、工作过程和技术要领

1．工作准备

① 备料：45 号钢，80mm×77mm×4mm。

② 主要工具、量具：矩形角尺，万能游标角度尺，粗、中、细扁锉。

2．使用万能游标角度尺

万能游标角度尺是用来测量工件内、外角度的量具，按游标的测量精度分为 2′的和 5′的两种。

（1）万能游标角度尺的结构

万能游标角度尺主要由尺身、扇形板、基尺、游标、90°角尺和卡块等组成，如图 5-34 所示。

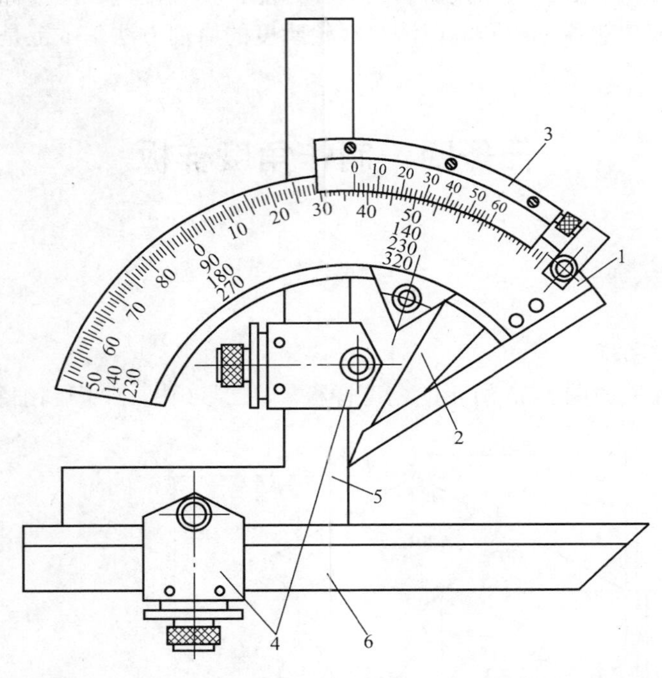

1—尺身；2—基尺；3—游标；4—卡块；5—90°角尺；6—直尺

图 5-34 万能游标角度尺

（2）2′万能游标角度尺的刻线原理

角度尺尺身刻线每格为 1°，游标共有 30 个格，等分 29°，游标每格为 29°/30=58′，尺身 1 格和游标 1 格之差为 1°−58′=2′，因此它的测量精度为 2′。

（3）万能游标角度尺的读数方法

万能游标角度尺的读数方法与游标卡尺相似，先从尺身上读出游标零刻线前的整度数，再从游标上读出角度数，两者相加就是被测工件的角度数值。

（4）万能游标角度尺的测量范围

在万能游标角度尺的结构中，由于直尺和 90° 角尺可以移动和拆换，因此，万能游标角度尺可以测量 0°～320° 的任何角度，如图 5-35 所示。

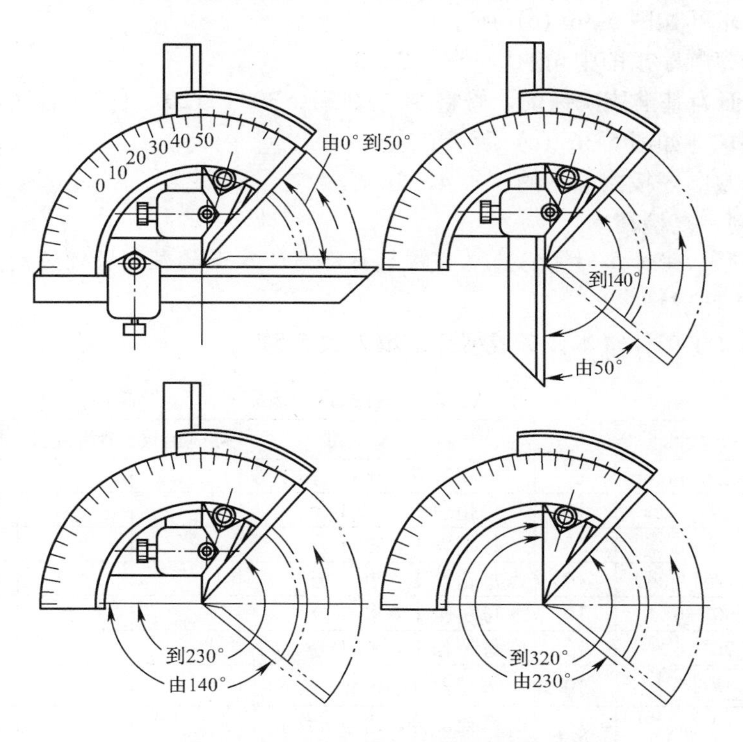

图 5-35　万能游标角度尺的测量范围

【技术要领】 ①使用前，检查角度尺的零位是否对齐；②测量时，应使角度尺的两个测量面与被测件表面在全长上保持良好的接触，然后拧紧制动器上的螺母进行读数；③测量角度在 0° ~ 50°，应装上角尺和直尺；④测量角度在 50° ~ 140°，应装上直尺；⑤测量角度在 140° ~ 230°，应装上角尺；⑥测量角度在 230° ~ 320°，不装角尺和直尺。

3．修整划线基准

4．按图样划出各角加工位置线，钻 2×ϕ3 孔［如图 5-36（a）所示］

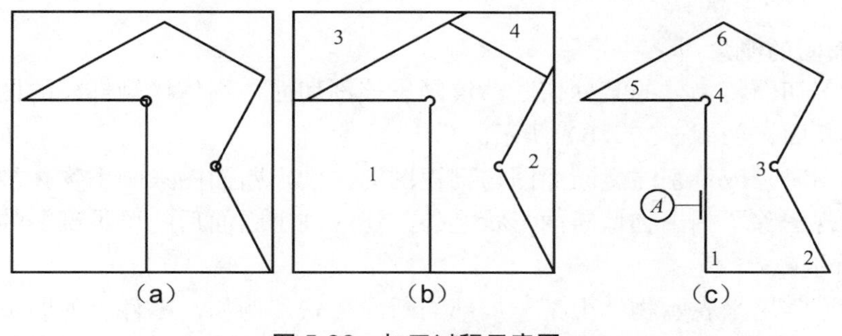

图 5-36　加工过程示意图

5．锯削余料［如图 5-36（b）所示］

锯削顺序按图中的数字顺序。

6．以底面为基准依次锉削、修整 90°（凸)、60°、120°（凹）各角，保证各角精度达到图纸要求［如图 5-36（c）所示］

锉削、修整顺序按图中角的序号 1、2、3。

7．以 A 面为基准依次锉削、修整 90°（凹)、30°、120°（凸）各角，保证各角精度达到图纸要求［如图 5-36（c）所示］

锉削、修整顺序按图中角的序号 4、5、6。

8．去毛刺，复检精度

【技术要领】 ①加工时需防止工件掉落摔坏；②窄面的锉削纹理方向应一致。

9．清理工作现场

10．检测加工工件（本任务成绩评定填入表 5-5）

表 5-5　　制作角度样板评分表　　总得分________

项次	项目和技术要求	配分	评分标准	自检结果	小组互评	教师评价	得分
1	尺寸 75mm±0.06mm	5	每超差 0.01mm，扣 1 分				
2	尺寸 120°±6′（凸）	10	每超差 1′，扣 1 分				
3	尺寸 30°±6′	10	每超差 1′，扣 1 分				
4	尺寸 120°±6′（凹）	10	每超差 1′，扣 1 分				
5	尺寸 60°±6′	10	每超差 1′，扣 1 分				
6	尺寸 90°±6′	10	每超差 1′，扣 1 分				
7	⊥ 0.04 A	10	每超差 0.01mm，扣 5 分				
8	Ra3.2（7 处）	7×2	每处 2 分，超差一级扣 1 分				
9	— 0.06（7 处侧面）	7×3	每处 3 分，每超差 0.01mm，扣 2 分				
10	安全文明生产		违者扣 1～10 分				

断面图（GB/T 17452—1998）

1．断面图的概念

假想用剖切面将物体的某处切断，仅画出该剖切面与物体接触部分的图形，称为断面图，简称断面，如图 5-37（b）所示。

画断面图时，应特别注意断面图与剖视图的区别，断面图只画出物体被切处的断面形状，而剖视图除了画出物体断面形状之外，还应画出断面后的可见部分的投影，如图 5-37（c）所示。

断面图通常用来表示物体上某一局部的断面形状，例如，零件上的肋板、轮辐，轴上的键槽和孔等。

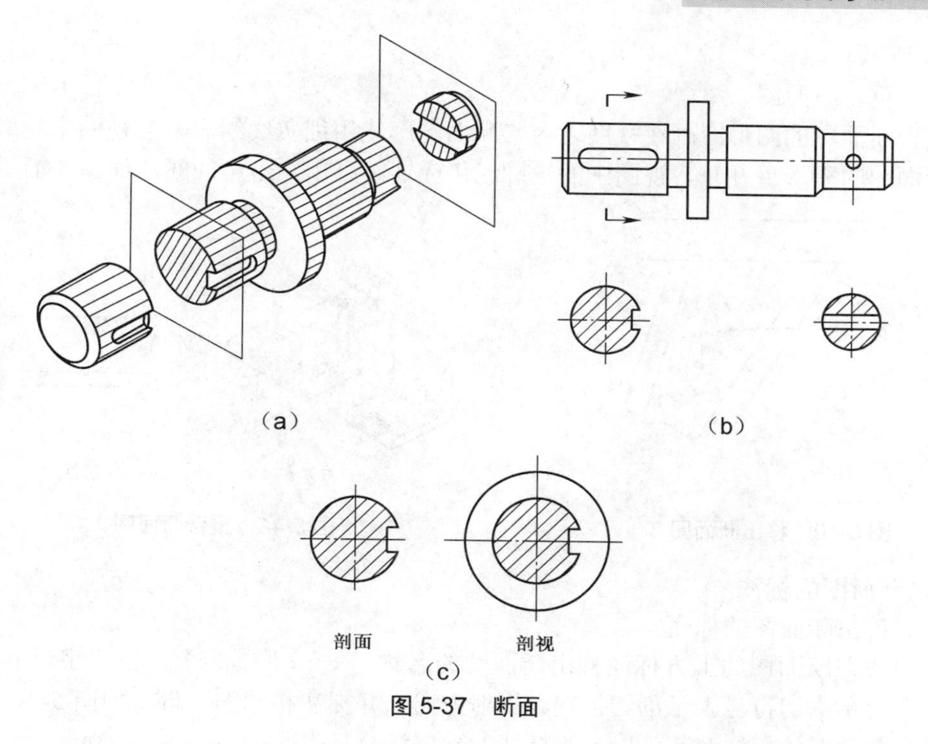

图 5-37　断面

2．断面图的分类及其画法

断面图可分为移出断面图和重合断面图。

（1）移出断面图

移出断面图的图形应画在视图之外，轮廓线用粗实线绘制，配置在剖切线的延长线上［见图 5-37（b）］或其他适当的位置。画移出断面图时应注意以下几点。

① 当剖切平面通过由回转面形成的孔或凹坑的轴线时，这些结构应按剖视绘制，如图 5-38 所示。

② 当剖切平面通过非圆孔，导致出现分离的 2 个断面图时，则这些结构应按剖视绘制，如图 5-39 所示。

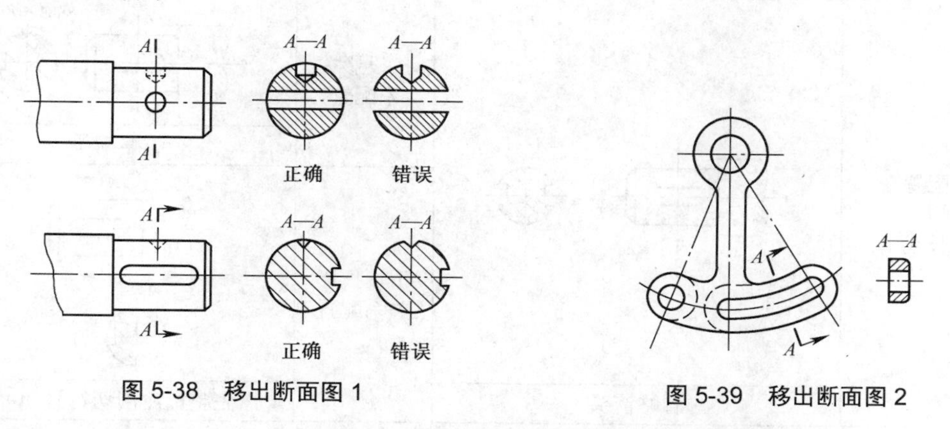

图 5-38　移出断面图 1　　图 5-39　移出断面图 2

③ 由 2 个或多个相交的剖切平面剖切得出的移出断面图，中间一般应断开绘制，如

图 5-40 所示。

（2）重合断面图

重合断面图的图形应画在视图之内，断面轮廓线用细实线绘出。当视图中轮廓线与重合断面图的图形重叠时，视图中的轮廓线仍应连续画出，不可间断，如图 5-41 所示。

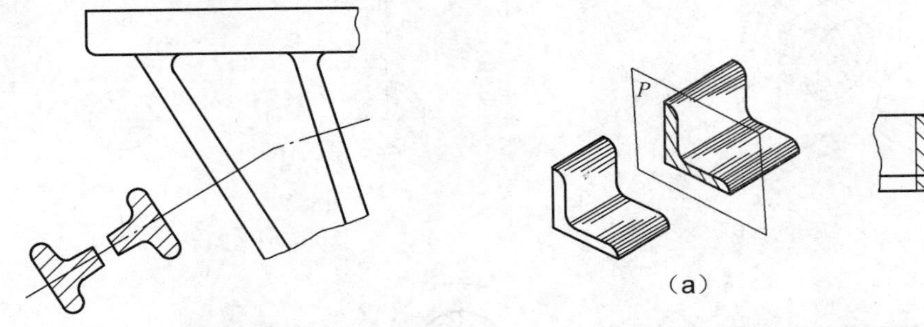

图 5-40　移出断面图 3

图 5-41　重合断面图 1

3．断面图的标注

（1）移出断面图的标注

一般应在断面图的上方标注移出断面图的名称“×—×”（×为大写拉丁字母）。在相应的视图上用剖切符号表示剖切位置和投射方向，并标注相同的字母，如图 5-39 所示。

移出断面图的标注及其可以省略标注的一些场合见表 5-6。

表 5-6　移出断面图的标注

配　置	对称地移出断面	不对称地移出断面	
配置在剖切线或剖切符号延长线上	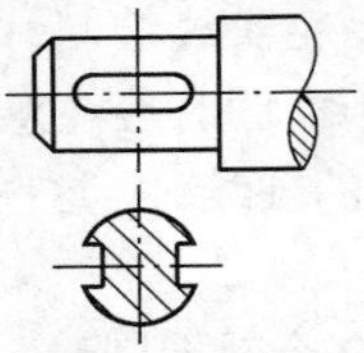 省略标注	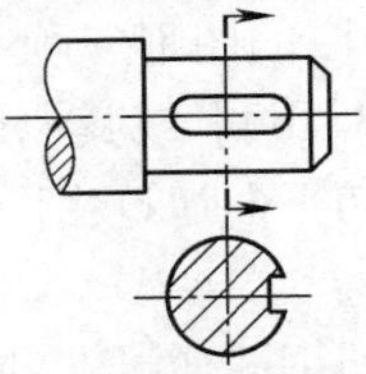 省略字母	
不配置在剖切符号延长线上	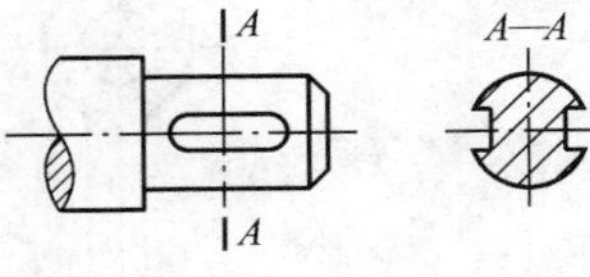 A A A—A 省略箭头	按投影关系配置	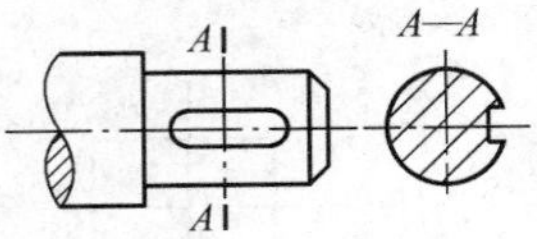 A A A—A 省略箭头
		不按投影关系配置	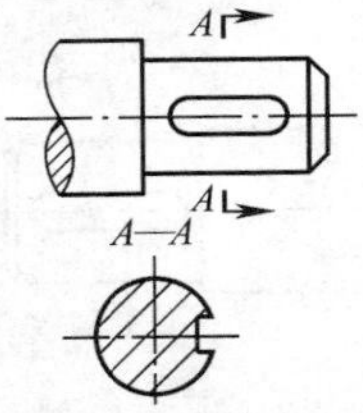 A A A—A 需完整标注剖切符号和字母

续表

配　置	对称地移出断面	不对称地移出断面
配置在视图中断处的对称移出断面	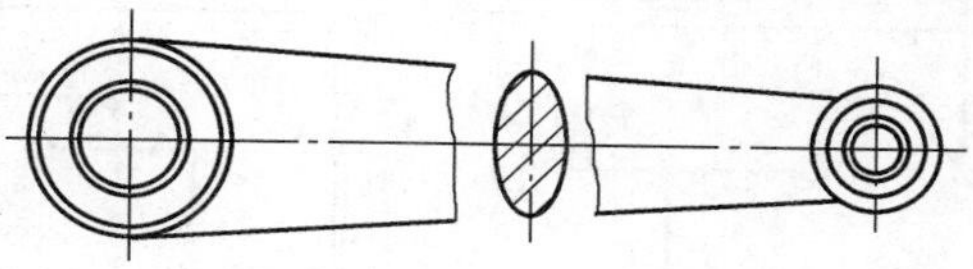	
	省略标注	

（2）重合断面图的标注

重合断面图不需标注，如图 5-41 和图 5-42 所示。

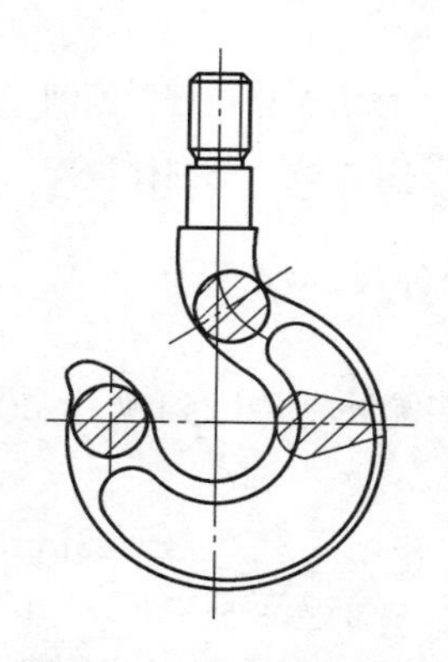

图 5-42　重合断面图 2

【多媒体（上网搜索）】

（1）观看“锉配角度样板”视频。

（2）浏览“万能角度尺的使用方法”网页和“万能游标角度尺”图片。

（3）浏览“断面图”网页、图片，观看“断面图”视频。

任务五　锉配凹凸体

一、读懂工作图样

本次任务是加工如图 5-43 所示的凸凹体锉配。图 5-43 中，左边是凸件的主视图和俯视图，右边是凹件的主视图和俯视图。图中“（锉配）”是在凹、凸件分别达到基本要求后，在两件相配合时，通过精锉，不但单件达到技术要求，两件配合也要达到配合技术要求。

二、工作过程和技术要领

1．工作准备

① 备料：45 号钢，61mm×41mm×10mm，2 件。

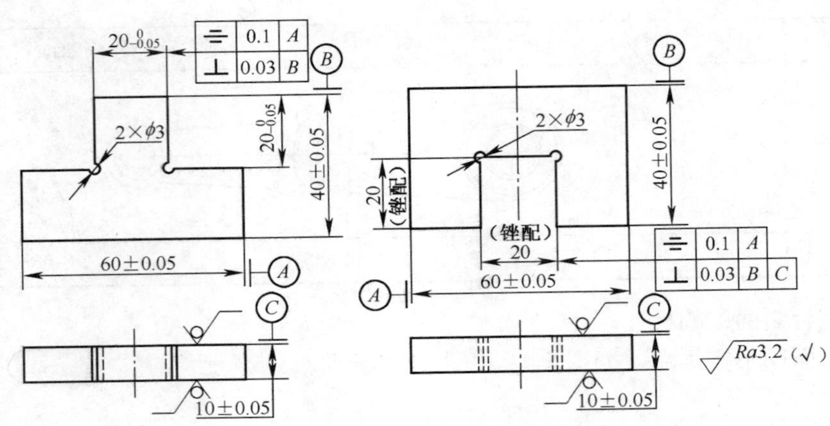

技术要求：锉配间隙<0.10mm

图 5-43 凸凹体锉配

② 主要工具、量具：外径千分尺、深度千分尺、刀口角尺、百分表、多种锉刀。

2．加工凸件

① 按图样要求锉削外轮廓基准面，并达到尺寸 60mm±0.05mm、40mm±0.05mm 和给定的垂直度要求。

② 按要求划出凸件加工线，并钻工艺孔 2—ϕ3mm，如图 5-44 所示。

③ 按划线锯去垂直一角，粗、细锉两垂直面，并达到图纸要求，如图 5-45 所示。

④ 按划线锯去另一垂直角，粗、细锉两垂直面，并达到图纸要求，如图 5-46 所示。

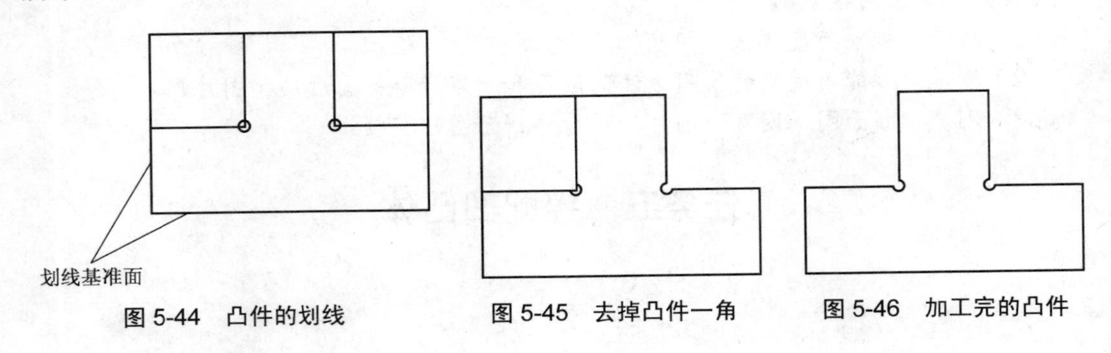

图 5-44 凸件的划线　　图 5-45 去掉凸件一角　　图 5-46 加工完的凸件

3．加工凹件

① 按图样要求锉削外轮廓基准面，并达到尺寸 60mm±0.05mm、40mm±0.05mm 和给定的垂直度要求。

② 按要求划出凹件加工线，并钻工艺孔 2—ϕ3mm，如图 5-47 所示。

③ 用钻头钻出排孔，锯割并錾除凹件的多余部分，然后粗锉至接触线条，如图 5-48 所示。

④ 细锉凹件各面，并达到图纸要求。先锉左侧面，保证尺寸 20mm±0.05mm。按凸件锉配右侧面，保证间隙小于 0.05mm。按凸件锉配底面，保证间隙小于 0.05mm。

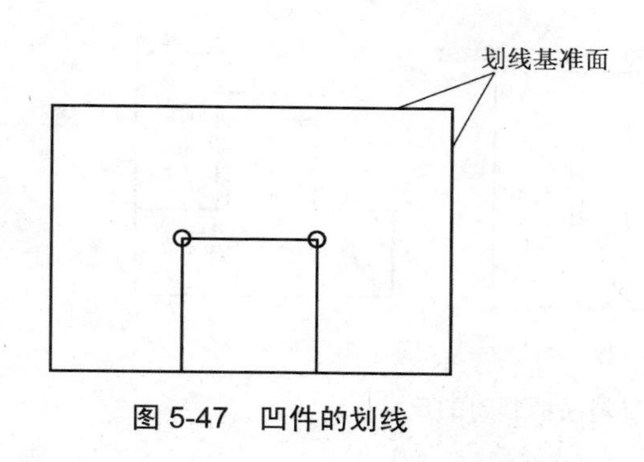

图 5-47　凹件的划线

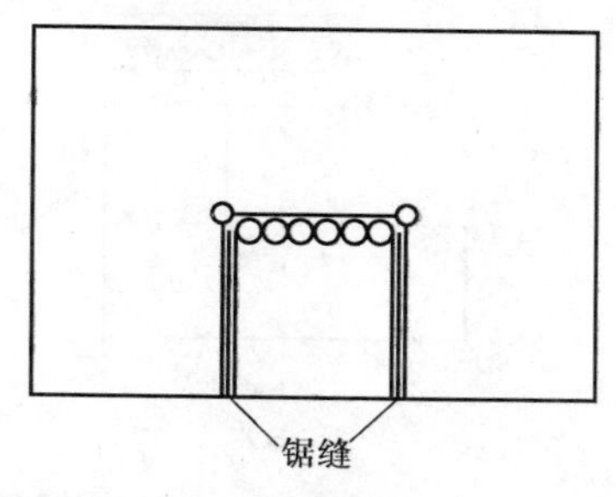

图 5-48　去掉凹件多余料

4．锉配修正

对凸凹件进行锉配修正，以达到间隙要求。

【技术要领】 ①为了给最后的锉配留有一定的余量，在加工凸凹件外轮廓尺寸时，应控制到尺寸的上偏差；②为了能对 20mm 凸凹件的对称度进行测量控制，60mm 处的实际尺寸必须测量准确，并应取其各点实测值的平均数值；③在加工 20mm 凸件时，只能先去掉一垂直角料，待加工至所要求的尺寸公差后，才能去掉另一垂直角料。由于受测量工具的限制，只能采用间接测量法，以得到所需要的尺寸公差；④采用间接测量法来控制工件的尺寸精度，必须控制好有关的工艺尺寸；⑤为达到配合后换位互换精度，在凸凹件各面加工时，必须把垂直度误差控制在最小范围内。如果凸凹件没有控制好垂直度，互换配合就会出现很大间隙，如图 5-49 所示；⑥在加工各垂直面时，为了防止锉刀侧面碰坏另一垂直侧面，应将锉刀一侧面在砂轮上进行修磨，锉内垂直面时，还要使其与锉刀面夹角略小于 90°。

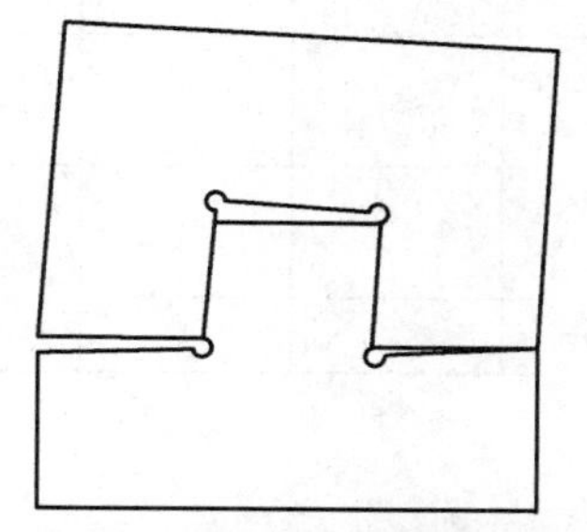

（a）凸件垂直度误差产生的间隙

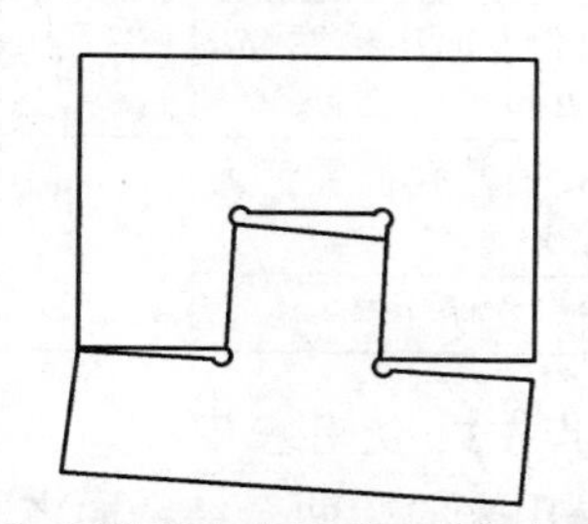

（b）凹件垂直度误差产生的间隙

图 5-49　垂直度误差对配合间隙的影响

下面举例对技术要领④作一说明。例如，为保证凸件 20mm 处的对称度要求，用间接测量法控制有关工艺尺寸（见图 5-50），用图解说明如下。

（a）图 5-50（a）所示为凸件的最大与最小控制尺寸。

（b）图 5-50（b）所示为在最大控制尺寸下取得的尺寸 19.95mm，这时对称度误差最大左偏差值为 0.05mm。

（c）图 5-50（c）所示为在最小控制尺寸下取得的尺寸 20mm，这时对称度误差最大右偏值为 0.05mm。

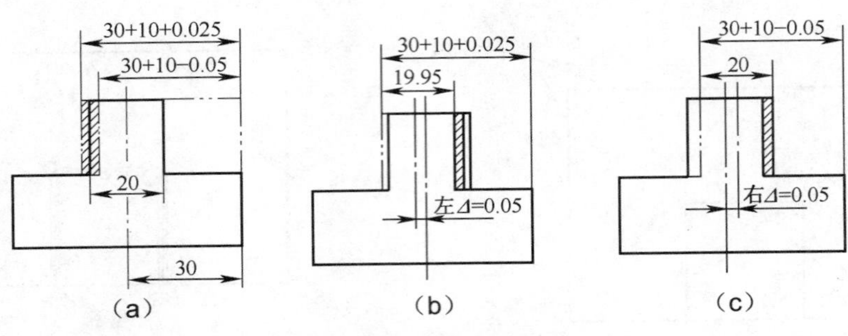

图 5-50　间接测量法控制时的尺寸

5．清理工作现场

6．检测加工工件（本任务成绩评定填入表 5-7）

表 5-7　　凸凹体锉配评分表　　总得分＿＿＿＿＿＿

项次	项目和技术要求	配分	评分标准	自检结果	小组互评	教师评价	得分
1	$20_{-0.05}^{0}$ mm（2 处）	2×10	每处 10 分，每超差 0.01mm，扣 2 分				
2	尺寸 60mm±0.05mm（2 处）	2×10	每处 10 分，每超差 ±0.01mm，扣 2 分				
3	尺寸 40mm±0.05mm（2 处）	2×10	每处 10 分，每超差 ±0.01mm，扣 2 分				
4	配合间隙小于 <0.06mm（3 处）	3×6	每处 6 分，超差不得分				
5	配合后对称度 0.1mm	8	每超差 0.01mm，扣 2 分				
6	配合表面粗糙度 Ra ≤3.2μm（10 面）	10×1	每处 1 分，超差不得分				
7	$\phi3$ 工艺孔位置正确（4 个）	4×1	每处 1 分，超差不得分				
8	安全文明生产		违者扣 1～10 分				

【技术点 1】 使用塞尺

塞尺是用来检验两个结合面之间间隙大小的片状量规。

塞尺有两个平行的测量面，其长度有 50mm、100mm、200mm 等多种。塞尺一般由 0.01～1mm 厚度不等的薄片所组成，如图 5-51 所示。

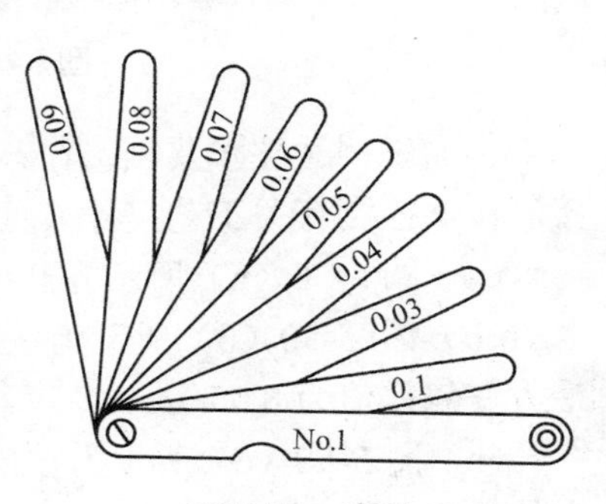

图 5-51　塞尺

【技术要领】 ①使用时，应根据间隙的大小选择塞尺的薄片数，可用一片或数片重叠在一起使用；②由于塞尺的薄片很薄，容易弯曲和折断，因此，测量时不能用力太大；③使用时，不要测量温度较高的工件；④塞尺使用完后要擦拭干净，并及时放到夹板中去。

【技术点 2】 维护与保养量具

为了保证量具的精度、延长量具的使用期限，在工作中应对量具进行必要的维护与保养。在维护与保养中应注意以下几个方面。

① 测量前，应将量具的各个测量面和工件被测量表面擦净，以免脏物影响测量精度和对量具造成磨损。

② 量具在使用过程中，不要和其他工具、刀具、量具放在一起或叠放，以免损伤或碰坏量具。

③ 在使用过程中，不能将量具作为其他工具的代用品。

④ 机床开动时，不要用量具测量工件，否则会加快量具磨损，而且容易发生事故。

⑤ 温度对量具的精度影响很大，因此，量具不应放在热源（电炉、暖气片等）附近，以免受热变形。

⑥ 量具用完后，应及时擦净、上油，放在专用盒中，保存在干燥处，以免生锈。

⑦ 精密量具应实行定期鉴定和保养，发现精密量具有不正常现象时，应及时送交计量室检修。

【多媒体（上网搜索）】

（1）浏览“塞尺”网页、图片。

（2）浏览“维护与保养量具”网页。

任务六　制 作 小 锤

一、读懂工作图样

本次任务是加工如图 5-52 所示的小锤。图 5-52 中，右上方是断面图，断面图下边是斜视图。（识读零件图相关知识见本任务的基本知识）

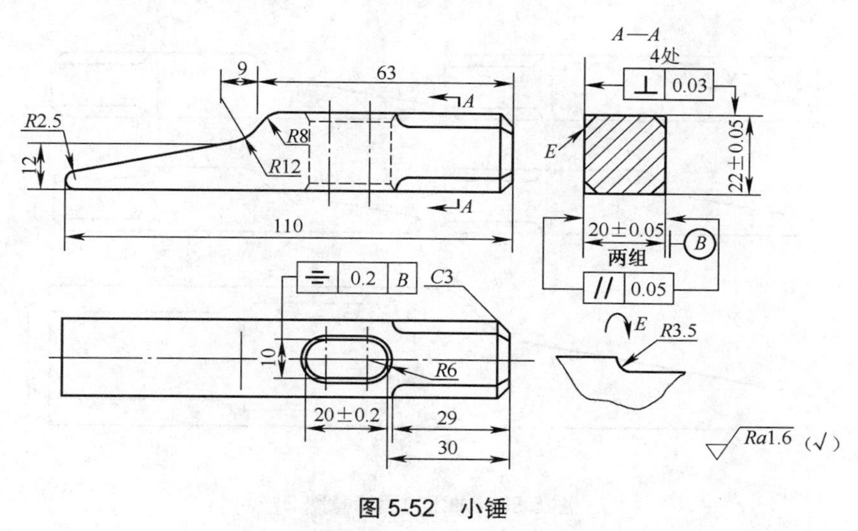

图 5-52　小锤

二、工作过程和技术要领

1．工作准备

① 备料：45 号钢，ϕ30×115。（建议用项目一任务三使用后的材料）

② 主要工具、量具：请同学们自己编写，交教师审阅后使用。

2．检查来料尺寸

3．按图样要求锉准 20mm×20mm 长方体

4．以长面为基准锉一端面，达到基本垂直，表面粗糙度 $Ra \leqslant 1.6\mu m$

5．以一长面及端面为基准，用小锤样板划出形体加工线（两面同时划出），并按图样尺寸划出 4—3.5×45° 倒角加工线［如图 5-53（a）所示］

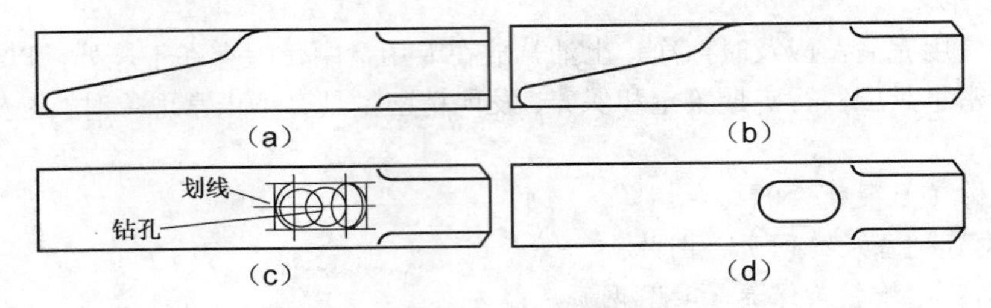

图 5-53　加工过程示意图 1

6．锉 4—3.5×45° 倒角达到要求

方法：先用圆锉粗锉出 $R3.5$ 圆弧，然后分别用粗、细板锉粗、细锉倒角，再用圆锉细加工 $R3.5$ 圆弧，最后用推锉法修整，并用砂布打光，如图 5-53（b）所示。

7．按图划出腰孔加工线及钻孔检查线，并用 ϕ9.7mm 钻头钻孔［如图 5-53（c）所示］

8．用圆锉锉通两孔，然后按图样要求锉好腰孔［如图 5-53（d）所示］

9．按划线在 $R12$ 处钻 ϕ5 孔，用手锯按加工线锯去多余部分，注意放锉削余量［如图 5-54（a）所示］

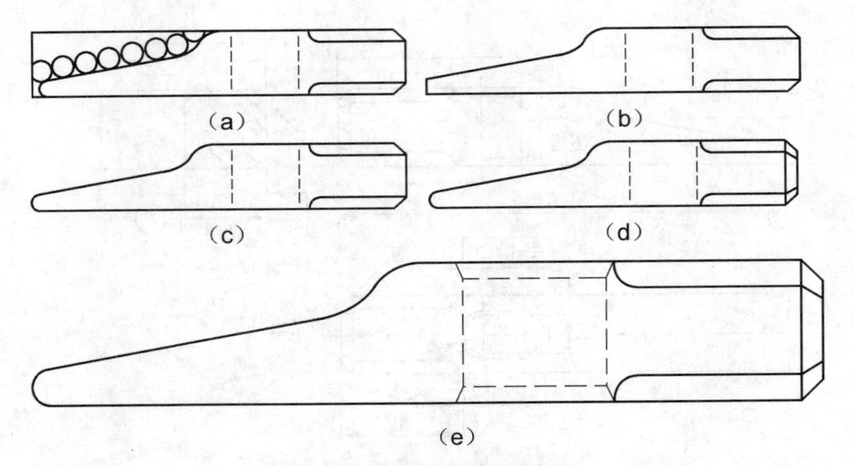

图 5-54　加工过程示意图 2

10．加工 $R12$、$R8$ 处［如图 5-54（b）所示］

用半圆锉按线粗锉 $R12$ 内圆弧面，用板锉粗锉斜面与 $R8$ 圆弧面至划线线条。后用细板锉细锉斜面，用半圆锉细锉 $R12$ 内圆弧面，再用细板锉细锉 $R8$ 外圆弧面。最后用细板锉及半圆锉做推锉修整，达到各形面连接圆滑、光洁、纹理齐正。

11．锉 $R2.5$ 圆头，并保证工件总长 110mm［如图 5-54（c）所示］

12．八角端部棱边倒角 $C3$［如图 5-54（d）所示］

13．用砂布将各加工面全部打光，交件待验

14．待工件检验后，再将腰孔各面倒出 1mm 弧形喇叭口，20mm 端面锉成略呈凸弧形面，然后将工件两端热处理淬硬［如图 5-54（e）所示］

【技术要领】 ①用 $\phi9.7$ 钻头钻孔时，要求钻孔位置正确，钻孔孔径没有明显扩大，以免造成加工余量不足，影响腰孔的正确加工；②锉削腰孔时，应先锉两侧平面，后锉两端圆弧面。在锉平面时，要注意控制好锉刀的横向移动，防止锉坏两端孔面；③加工四角 $R3.5$ 内圆弧时，横向锉要锉准锉光，然后推光就容易，且圆弧尖角处也不易塌角；④在加工 $R12$ 与 $R8$ 内、外圆弧面时，横向必须平直，并与侧平面垂直，才能使弧形面连接正确、外形美观。

15．清理工作现场

16．检测加工工件（本任务成绩评定填入表 5-8）

表 5-8　　　　制作小锤评分表　　　　总得分＿＿＿＿＿＿

项次	项目和技术要求	配分	评 分 标 准	自检结果	小组互评	教师评价	得分
1	尺寸20mm±0.05mm（2 处）	2×4	每处 4 分，每超差±0.01mm，扣 2 分				
2	⊥ 0.03（4 处）	4×2	每处 2 分，每超差 0.01mm，扣 1 分				
3	// 0.05（2 处）	2×3	每处 3 分，每超差 0.01mm，扣 1 分				
4	$R2.5$ 圆弧面圆滑	6	超差不得分				
5	$C3$（4 处）	4×2	每处 2 分，超差不得分				
6	$R3.5$ 内圆弧连接(4 处)	4×3	每处 3 分，超差不得分				
7	尺寸 $R12$ 与 $R8$ 及其连接	14	超差不得分				
8	舌部斜平面平直度 0.03mm	10	每超差 0.01mm，扣 2 分				
9	各倒角均匀，棱线清晰	6	超差不得分				
10	表面粗糙度 $Ra1.6\mu m$	4	超差一级扣 2 分				
11	尺寸 20mm±0.20 mm	10	每超差±0.01mm，扣 1 分				

续表

项次	项目和技术要求	配分	评分标准	自检结果	小组互评	教师评价	得分
12	⌯ 0.2 A	4	每超差 0.1mm，扣 2 分				
13	尺寸 29、30、63、110 外形横向尺寸和腰孔尺寸 10、R6	4	1 个超差扣 1 分，最多扣 4 分				
14	安全文明生产		违者扣 1～10 分				

一、零件图的内容

一张完整的零件图（如图 5-55 所示），一般应包括如下 4 个方面的内容。

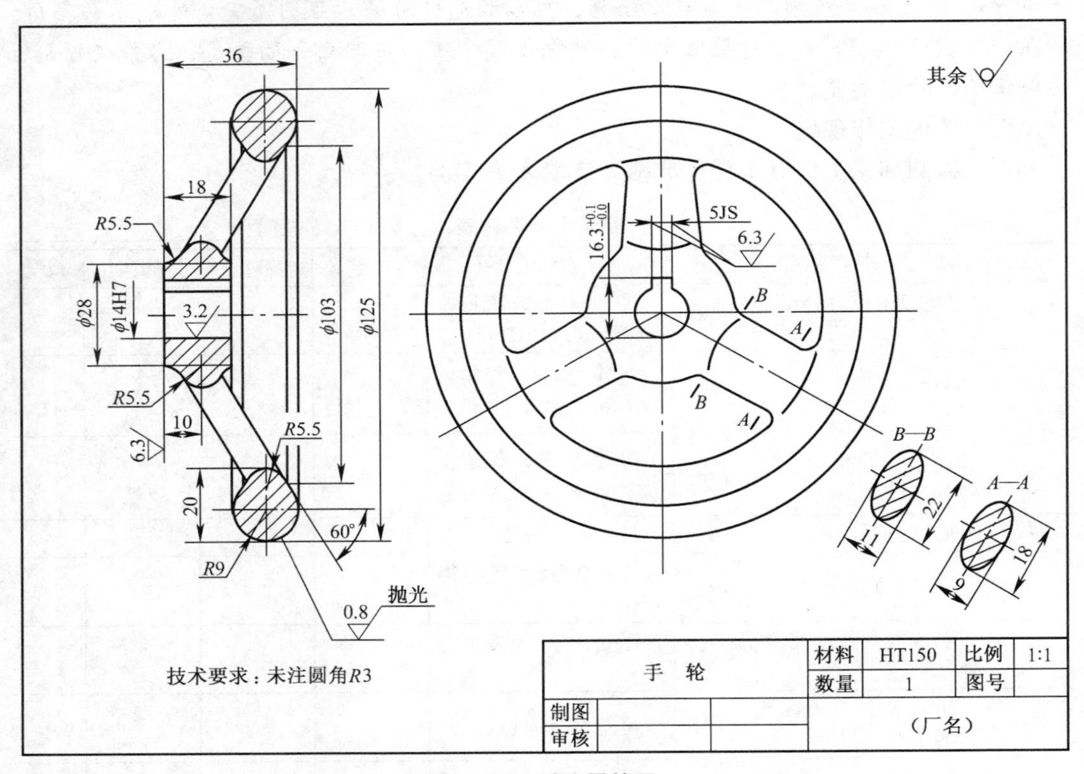

图 5-55　手轮零件图

1．一组表达零件的图形

用必要的视图、剖视图、断面图及其他画法、注法规定，正确、完整、清晰地表达零件各部分的结构和形状的一组图形。

2．一组尺寸

正确、完整、清晰、合理地标注零件制造及检验时所需要的全部尺寸。

3．技术要求

用符号、代号标注和用文字说明零件在制造、检验过程中应达到的各项技术要求。例如，表面粗糙度、尺寸公差、形位公差、热处理等各项要求。（图 5-55 中，表面粗糙度标注为 GB/T 131—1993，下同。现采用 GB/T 131—2006，为新国标）

4．标题栏

说明零件的名称、材料、比例以及设计者、审核者的责任签名等。零件图上的标题栏要严格按国家标准的规定画出并填写；教学过程中，可采用简化的标题栏。

二、看零件图

1．看零件图的目的

看零件图，就是要根据零件图形想象出零件的结构形状，同时弄清零件在机器中的作用、零件的自然概况、尺寸类别、尺寸基准和技术要求等，以便在制造零件时采用合理的加工方法。

2．看零件图的步骤

（1）看标题栏

通过看标题栏了解零件概貌。从标题栏中可以了解到零件的名称、材料、绘图比例等零件的一般情况，结合对全图的浏览，可对零件有个初步的认识。在可能的情况下，还应搞清楚零件在机器中的作用及与其他零件的关系。

（2）看各视图

看视图分析表达方案，想象零件整体形状。看图时，应首先找到主视图，围绕主视图，根据投影规律，再去分析其他各视图。要分析零件的类别和它的结构组成，按“先大后小、先外后内、先粗后细”的顺序，有条不紊地进行识读。

（3）看尺寸标注

看尺寸标注，明确各部位结构尺寸的大小。看尺寸时，首先要找出 3 个坐标方向的尺寸基准；然后从基准出发，按形体分析法，找出各组成部位的定形、定位尺寸；深入了解基准之间、尺寸之间的相互关系。

（4）看技术要求

看技术要求，全面掌握质量指标。分析零件图上所标注的公差、配合、表面粗糙度、热处理及表面处理等技术要求。

通过上述分析，对所分析的零件，即可获得全面的认识，从而就能够真正看懂所有的零件图。

三、识读典型零件图

机器零件形状千差万别，它们既有共同之处，又各有特点。机器零件按其形状特点可分以下几类。

① 轴套类零件，如机床主轴、各种传动轴、空心套等。

② 叉架类零件（叉杆和支架），如摇杆、连杆、轴承座、支架等。

③ 轮盘类零件，如各种车轮、手轮、凸缘压盖、圆盘等。

④ 箱体类零件，如变速箱、阀体、机座、床身等。

上述各类零件在选择视图时都有自己的特点，我们要根据视图选择的原则来分析、确定各类零件的表达方案。

1．轴套类零件

轴套类零件包括各种轴、套筒和衬套等。轴类零件和套类零件的形体特征都是回转体，大多数轴的长度大于它的直径。按外部轮廓形状可将轴分为光轴、台阶轴、空心轴等。轴上常见的结构有越程槽（或退刀槽）、倒角、圆角、键槽、螺纹等。在机器中，轴的主要作用是支承转动零件（如齿轮、带轮）和传递转矩。

大多数套的壁厚小于它的内孔直径。在套上常有油槽、倒角、退刀槽、螺纹、油孔、销孔等。套的主要作用是支承和保护转动零件，或用来保护与它外壁相配合的表面。

下面按识读零件图的步骤来分析蜗轮轴零件图（如图 5-56 所示）。

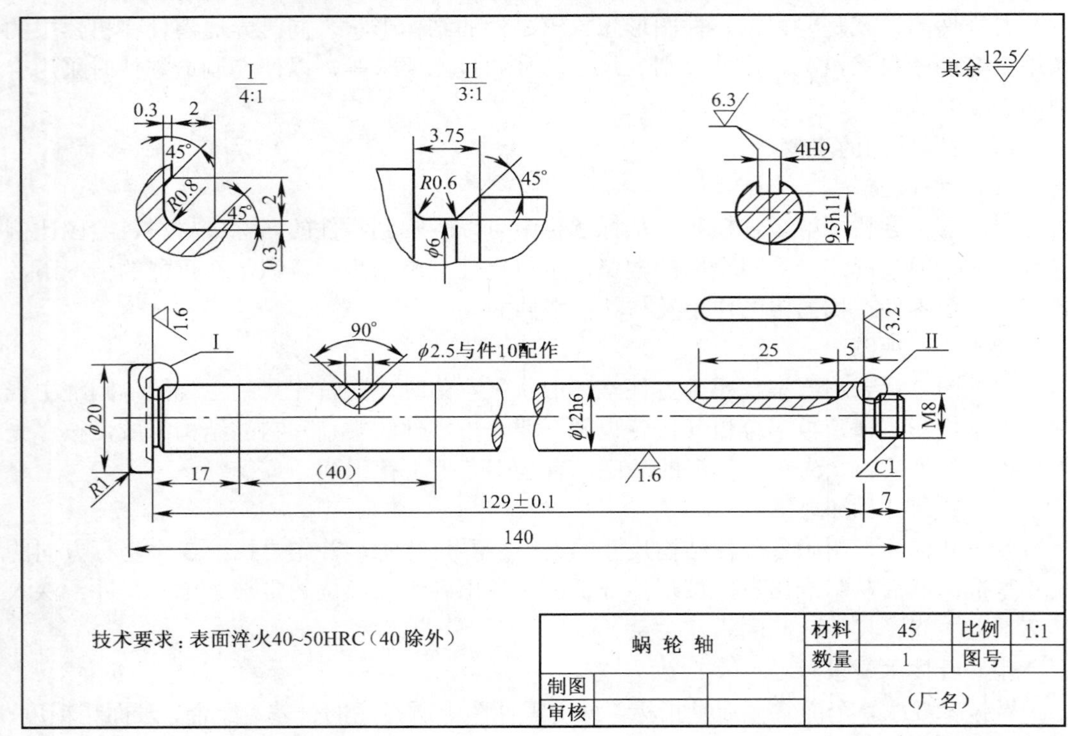

图 5-56　蜗轮轴零件图

（1）看标题栏

由标题栏可知，零件名称为蜗轮轴，属轴套类零件，材料为 45 号钢，比例为 1∶1。从零件的名称可分析得知它的功用。由此，对零件有个概括的了解。

（2）分析视图

根据视图的布置和有关的标注，首先找到主视图，接着根据投影规律，看清弄懂其他各视图以及所采用的各种表达方法。蜗轮轴的一组视图，采用了一个基本视图（主视图），2 个局部放大图（Ⅰ、Ⅱ），一个移出断面图（图的右上角）和一个局部视图（主视图右上方）。

主视图为局部剖视图（2 处），表达了蜗轮轴的内、外基本形状。回转体零件一般都在车、磨床上加工，根据结构特点和主要工序的加工位置情况（轴线水平放置），一般将轴横放，用一个基本视图——主视图来表达整体结构形状。这种选择，符合零件主要加工位置原则。

局部放大图 I 采用剖视方法，局部放大图 II 采用一般视图，是为了能清晰地标注两退刀槽的尺寸。

图 5-56 中右上角的移出断面图，因它是画在剖切线的延长线上，所以没有标注。通过断面图和局部视图（主视图右上方），进一步看到蜗轮轴外表面上方有一宽为 4 mm 的键槽。

分析图形，不仅要着重看清主要结构形状，而且更要细致、认真地分析每一个细小部位的结构，以便能较快地想象出零件的结构形状。

（3）看尺寸标注

看懂图样上标注的尺寸是很重要的。轴套类零件主要尺寸是径向尺寸和轴向尺寸（高、宽尺寸和长度尺寸）。

在加工和测量径向尺寸时，均以轴线为基准（设计基准），轴的长度方向尺寸一般都以重要的定位面（轴肩）作为主要尺寸基准。

蜗轮轴的径向尺寸基准为轴心线，长度尺寸基准是 $\phi20$ 圆柱体的右端面。如图中 17、129±0.1 等尺寸，均从此端面注起，该端面也是加工过程的测量基准。

蜗轮轴的总长是 140。“$\phi2.5$ 与件 10 配作”说明孔 $\phi2.5$ 必须与另一零件装配后一起加工，其径向尺寸不需标注。

左端面倒圆 $R1$，右端面倒角 $C1$，右侧螺纹 M8。

尺寸是零件加工的重要依据，看尺寸必须认真，应尽量避免因看错尺寸而造成废品。

（4）看技术要求

技术要求可从以下几方面来分析。

① 极限配合与表面粗糙度。为保证零件质量，重要的尺寸应标注尺寸偏差（或公差），零件的工作表面应标注表面粗糙度，对加工提出严格的要求。

蜗轮轴外径尺寸 $\phi12h6$，表面粗糙度 Ra 的上限值为 1.6μm，$\phi20$ 圆柱体的右端面表面粗糙度 Ra 的上限值为 1.6μm，这样的表面精度只有经过磨削才能达到。$\phi12h6$ 的右端面的表面粗糙度 Ra 的上限值为 3.2μm，键槽两侧面为 6.3μm，其余为 12.5μm。

② 形位公差。本图没有明确要求。

③ 其他技术要求。蜗轮轴材料为 45 号钢，为增加其耐磨性，要进行表面淬火（图中标长度为 40 的部分除外），硬度为 40～50HRC。

通过以上分析可以看出轴套类零件在表达方面的特点：按加工位置画出一个主视图，为表达、标注其他结构形状和尺寸，还要画出断面图、放大图等。尺寸标注特点：按径向和轴向选择基准。径向基准为轴线，轴向基准一般选重要的定位面为主要尺寸基准，再按加工、测量要求选取辅助面为辅助基准。轴套类零件的技术要求比较复杂，要根据使用要求和零件在机器中的作用恰当地给定技术条件。

总之，轴套类零件的视图表达比较简单，它主要是按加工时的加工状态来选择主视图的，尺寸标注主要是径向和轴向两个方向，基准选择也比较容易，但是技术要求的内容往往比较复杂。

2．轮盘类零件

轮盘类零件有各种手轮、带轮、花盘、法兰盘、端盖及压盖等，其中，轮类零件多用于传递扭矩，盘类零件起连接、轴向定位、支承和密封作用。轮盘类零件的结构形状比较复杂，它主要是由同一轴线不同直径的若干个回转体组成，盘体部分的厚度比较薄，其中长径比小于1。

下面按识读零件图的步骤来分析手轮零件图（如图5-55所示）。

（1）看标题栏

由图样的标题栏可知，零件名称为手轮，材料为HT150（灰铸铁），比例为1∶1。

（2）分析视图

从图形表达方案看，因轮盘类零件一般都是短粗的回转体，主要在车床或镗床上加工，故主视图常采用轴线水平放置的投射方向，符合零件的加工位置原则。为清楚表达零件内部结构，主视图是全剖视图。为表达外部轮廓，还选取了一左视图和2个移出断面图（*A*—*A*、*B*—*B*），可清楚见到手轮的轮缘、轮毂、轮辐各部分之间的形状和位置关系。

（3）看尺寸标注

盘类零件的径向尺寸基准为轴线。在标注圆柱体的直径时，一般都注在投影为非圆的视图上；轴向尺寸以手轮的端面为基准。图5-55中标注了轮缘、轮毂、轮辐的定位、定形尺寸。由于手轮的形状比较简单，所以尺寸较少，很容易看懂。

（4）看技术要求

手轮的配合面很少，所以技术要求简单，精度较低，只有尺寸ϕ14H7和5JS为配合尺寸。大部分为非加工面。图5-55中还注明了一条技术要求：未注圆角为*R*3。

通过以上分析可以看出，轮盘类零件一般选用1～2个基本视图，主视图按加工位置画出，并作剖视。其尺寸标注比较简单，对结合面（工作面）的有关尺寸精度、表面粗糙度和形位公差有比较严格的要求。

3．叉架类零件（叉杆和支架）

叉架类零件主要包括拨叉、连杆、支架、支座等。叉架类零件在机器或部件中主要是起操纵、连接、传动或支承作用，零件毛坯多为铸、锻件。

根据零件结构形状和作用不同，一般叉杆类零件结构看成是由支承部分、工作部分和连接部分组成；支架类零件结构看成是由支承部分、连接部分和安装部分组成。

叉架类零件结构形状复杂，现仅以支架为例，扼要说明一些问题。

下面按识读零件图的步骤来分析支架零件图（如图5-57所示）。

（1）结构特点

零件一般由以下3部分组成。

① 支承部分（支架上部）。为带孔的圆柱体，其上面往往有安装凸台（螺孔）或安装端盖的螺孔。

② 连接部分（支架中部）。为带有加强肋的连接板，结构比较匀称。

③ 安装部分（支架下部）。为带安装孔的圆柱体。

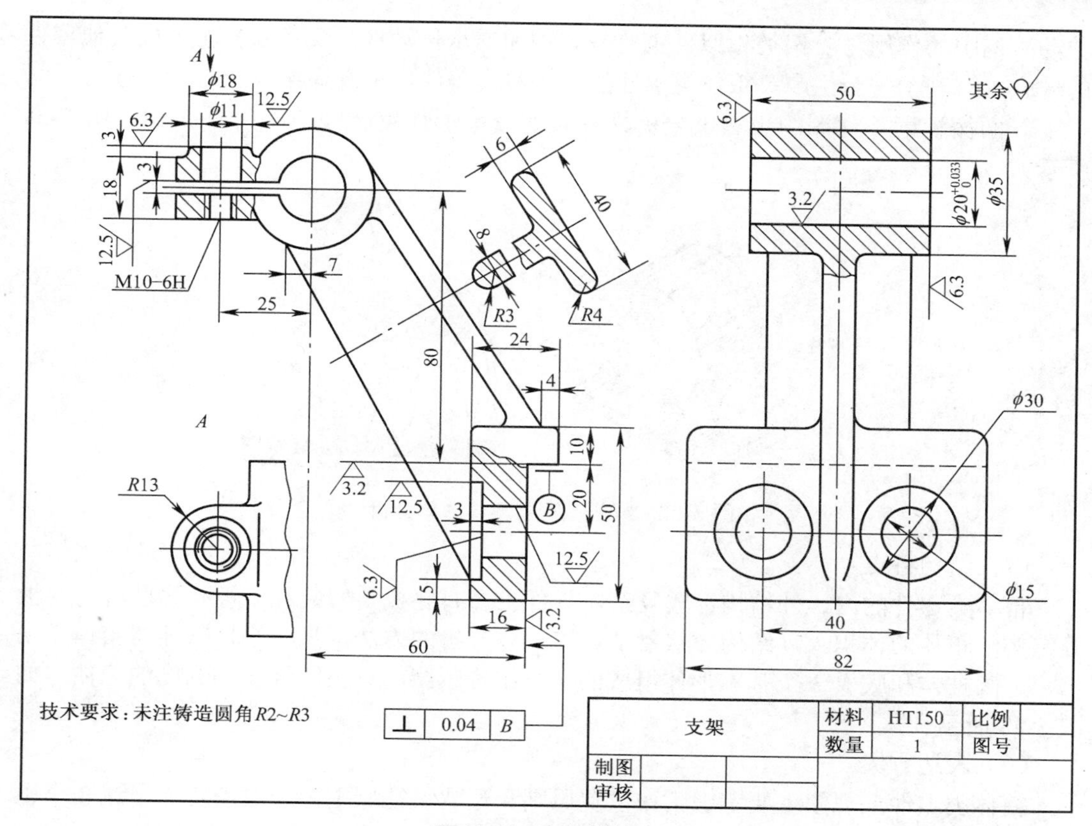

图 5-57　支架零件图

（2）视图选择

选择主视图时，主要考虑工作位置原则和形状特征原则。叉架类零件一般选择 2 个或 3 个基本视图，也常采用局部视图、局部剖视图或断面图等表达方法。

（3）尺寸标注

安装部分的右端面为长度方向的尺寸基准，标注尺寸 60、16。*B* 基准面为高度方向的尺寸基准，标注尺寸 20、80 等。前后对称面为宽度方向的尺寸基准，标注尺寸 82、40、50（左视图上方）等。图中其他尺寸可按形体分析法及从各自工艺基准出发标注。

（4）技术要求

支架零件精度要求高的部位就是工作部分，即支承部分，支承孔为 $\phi 20$ 的上偏差为 0.033、下偏差为 0，表面粗糙度 *Ra* 的上限值为 3.2μm。

通过以上分析可以看出，支架类零件一般需要 2 个或 3 个视图，主视图按工作位置和结构形状来确定。为表示内、外结构和相互关系，左视图常采用剖视图。尺寸基准一般选安装基面或对称中心面。

4．箱体类零件

各种阀体、泵体、减速器箱体等都属于箱体类零件。箱体类零件是机器或部件的主要零件之一，起到支承、定位、密封和包容内部机构的作用。箱体零件结构复杂，它在传动机构中的作用与支架类相似，主要是容纳和支承传动件，又是保护机器中其他零件的外壳，有利于安全生产。箱体类零件的毛坯常为铸件，也有焊接件。

下面按识读零件图的步骤来分析蜗杆减速器箱形体及零件图（如图 5-58、图 5-59 所示）。

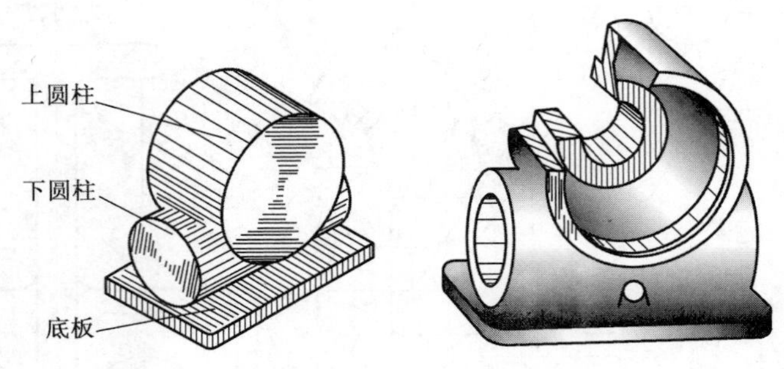

图 5-58　蜗杆减速器箱体形体分析

（1）结构特点

箱体类零件的内、外结构都较复杂，零件上多有底板、安装孔、螺孔、凸台、肋板等结构。箱体的体积大，结构形状复杂。用形体分析的方法可见，蜗杆减速器箱体是由上、下圆柱体和底板 3 个基本形体组成的一个结构紧凑、有足够强度和刚度的壳体，如图 5-58 所示。

（2）表达方案

箱体类零件主视图主要考虑工作位置原则和形状特征原则，一般需要 3 个或 3 个以上的基本视图以及一些灵活的表达方法（如局部剖视图、局部视图等）来表达。选择箱体表达方案的各视图时，先选择一组基本视图（三视图），根据需要表达的结构作适当的剖切，然后增添必要的其他视图。

主视图以能显示箱体的工作位置，并同时满足能表达形状特征和各部位相对位置的方向来作为其投射方向。箱体由于外形比较简单，内部结构较复杂，因此主视图采用半剖视，左视图采用全剖视，这样就可清楚地看到 2 个互相垂直的圆柱部分的内腔，即容纳蜗轮、蜗杆部分。

从主视图和左视图上可以看到，在 ϕ210 的端面上有 6 个 M8 深 20 的螺孔；从剖视部分和 *B* 向视图可以看到，在 ϕ140 的端面上有 3 个 M10 深 20 的螺孔，螺孔是用来安装箱盖和轴承盖的，同时能密封箱体。右视图上方 M20 和下方 M14 螺孔是用来安装注油和放油螺塞的。

C 向局部视图表达了底板下面的形状。*A* 向局部视图表达了箱体后部加强肋的形状。

（3）尺寸标注

箱体类零件结构复杂，尺寸较多，因此尺寸分析也较困难，一般采用形体分析法标注尺寸。箱体类零件在尺寸标注或分析时应注意以下几个方面。

① 重要轴孔对基准的定位尺寸。由图 5-59 可知，高度方向尺寸基准为底平面，孔 $\phi70^{+0.018}_{-0.012}$ 和 $\phi185^{+0.072}_{0}$ 的高度方向的定位尺寸为 190，而孔 $\phi90^{+0.023}_{-0.012}$ 的定位尺寸为 105±0.09。底平面既是箱体的安装面，又是加工时的测量基准面；既是设计基准，又是工艺基准。

高度方向许多尺寸都是从底面注起的，如 308、30、20、5 等。长度方向的尺寸基准为蜗轮的中心面，宽度方向的尺寸基准为蜗杆中心面。

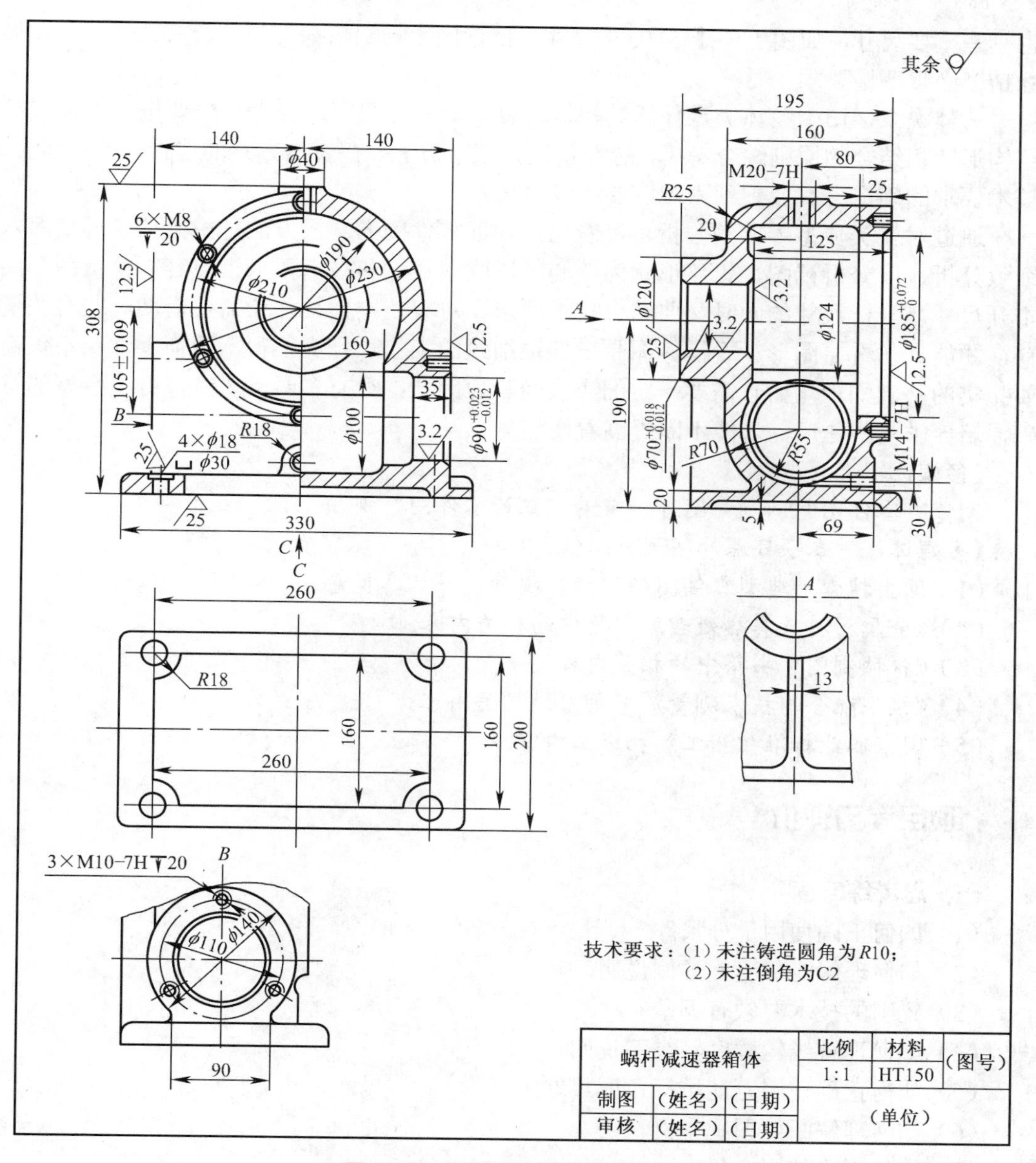

蜗杆减速器箱体			比例	材料	（图号）
			1:1	HT150	
制图	（姓名）	（日期）	（单位）		
审核	（姓名）	（日期）			

图 5-59　蜗杆减速器箱体零件图

② 与其他零件有装配关系的尺寸。箱体底板安装孔中心距为 260、160；轴承配合孔的基本尺寸应与轴承外圈尺寸一致，如 $\phi70^{+0.018}_{-0.012}$ 、$\phi90^{+0.023}_{-0.012}$ ；安装箱盖螺孔的位置尺寸应与盖上螺孔的位置尺寸一致，等等。

（4）技术要求

箱体类零件的技术要求，主要是支承传动轴的轴孔部分，其轴孔的尺寸精度、表面粗糙度和形位公差都将直接影响减速器的装配质量和使用性能，例如，尺寸$\phi70_{-0.012}^{+0.018}$、$\phi90_{-0.012}^{+0.023}$、$\phi185_{0}^{+0.072}$，表面粗糙度Ra的上限值分别为3.2μm、12.5μm、25μm等。此外，也有些重要尺寸，如图上的105±0.09尺寸，将直接影响蜗轮蜗杆的啮合关系。因此，尺寸精度必须严格要求。

总体说来，由于箱体类零件的结构比较复杂，在主视图选择上一般要按工作位置和结构形状相结合的原则综合考虑，选取最佳方案。初学者在表达方案的选择、尺寸标注、技术要求的确定上都会感到困难，要逐步提高。

通过对4类典型零件的分析可以看出，识读零件图的一般方法是由概括了解到深入细致分析，以分析视图、想象形状为核心，以联系尺寸和技术要求为内容。分析图形离不开尺寸，分析尺寸的同时又要结合技术要求。对有些零件往往还需要借助一些有关资料，才能真正看懂图形。看零件图是一件很细致的工作，马虎不得。看懂零件图不仅需要扎实的基础知识，而且需要一定的实践经验。因此，只有多看、多练，打下良好的基础，培养求实的作风，才能不断提高看图能力。

【多媒体（上网搜索）】

浏览“零件图”网页、图片，观看“识读零件图”视频。

【多媒体——本项目课外阅读】

（1）网上搜索“典型零件图的识读”视频，并认真观看。

（2）《金属材料及其热处理》书籍中的相关内容。

（3）《机械制图》书籍中的相关内容。

（4）《极限配合与技术测量》书籍中的相关内容。

（5）国家职业标准《钳工》初级工内容。

项目学习评价

一、思考练习题

（1）如何正确使用千分尺？

（2）如何理解对称度？举例说明。

（3）錾削的技术要领有哪些？

（4）如何理解线轮廓度？举例说明。

（5）如何正确使用万能游标角度尺？

（6）如何理解断面图？举例说明。

（7）如何正确使用塞尺？

（8）锉配有哪些技术要领？

（9）如何读懂零件图？举例说明。

（10）你能编写出与本项目各任务相似的工件钳加工的工作过程吗？

二、个人学习小结

1．比较对照

（1）现在你能编写零件的加工工艺吗？

（2）现在你能识读一般零件图吗？

（3）“自检结果”和“得分”的差距在哪里？

（4）在本项目学习过程中，掌握了哪些技能与知识？

2．相互帮助

帮助同学纠正了哪些错误？在同学的帮助下，改正了哪些错误，解决了哪些问题？

小制作项目总结

从本项目的制作训练中可以看出，主要靠手工加工的钳工能加工出许多工具。你的基本功越好，加工出的零件精度就越高。在本项目中，你能拿出几个得意之作和别人比一比吗？

项目六　装配简单机械

项目情境创设

前面学习了钳工的各项基本技能，接下来的两个项目就是应用这些基本技能解决生产中的一些实际问题，同时在实际生产中丰富知识、提高技能，着力培养与提高学生分析问题和解决问题的能力。在项目学习中，遇到技术问题要进行深入研究，通过各种途径、各种学习媒体寻求解决问题的方法，并自己动手把预设的方案付诸实施，力争取得理想的效果。自己在研究中学习，在学习中研究，努力提高研究性学习的能力。

项目学习目标

学习目标	学习方式	学时
（1）学会装配简单机床夹具； （2）学会一级齿轮减速器总装； （3）学会识读简单装配图； （4）了解简单装配工艺； （5）了解齿轮传动； （6）了解机械装配质量检测； （7）了解常用起重设备的安全操作规程； （8）了解设备的润滑与密封	开展研究性学习。针对需要装配的机械，通过分组合作学习，查阅相关书籍、研讨编写装配工艺、精心装配，在装配过程中发现并掌握技术要领，使装配成功。还要对照实物和装配图，能识读简单装配图	10

依据学校的设备条件，本项目可装配简单模具、机床夹具、车床尾座、一级减速器、普通水泵甚至自行车等，不一定局限在本项目安排的下述任务的内容中，下述任务只能作为学习装配的模式。同学们要根据各自装配的机械，自己编写装配工艺。

项目基本功

任务一　装配简单机床夹具

一、读懂工作图样

本次任务是装配如图 6-1 所示的固定式钻床专用夹具。图 6-1 所示是专门为钻削图

6-2 所示工件连杆中 $\phi 6$ 的斜孔而设计制造的专用夹具。在图 6-1 中，夹具体 7 的底面可固定在工作台上，夹具上支承板 6、圆柱心轴 3 和削边销 5 为工件定位元件。为使工件快速装卸，保证在钻削过程中工件的位置保持不变，采用快速夹紧螺母 2 将工件夹紧。采用特殊钻套 1，钻头在特殊钻套 1 的引导下，能保证钻头良好地起钻和正确的引导，可保证 $\phi 6$ 孔有正确的加工位置。

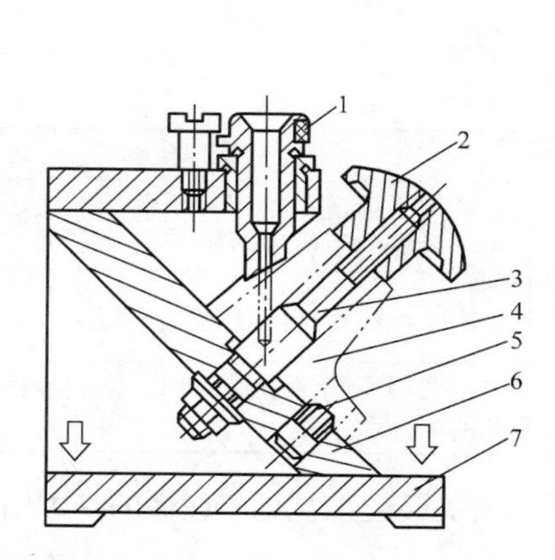

1—特殊钻套；2—螺母；3—圆柱心轴；4—工件；
5—削边销；6—支承板；7—夹具体

图 6-1 固定式钻床专用夹具

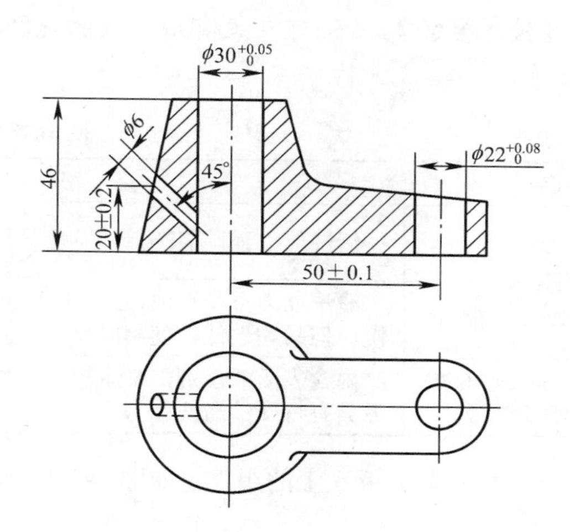

图 6-2 连杆

机床夹具一般应由 5 个部分组成，具体如下。

1．定位装置

图 6-1 中的圆柱心轴 3 和削边销 5 都是定位装置。定位装置的主要作用是保证工件在夹具中保持正确的位置。

2．夹紧装置

图 6-1 中的螺母 2 为夹紧装置。夹紧装置的主要作用是使工件保持正确定位，并将其夹紧，以确保工件在加工过程中定位位置不变。

3．导向装置

图 6-1 中的特殊钻套 1 为导向装置。导向装置的作用是确定刀具的位置和方向，同时还具有增加刀具工作的稳定性和提高加工质量的作用。

4．夹具体

图 6-1 中的 7 是夹具体。夹具体是组成夹具的基体，其作用是将夹具中的所有装置连为一个整体。

5．辅助装置

辅助装置是根据加工需要而设置的某些装置。

应当注意，以上所介绍的夹具的各个组成部分，不是每个夹具都必须具备的。但一般来说，定位装置、夹紧装置、夹具体是夹具的最基本的组成部分。

二、工作过程和技术要领

1．工作准备

① 固定式钻床专用夹具。

② 相关装配工具、量具。

2．零件整形，修毛刺，清洗

【技术要领】清洗可在装有清洗液的洗涤槽内用刷子或抹布进行。清洗液可按表6-1所示选用。

表6-1　　选用清洗液

名　　称	特　　点	适 用 场 合
汽油	清洗能力强，清洗后挥发快，易燃	常用于清洗精密零件上的油剂、污垢和一般黏附的机械杂质
煤油、轻柴油	清洗能力不及汽油，且清洗后挥发较慢，但易燃性低，使用时比汽油安全	用于一般零件清洗
105 或 6501 化学清洗液	内含表面活性剂，对油脂、水溶性污垢具有特殊的清洗能力	主要用于清洗机械内部、钢制零件表面的油污和杂质

3．装配支承板6上的组件［如图6-3（a）所示］（有关装配工艺见本任务的基本知识）

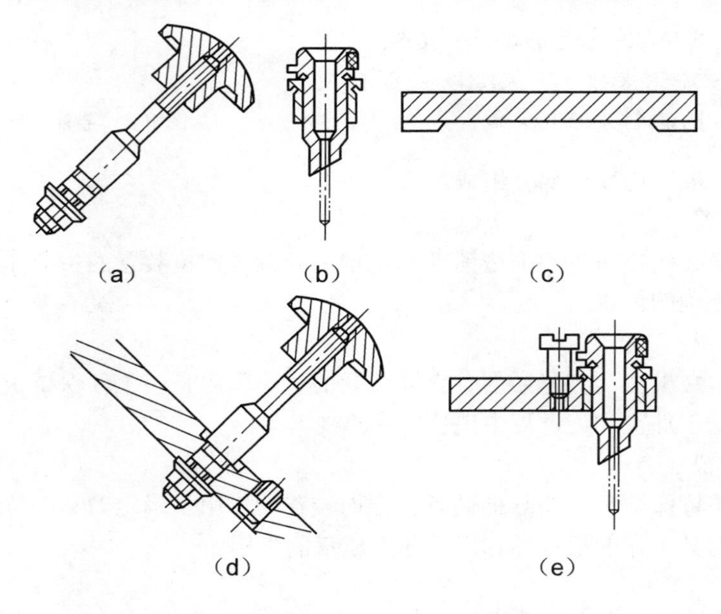

图6-3　装配过程示意图

【技术点】螺纹连接的装配技术要求

① 保证一定的拧紧力矩。为达到螺纹连接可靠和紧固的目的，要求纹牙间有一定摩擦力矩，所以螺纹连接装配时应有一定的拧紧力矩，使纹牙间产生足够的预紧力。

拧紧力矩或预紧力的大小是根据使用要求确定的。一般紧固螺纹连接，不要求预紧力十分准确；而规定预紧力的螺纹连接，则必须用专门方法来保证准确的预紧力。

② 有可靠的防松装置。螺纹连接一般都具有自锁性，在静载荷下不会自行松脱，但在冲击、震动或交变载荷下，会使纹牙之间正压力突然减小，以致摩擦力矩减小，使螺纹连接松动。因此，螺纹连接应有可靠的防松装置，以防止摩擦力矩减小和螺母回转。

③ 保证螺纹连接的配合精度。

4．装配特殊钻套 1 与横板组合件［如图 6-3（b）所示］

5．安装夹具体 7［如图 6-3（c）所示］

【技术要领】 夹具体 7 要牢固、平稳。

6．安装支承板 6 及其组件［如图 6-3（d）所示］

【技术要领】 要确保支承板的倾角符合要求，支承板上的零件牢固、平稳。

7．安装横板组合件［如图 6-3（e）所示］

【技术要领】 要确保 20mm±0.2mm 的尺寸和 45° 角，达到孔的技术要求。

8．将销、螺栓、垫圈等组件擦净，涂防锈油

9．清理工作现场

10．检测装配质量（本任务成绩评定填入表 6-2）

表 6-2　　装配固定式钻床夹具评分表　　总得分________

项次	项目和技术要求	配分	评 分 标 准	自检结果	小组互评	教师评价	得分
1	工作准备	15	不合格不得分				
2	零件整形，修毛刺，清洗	10	有一件不合格，扣 1 分				
3	装配支承板 6 上的组件	15	不合格不得分				
4	装配特殊钻套 1 与横板组合件	10	不合格不得分				
5	安装夹具体 7	15	不合格不得分				
6	安装支承板 6 及其组件	15	超差不得分				
7	安装横板组合件	15	超差不得分				
8	其他零件擦净、防锈	5	有一件不合格，扣 1 分				
9	安全文明生产		违者扣 1～10 分				

装配工艺概述

1．装配工作的重要性

在生产过程中，按照一定的精度标准和技术要求，将若干个零件组合成部件或将若干零件或部件组合成产品的过程，称为装配。

装配工作是产品生产过程中的最后一道工序，产品质量的好坏除了取决于零件的加工质量以外，还取决于装配质量。零件加工精度再高，如果装配不符合技术要求，零部件之间的相对位置不正确，配合零件过紧或过松，那么都会影响机器的工作性能，甚至无法工作。在装配过程中，若不重视清洁工作，不按工艺要求装配，也不可能装配出好产品。装配质量差的机器，其精度低、性能差、功耗大、寿命短。相反，虽然有些零件精度并不很高，但经过仔细修配，仍有可能装配出性能良好的机器。由此可见，装配工作是一项非常重要的工作，其质量的好坏对整个产品的质量起着决定性的作用，因此必须认真做好。

2．装配组织形式

装配组织形式随着生产批量、产品复杂程度和技术要求的不同而不同，下面仅从生产批量的不同来说明装配组织的形式。

（1）单件生产时装配组织形式

单件生产时，产品几乎不重复。装配工作多在固定的地点，由一个工人或一组工人独立完成整个装配工作。这种装配组织形式，对工人技术要求高，装配周期长，生产效率低。

（2）成批生产时装配组织形式

成批生产时，装配工作通常分为部件装配和总装配。每个部件由一个工人或一组工人完成，然后进行总装配。这种装配工作常采用移动方式进行流水线生产，因此装配效率较高。

（3）大量生产时装配组织形式

在大量生产中，把产品的装配过程划分为主要部件、主要组件，在此基础上进一步划分为部件、组件的装配。每一个工序只由一个工人来完成，只有当所有工人都按顺序完成了他们所担负的装配工序后，才能装配出产品。这种装配组织形式的装配质量好、效率高、生产周期短。

3．装配工艺过程

产品的装配工艺过程一般由以下 4 个部分组成。

（1）装配前的准备工作

① 研究和熟悉装配图及其工艺文件、技术资料，了解产品结构，了解各零部件的作用、相互关系及连接方法。

② 确定装配方法，准备所需的工具及材料。

③ 对装配零件进行清理和洗涤，检查零件加工质量，对有些零件进行必要的平衡试验或压力试验。

（2）装配工作

对于比较复杂的产品，其装配工作常划分为部件装配和总装配。

（3）调整试验

① 调节零件或机构的相互位置、配合间隙、结合面的松紧等，使机构或机器工作协调。

② 检验机构或机器的工作精度、几何精度等。

③ 对机构或机器运转的灵活性、密封性、工作温度、转速、功率等技术要求进行检查。

（4）喷漆、涂油

喷漆可防止非加工表面生锈，并可使产品外表美观，涂油则是防止加工表面生锈。

4．装配工艺规程

（1）装配工艺规程的作用

装配工艺规程是规定装配全部部件和整个产品的工艺过程，以及所使用的设备和工具、夹具等的技术文件。装配工艺规程是生产实践和科学实验的总结，是提高生产效率、提高产品质量的必要措施，是组织装配生产的重要依据。执行装配生产工艺规程，能使装配工作有条理地进行，降低生产成本。但是，装配工艺规程所规定的内容应随着生产的发展不断改进。

（2）装配工艺规程的编制

产品的装配工艺规程是在一定的生产条件下，用来指导产品的装配工作的文件。因而装配工艺规程的编制必须依照产品的特点、要求及工厂的生产规模和条件来编制。编制装配工艺规程通常按工序和工步的顺序编制。

① 装配工序和工步。

装配工序：由一个工人或一组工人在同一地点、利用同一设备完成的装配工作。

装配工步：同一个工人或一组工人在同一位置、利用同一工具不改变工作方法所完成的装配工作。

一个装配工序中可以包括一个或几个装配工步，而装配工作则是由若干个装配工序组成的。

② 编制装配工艺规程所需的原始材料如下。

（a）产品的总装配图和部件装配图以及主要零件的工作图。

（b）零件明细表。

（c）产品的技术条件。

（d）产品的生产规模。

③ 装配工艺规程的内容如下。

（a）规定所有的零部件的装配顺序。

（b）对所有装配单元和零件规定出最经济、最快捷的装配方法。

（c）划分工序，决定工序内容。

（d）决定必需的工人技术等级和工时定额。

（e）选择装配用的工具、夹具和设备。

（f）确定验收方法和装配技术条件。

④ 编制装配工艺规程的步骤如下。

（a）分析装配图，了解产品的结构特点，确定装配方法。

（b）决定装配的组织形式。

（c）确定装配顺序。

（d）划分工序。在划分工序时应考虑这几个问题：在采用流水线装配时，整个装配工艺过程划分为多少工序，取决于装配节奏的长短；组件的重要部分，在装配工序完成后必须加以检查，以保证质量；在重要而又复杂的装配工序中，不易用文字明确表达时，应画出局部的指导性装配图。

（e）选择工艺设备。根据生产规模和产品结构特点，尽可能选用相对先进的装配工具和设备。

（f）确定检查方法。检查方法也是根据生产规模和产品结构特点，尽量选用先进的检查方法。

（g）确定工人技术等级和工时定额。根据工厂的实际情况来确定工人的技术等级和工时定额。

（h）编写工艺文件。

【多媒体（上网搜索）——机械装配工艺】

任务二 装配一级齿轮减速器

一、读懂工作图样

本次任务是总装如图 6-4 所示的立式减速器。（齿轮传动相关知识见本任务的基本知识“四、齿轮传动”）对照立式减速器实物读懂图 6-4 所示装配图。（装配图的相关知识见本任务的基本知识中的“一、装配图”、“二、看装配图”）

二、工作过程和技术要领

1．准备工具、设备与材料

（1）立式减速器零部件

立式减速器装配图明细表中所列待装零部件（包括标准件）常用件标准件的表示方法见本任务的基本知识“三、一些机械常用件标准件的表示方法”。

（2）工作场地

根据立式减速器装配图要求，应准备装配用的起吊设备、照明及辅助设施、加温设施、平衡设施、吊具、钳台、台虎钳（125mm）、砂轮机、立式钻床。起重设备安全操作规程见本任务的基本知识“五、常用起重设备及其安全操作规程”。

（3）相关装配工具、量具

① 常用工具、刃具：扳手（活扳手、梅花扳手、套筒扳手、呆扳手等），旋具（一字旋具和十字旋具），紫铜棒，钳工常用工具（4 号纹和 5 号纹平锉、三角锉、锯弓、锯条、锤子、錾子、软钳口、锉刀刷、划线针、划规、样冲、钢直尺、刮刀、丝锥、铰杠等）。

② 常用量具：百分表及表架、千分尺、内径量表、塞尺（0.2～0.5mm）。

（4）辅助材料

清洗液、机油、润滑脂、研磨剂、红丹粉、机油、棉纱、砂布、切削液等。

2．认识装配部件的结构、作用

部件的结构分析，可通过部件的作用和部件的装配图及有关零件图来进行。

本减速器是装在原动机与工作机之间，其作用是降低输出转速并相应地改变其输出扭矩。减速器的运动由联轴器传来。各传动轴采用向心推力滚子轴承支承，各轴承的游隙分别采用调整垫片、调整螺钉进行调整。

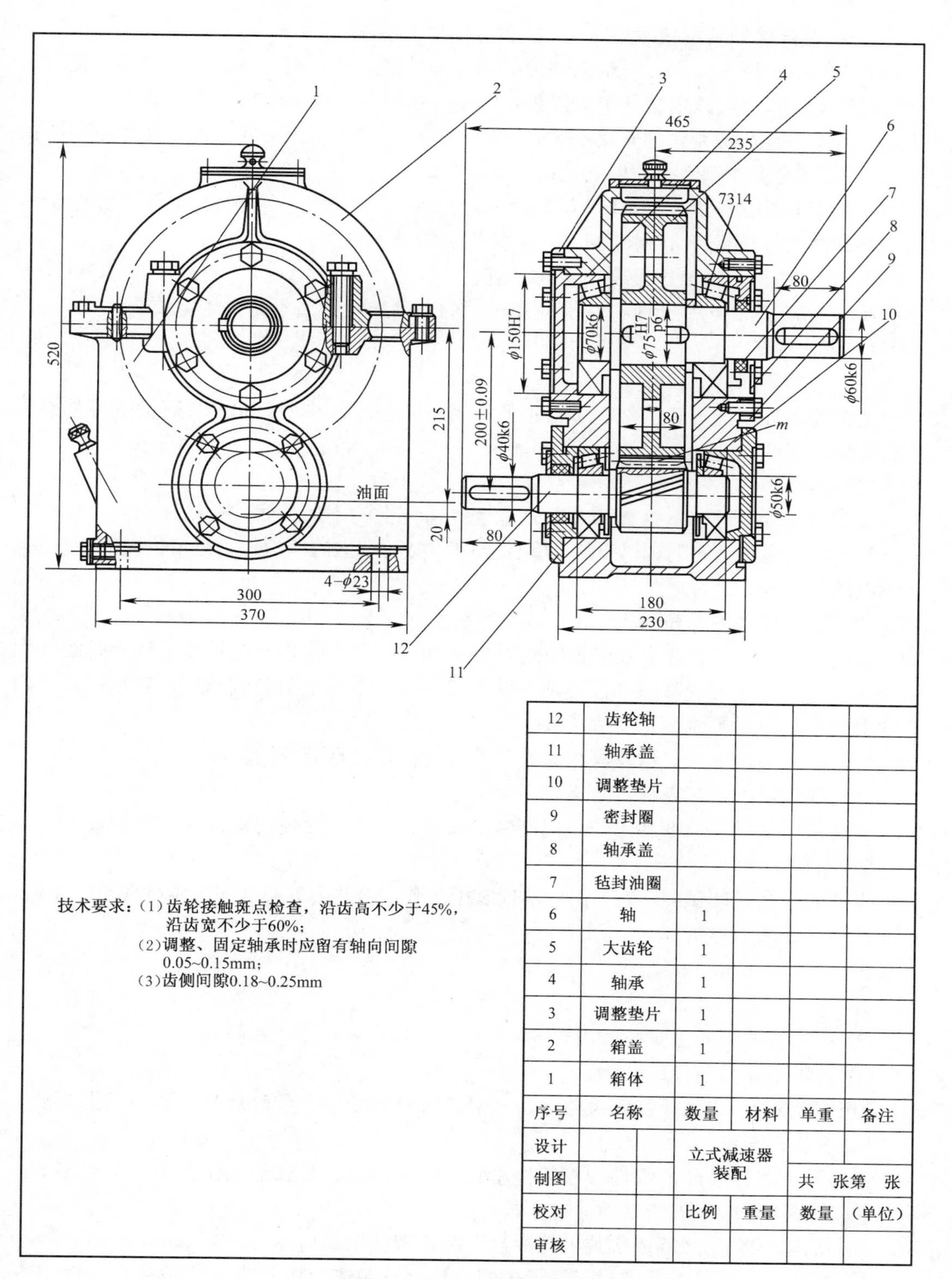

序号	名称	数量	材料	单重	备注
12	齿轮轴				
11	轴承盖				
10	调整垫片				
9	密封圈				
8	轴承盖				
7	毡封油圈				
6	轴	1			
5	大齿轮	1			
4	轴承	1			
3	调整垫片	1			
2	箱盖	1			
1	箱体	1			

设计		立式减速器 装配			
制图				共 张第 张	
校对		比例	重量	数量	(单位)
审核					

图 6-4 立式减速器装配图

3．掌握部件的装配技术要求

部件的装配技术要求，可根据部件的作用和性能要求及机构本身的工作要求提出，一般在装配图和有关技术文件中给以规定。本减速器的主要装配技术要求如下。

① 零件和组件必须正确安装在规定位置，不得装入图样未规定的垫圈、衬套之类零件。

② 固定连接件部位必须保证连接的牢固性。

③ 旋转机构必须能灵活地转动，轴承间隙合适，润滑良好，各密封处不得有漏油现象。

④ 齿轮啮合侧隙和接触斑痕必须达到规定的技术要求。

⑤ 运转平稳，噪声声级要小于规定值。

⑥ 部件在达到热平衡时，润滑油和轴承的温度和温升值不超过规定要求。

4．工作准备

（1）清洗零件

装配前零件的清理和清洗。零件上的铁锈、防锈油、灰尘、切屑、研磨剂等都必须认真地清理和清洗。

（2）零件整形

装配前零件的整形。修锉箱盖、轴承盖等铸件上的不加工面，使箱体的结合部位外形一致；修锉零件上的毛刺、锐角及零件上因碰撞而产生的印痕等。在箱体内部清理后，应涂以淡色底漆。

（3）装配零件的补充加工

零件上的某些部位需要在装配时进行补充加工，如定位销孔配钻铰、连接螺纹孔配钻和攻螺纹，零件上的某些部位刮削、研磨等。包括轴承端盖与轴承座、轴承端盖与箱体轴承座孔端面及箱盖与箱体等连接螺孔的配划线。

（4）检查轴、轴承、齿轮等相关零部件及外构件、标准件的精度

（5）编制装配工艺规程

认真做好装配前的准备工作是提高装配质量、延长产品使用寿命的重要前提。

5．预装零件

零件的预装又叫试配，为了保证部件装配工作顺利进行，某些相配零件应进行试装，待配合达到要求后再拆下。

① 大齿轮 5 与轴 6 试配。

② 在轴 6 上配键。

③ 在配键的轴 6 上安装大齿轮 5。

④ 各轴承盖与箱体试配。

【技术要领】 试配并安装齿轮后，非配合面应有间隙，装配后齿轮不能产生晃动。

6．分组件装配

不能独立进行装配的组件，在部件总装前应先进行预装试配工作。

① 在轴承盖中装入密封圈，共 2 组。

② 从齿轮轴 12 两端依次装上挡油盘、圆锥滚子轴承内圈。

③ 从轴 6 一端装上圆锥滚子轴承内圈，从另一端依次装上键、大齿轮 5、挡圈、另一圆锥滚子轴承内圈。

【技术要领】 为了顺利装配，可将圆锥滚子轴承内圈放入油池中加温后再进行装配；各零件应按图样的要求装到相应位置，不得歪斜；装配时不应损伤零件，同时要保持清洁。

7．总装配

在完成减速器各组件装配后，即可进行总装配工作。

① 将箱盖从箱体上拆下。

② 齿轮轴 12 装入箱体。

③ 将齿轮轴 12 分组件从箱体的一侧装入箱体，然后从箱体的两端装入两轴承外圈，再装上轴承盖并用螺钉拧紧。

④ 轻轻敲击齿轮轴端，使左端轴承消除间隙并贴紧轴承盖；调整左端轴承盖位置，同时用百分表测量齿轮轴的轴向间隙（应为 0.05～0.15mm），齿轮轴应转动灵活。

⑤ 测量右端轴承盖与箱体之间的间隙，确定调整垫片 10 的厚度。

⑥ 将右端轴承盖拆下，装上按要求厚度加工好的调整垫片 10，再装上左端轴承盖，按规定用螺钉拧紧。

⑦ 再次用百分表测量齿轮轴的轴向间隙（规定应为 0.05～0.15mm），且转动齿轮轴灵活无阻滞，否则重新调整安装，直至达到要求。

⑧ 将轴 6 装入箱体。

⑨ 将轴 6 分组件装入箱体。

⑩ 将箱体盖装上并用销子定位后，按规定用螺钉拧紧。

⑪ 从箱体的两端装入两轴承外圈，再装上轴承盖并用螺钉拧紧。

⑫ 轻轻敲击齿轮轴端，使右端轴承消除间隙并贴紧轴承盖；调整左端轴承盖位置，同时用百分表测量齿轮轴的轴向间隙（应为 0.05～0.15mm），齿轮轴应转动灵活。

⑬ 测量左端轴承盖与箱体之间的间隙，确定调整垫片 3 的厚度。

⑭ 将左端轴承盖拆下，装上按要求厚度加工好的调整垫片 3，再装上左端轴承盖，按规定用螺钉拧紧。

⑮ 再次用百分表测量齿轮轴的轴向间隙（规定应为 0.05～0.15mm），且转动齿轮轴灵活无阻滞，否则重新调整安装，直至达到要求。

【技术要领】 ①总装从基准零件——箱体开始；②装配轴承时要涂抹适量的润滑脂，轴承装到轴上不得歪斜，装配过程中要保持清洁，特别是箱体和箱盖表面间的清洁。

8．检验、调整

① 检验油路。

② 检验连接与机件完整性。

③ 检查两齿轮轴的中心距应达到规定要求 200mm±0.09mm。

④ 用百分表检验啮合齿轮的齿侧间隙，达到规定要求 0.18～0.25mm。

⑤ 在齿面上涂红丹粉，转动齿轮，检查接触斑点面积，沿齿高不少于 45%，沿齿宽不少于 60%；接触斑点位于齿宽中部的分度圆上。

⑥ 当齿侧间隙达不到规定要求时，分析原因并修理排除。

⑦ 当接触斑点位置达不到要求时，分析原因并修理排除；接触斑点面积达不到要求时，可在齿面上加研磨剂后转动齿轮进行研磨，以达到足够的面积。

⑧ 检验表面涂装质量。（表面处理与油漆知识见本任务的基本知识“六、表面处理与油漆简介”）

9．空运转试车

① 再次清理箱体内腔。

② 加注适量的润滑油，装上机油尺。（润滑、密封与治漏见本任务的基本知识“七、设备的润滑、密封与治漏”）

③ 装上箱体的上盖板。

④ 空转试车。

⑤ 精度检验。

【技术要领】 试车时，运转30min左右，轴承的温度不能超过规定要求，齿轮运转无明显的噪声，箱体无泄漏，符合装配后的各项技术要求。

10．清理工作现场

11．检测装配质量（本任务成绩评定填入表6-3）

表6-3　　装配立式减速机评分表　　总得分____________

项次	项目和技术要求	配分	评 分 标 准	自检结果	小组互评	教师评价	得分
1	工作准备	12	1件不合格扣1分				
2	预装	8	不合格不得分				
3	齿轮轴12组件装配质量	15	不合格不得分				
4	轴6组件装配质量	15	不合格不得分				
5	密封及防漏	10	不合格不得分				
6	润滑油添加	5	规范				
7	其他部件装配	10	不合格不得分				
8	总装质量	20	不合格不得分				
9	表面涂装不损坏	5	损坏1处扣1分				
10	安全文明生产		违者扣1～10分				

一、装配图

1．装配图及其作用

装配图是表达机器（或部件）的图样。在设计过程中，一般是先画出装配图，然后拆画零件图；在生产过程中，先根据零件图进行零件加工，然后再依照装配图将零件装配成部件或机器。因此，装配图既是制订装配工艺规程，进行装配、检验、安装及维修的技术文件，也是表达设计思想、指导生产和交流技术的重要技术文件。

2．装配图的内容

装配图不仅要表示机器（或部件）的结构，同时也要表达机器（或部件）的工作原理和装配关系。由图6-4所示立式减速器装配图可以看到，一张完整的装配图应具备如下内容。

（1）一组图形

选择必要的一组图形和各种表达方法，将装配体的工作原理、零件的装配关系、零件的连接和传动情况以及各零件的主要结构形状表达清楚。

（2）必要尺寸

装配图上只需标注表明装配体的规格（性能）、总体大小、各零件间的配合关系、安装、检验等的尺寸。

（3）技术要求

用文字说明或标注标记、代号指明该装配体在装配、检验、调试、运输和安装等方面所需达到的技术要求。

（4）零件序号、标题栏、明细栏

在图纸的右下角处画出标题栏，表明装配体的名称、图号、比例和责任者签字等；各零件必须标注序号并编入明细栏。明细栏接标题栏画出，填写组成零件的序号、名称、材料、数量、标准件规格和代号以及零件热处理要求等。

二、看装配图

在进行机械的设计、装配、检验、使用、维修和技术革新等各项生产活动中，都要看装配图。

1．看装配图的基本要求

① 了解机器或部件的名称、规格、性能、用途及工作原理。

② 了解各组成零件的相互位置、装配关系。

③ 了解各组成零件的主要结构形状和在装配体中的作用。

2．看装配图的方法和步骤

（1）概括了解

① 了解标题栏。从标题栏可了解到装配体名称、比例和大致的用途。

② 了解明细栏。从明细栏可了解到标准件和专用件的名称、数量以及专用件的材料、热处理等要求。

③ 初步看视图。分析表达方法和各视图间的关系，弄清各视图的表达重点。

（2）了解工作原理和装配关系

在一般了解的基础上，结合有关说明书仔细分析机器（或部件）的工作原理和装配关系，这是看装配图的一个重要环节，分析各装配干线，弄清零件相互的配合、定位、连接方式。此外，对运动零件的润滑、密封形式等也要有所了解。

（3）分析视图，看懂零件的结构形状

分析视图，了解各视图、剖视图、断面图等的投影关系及表达意图。了解各零件的主要作用，帮助看懂零件结构。分析零件时，应从主要视图中的主要零件开始分析，可按“先简单、后复杂”的顺序进行。有些零件在装配图上不一定表达得完全清楚，可配合零件图来读装配图。这是读装配图极其重要的方法。

常用的分析方法如下。

① 利用剖面线的方向和间距来分析。同一零件的剖面线，在各视图上方向一致、间距相等。

② 利用画法规定来分析。例如，实心件在装配中规定沿轴线方向剖切可不画剖面线，据此能很快地将丝杆、手柄、螺钉、键、销等零件区分出来。

③ 利用零件序号对照明细栏来分析。

（4）分析尺寸和技术要求

① 分析尺寸。找出装配图中的性能（规格）尺寸、装配尺寸、安装尺寸、总体尺寸和其他重要尺寸。

② 技术要求。一般是对装配体提出的装配要求、检验要求和使用要求等。技术要求一般写在右上角或左下角的空白处。

综上所述，看装配图只有按步骤对装配体进行全面了解、分析和总结全部资料，认真归纳，才能准确无误地看懂装配体。

三、一些机械常用件标准件的表示方法

1．键连接

键用来连接轴和轴上的传动件（如齿轮、带轮等），并通过它来传递转矩。键的种类很多，常用的有普通平键、半圆键（见图 6-5）、钩头楔键（见图 6-6）和花键等。其中，普通平键应用最广，画图时根据有关标准可查得相应的尺寸及结构。常用键的类型和标记查阅相关手册或国家标准。

键连接的画法如图 6-5 和图 6-6 所示。

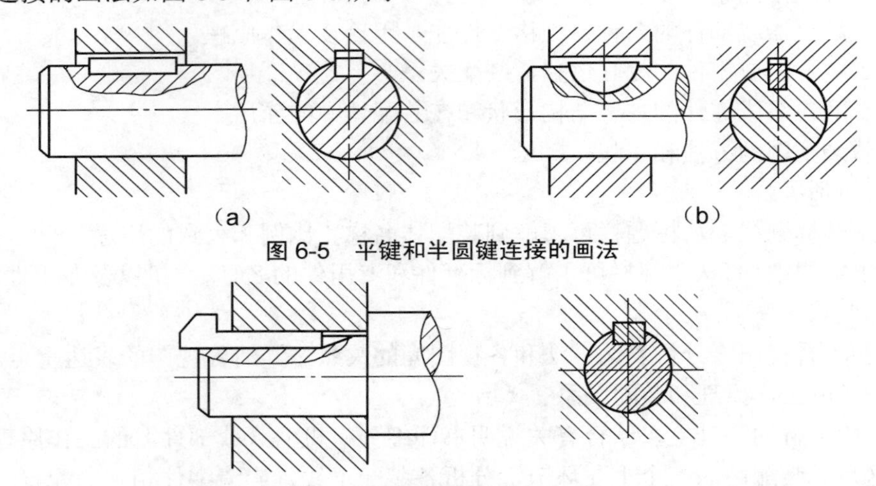

图 6-5　平键和半圆键连接的画法

图 6-6　钩头楔键连接的画法

2．销连接

销在机器中主要用于零件之间的连接、定位或防松。常见的有圆柱销、圆锥销和开口销等。开口销经常要与开槽螺母配合使用，它穿过螺母上的槽和螺杆上的孔以防止螺母松动。

销是标准件，在使用和绘图时，可根据有关标准选用和绘制。销的类型、画法及标记查阅相关手册或国家标准。图 6-7 所示为销连接的画法。

3．齿轮

齿轮是机械传动中应用最广的一种传动件，它不仅可以用来传递动力，而且可以用

来改变轴的转速和旋转方向。

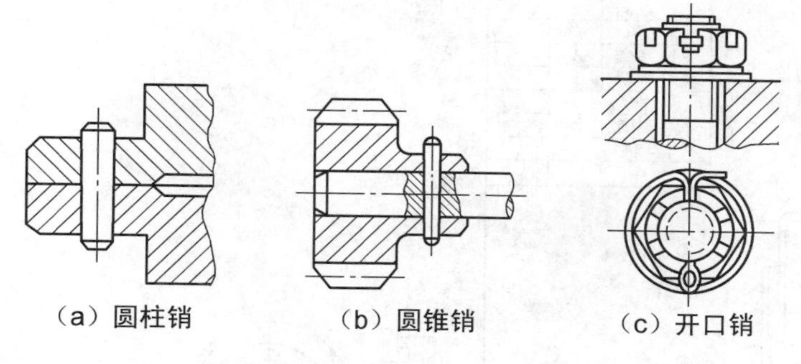
(a)圆柱销　(b)圆锥销　(c)开口销

图 6-7　销连接的画法

圆柱齿轮的画法规定，一般用 2 个视图（见图 6-8）或者用一个视图和一个局部视图表示单个齿轮（见图 6-9）。图 6-9 中，粗糙度标注为 GB/T 131—1993，现采用 GB/T 131—2006。

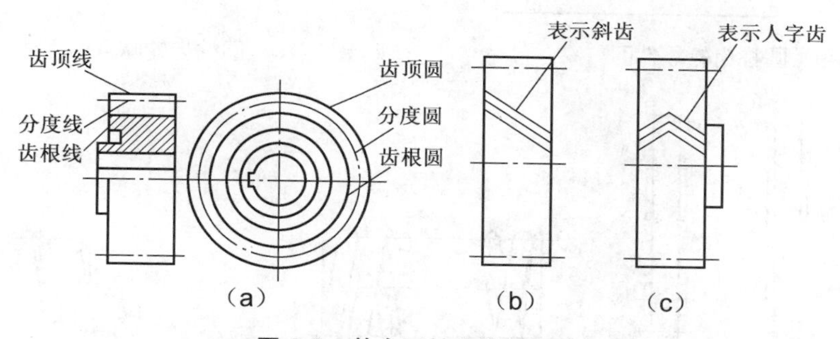

(a)　(b)　(c)

图 6-8　单个圆柱齿轮的画法

圆柱齿轮啮合的画法如图 6-10（a）所示，也可采用省略画法，如图 6-10（b）所示。

在平行于圆柱齿轮轴线的投影面的视图中，啮合区的齿顶线不需画出，分度圆相切处用粗实线绘制；其他处的分度线仍用细点画线绘制，如图 6-11 所示。

4．弹簧

弹簧一般用在减震、夹紧、自动复位、测力和储存能量等方面。螺旋弹簧的画法规定如图 6-12 所示。

在装配图中，螺旋弹簧被剖切时，如果弹簧丝直径在图形上不大于 2mm，可用涂黑表示［见图 6-13（a）］，也可采用示意画法［见图 6-13（b）］。被弹簧挡住的结构一般不画出，可见部分应从弹簧的外轮廓线或从弹簧钢丝断面的中心线画起（见图 6-14）。

5．滚动轴承

滚动轴承是支承轴旋转的部件。由于它具有摩擦力小、结构紧凑等特点，因此得到了广泛的应用。滚动轴承的种类很多，并已标准化，选用时可查阅有关标准。

（1）滚动轴承的结构

滚动轴承一般由 4 部分组成，如图 6-15 所示。

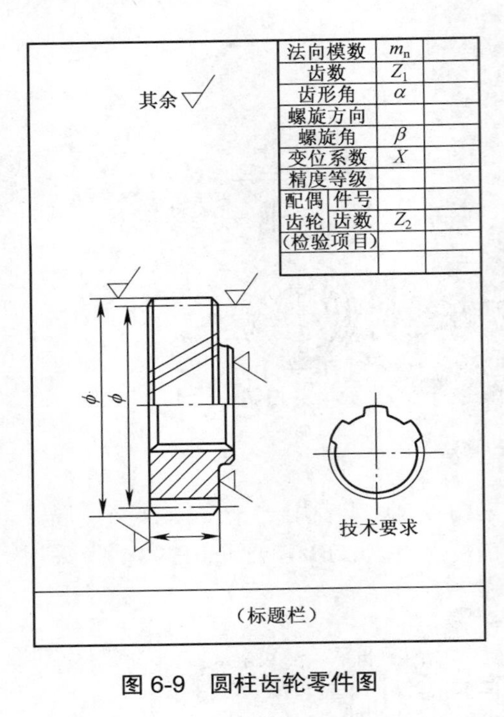

图 6-9　圆柱齿轮零件图

啮合区内齿顶圆画粗实线

啮合区内齿顶圆省略不画

(a)　(b)

图 6-10　圆柱齿轮啮合的画法 1

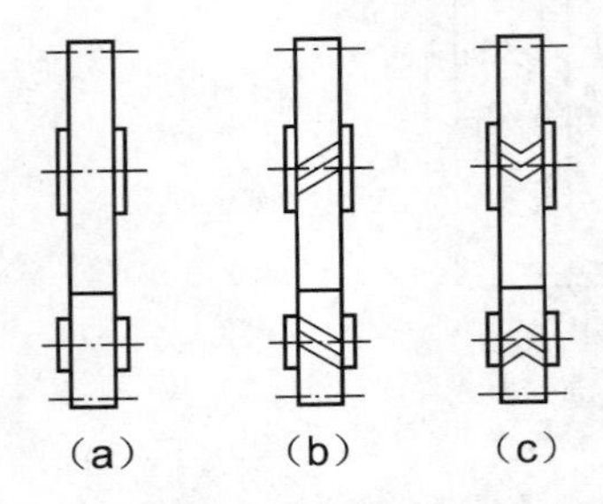

图 6-11　圆柱齿轮啮合的画法 2

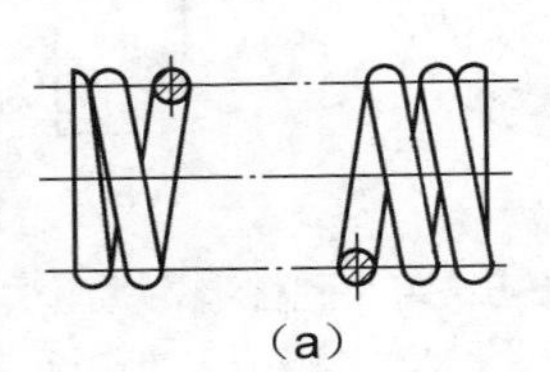

(b)

图 6-12　螺旋弹簧的画法

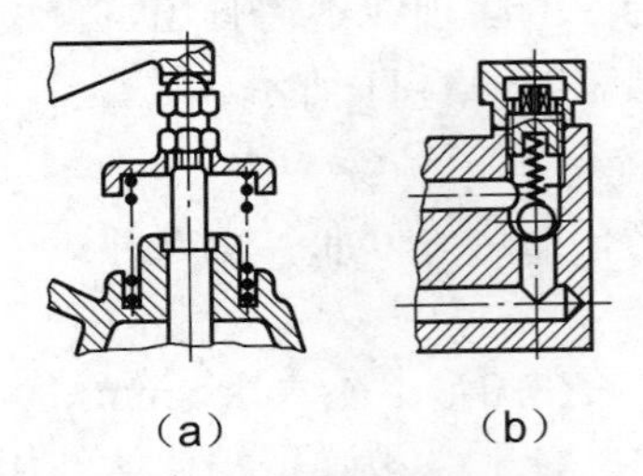

图 6-13　装配图中弹簧的画法 1

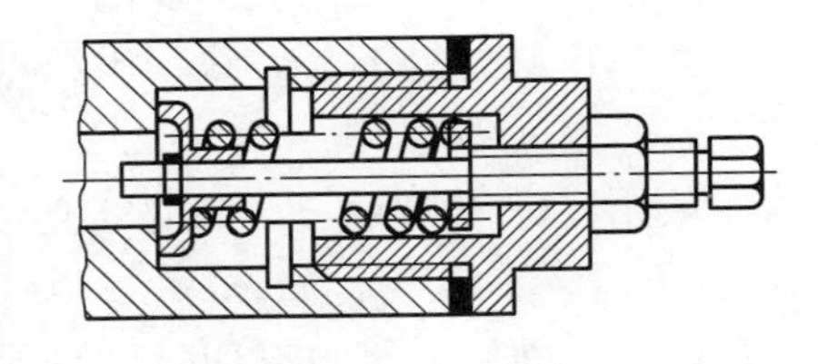

图 6-14　装配图中弹簧的画法 2

① 内圈。内圈与轴相配合，通常与轴一起转动。内圈孔径称为轴承内径，用符号“d”表示，它是轴承的规格尺寸。

② 外圈。外圈一般都固定在机体或轴承座内，一般不转动。

③ 滚动体。滚动体位于内、外圈的滚道之间，滚动体有球、圆柱、圆锥等多种形状。

④ 保持架。保持架用来保持滚动体在滚道之间彼此有一定的距离，防止相互间摩擦

和碰撞。

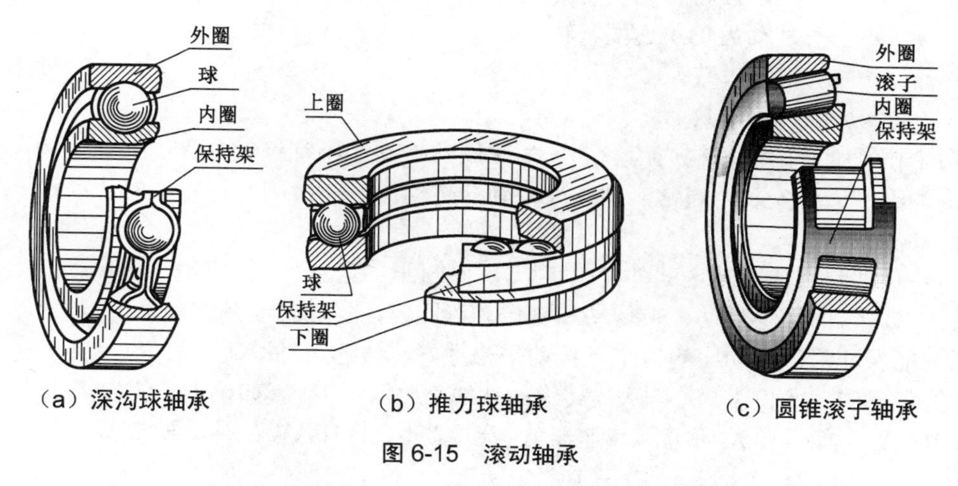

（a）深沟球轴承　（b）推力球轴承　（c）圆锥滚子轴承

图 6-15　滚动轴承

（2）滚动轴承的分类

滚动轴承的分类方法很多，按其承载特性可分为以下 3 类。

① 向心轴承。主要承受径向载荷，如深沟球轴承［见图 6-15（a)]。

② 推力轴承。主要承受轴向载荷，如推力球轴承［见图 6-15（b)]。

③ 向心推力轴承。同时承受径向和轴向载荷，如圆锥滚子轴承［见图 6-15（c)]。

四、齿轮传动

齿轮传动是现代机械中应用最广的一种机械传动形式，在工程机械、矿山机械、冶金机械、各种机床及仪器、仪表工业中被广泛地用来传递运动和动力。

齿轮是任意一个有齿的机械元件，它能利用它的齿与另一个有齿元件连续啮合，从而将运动传递给后者，或者从后者接受运动。

齿轮传动是利用齿轮来传递运动和（或）动力的一种机械传动。齿轮传动属啮合传动。如图 6-16 所示，当齿轮工作时，主动轮 O_1 的轮齿 1、2、3、4……通过啮合点（两齿轮轮齿的接触点）处的法向作用力 F_n，逐个地推动从动轮 O_2 的轮齿 1′、2′、3′、4′……，使从动轮转动并带动从动轴回转，从而实现将主动轴的运动和动力传递给从动轴。

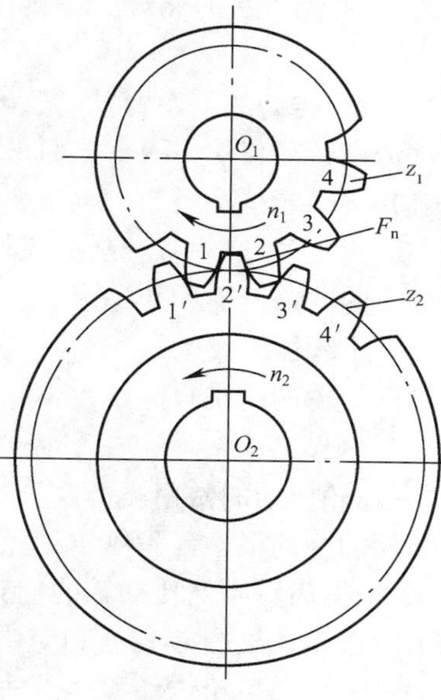

图 6-16　齿轮传动

1．传动比

齿轮传动的传动比是主动齿轮与从动齿轮角速度（或转速）的比值，也等于两齿轮齿数的反比，即

$$i=\omega_1/\omega_2=n_1/n_2=z_2/z_1$$

式中，ω_1、n_1——主动齿轮角速度、转速；

ω_2、n_2——从动齿轮角速度、转速；

z_1——主动齿轮齿数；

z_2——从动齿轮齿数。

两个相互啮合的齿轮构成齿轮副。齿轮副的传动比不宜过大，否则会使结构尺寸过大，不利于制造和安装。通常，圆柱齿轮副的传动比 $i \leqslant 8$，圆锥齿轮副的传动比 $i \leqslant 5$。

2．应用特点

齿轮传动除传递回转运动外，也可以用来把回转运动转变为直线往复运动（如齿轮齿条传动）。与摩擦轮传动、带传动和链传动等比较，齿轮传动具有如下优点。

① 能保证瞬时传动比的恒定，传动平稳性好，传递运动准确、可靠。

② 传递的功率和速度范围大。传递的功率小至低于 1W（如仪表中的齿轮传动），大至 5×10^4kW（如蜗轮发动机的减速器），甚至高达 1×10^5kW；传动时圆周速度可达至 300m/s。

③ 传动效率高。一般传动效率 η=0.94～0.99。

④ 结构紧凑，工作可靠，寿命长。设计正确、制造精良、润滑维护良好的齿轮传动，可使用数年乃至数十年。

齿轮传动也存在以下不足。

① 制造和安装精度要求高，工作时有噪声。

② 齿轮的齿数为整数，能获得的传动比受到一定的限制，不能实现无级变速。

③ 中心距过大时将导致齿轮传动机构结构庞大、笨重，因此，不适宜中心距较大的场合。

3．齿轮传动的基本要求

从传递运动和动力两个方面来考虑，齿轮传动应满足下列两个基本要求。

（1）传动要平稳

在齿轮传动过程中，应保证瞬时传动比恒定不变，以保持传动的平稳性，避免或减小传动中的冲击、震动和噪声。

（2）承载能力要大

要求齿轮的结构尺寸小、体积小、质量轻，而承受载荷的能力强，即强度高，耐磨性好，寿命长。

4．齿轮传动的常用类型

齿轮的种类很多，齿轮传动可以按不同方法进行分类。

① 根据齿轮副两传动轴的相对位置不同，可分为平行轴齿轮传动（见图 6-17）、相交轴齿轮传动（见图 6-18）和交错轴齿轮传动（见图 6-19）3 种。平行轴齿轮传动属平面传动，相交轴齿轮传动和交错轴齿轮传动属空间传动。

② 根据齿轮分度曲面不同，可分为圆柱齿轮传动［见图 6-17、图 6-19（a）］和锥齿轮传动［见图 6-18、图 6-19（b）］。

③ 根据齿线形状不同，可分为直齿齿轮传动［图 6-17（a）、图 6-17（d）、图 6-17（e）和图 6-18（a）］、斜齿齿轮传动［见图 6-17（b）、图 6-18（b）、图 6-19（a）］和曲

线齿齿轮传动［见图 6-18（c）、图 6-19（b）］。

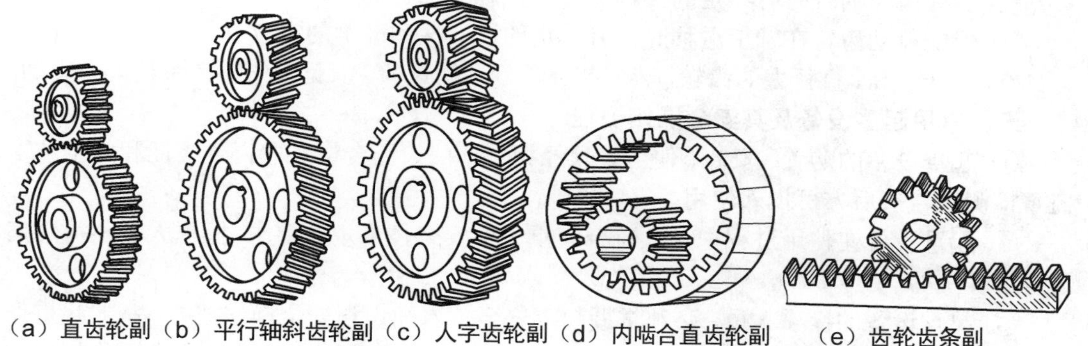

（a）直齿轮副（b）平行轴斜齿轮副（c）人字齿轮副（d）内啮合直齿轮副 （e）齿轮齿条副

图 6-17 平行轴齿轮传动

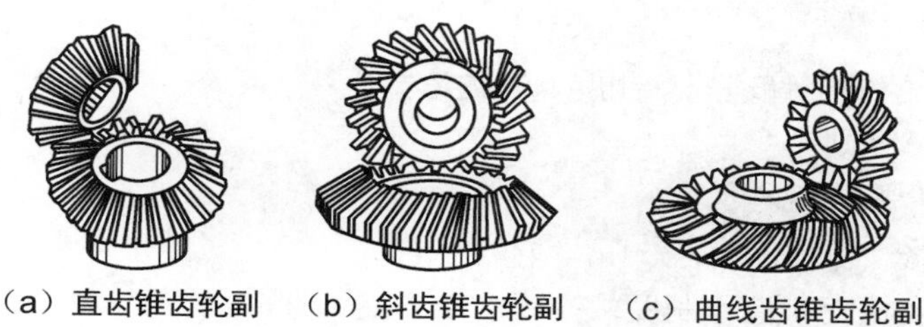

（a）直齿锥齿轮副 （b）斜齿锥齿轮副 （c）曲线齿锥齿轮副

图 6-18 相交轴齿轮传动

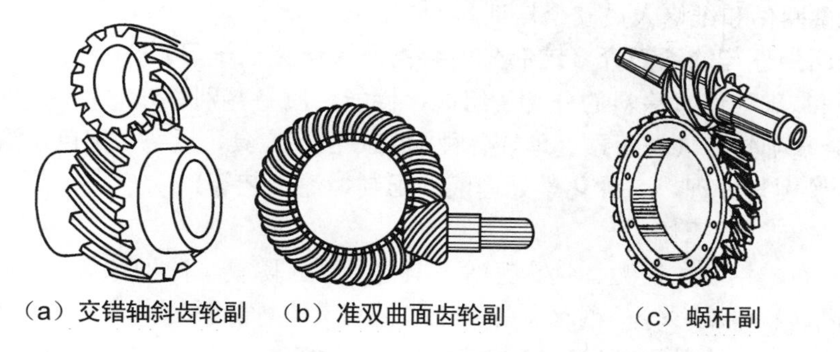

（a）交错轴斜齿轮副 （b）准双曲面齿轮副 （c）蜗杆副

图 6-19 交错轴齿轮传动

④ 根据齿轮传动的工作条件不同，可分为闭式齿轮传动和开式齿轮传动。前者齿轮副封闭在刚性箱体内，并能保证良好的润滑。后者齿轮副外露，易受灰尘及有害物质侵袭，且不能保证良好的润滑。

⑤ 根据轮齿齿廓曲线不同，可分为渐开线齿轮传动、摆线齿轮传动和圆弧齿轮传动等，其中，渐开线齿轮传动应用最广。

5．齿轮传动机构装配的技术要求

① 要保证齿轮与轴的同轴度要求，严格控制齿轮的径向圆跳动和轴向窜动量。

② 保证齿轮有准确的中心距和适当的齿侧间隙。齿侧间隙过小，会加剧齿轮的磨损，并使齿轮不能灵活转动，甚至出现卡死现象；侧隙过大，换向时会产生剧烈的冲击、震

动并使噪声增大。

③ 保证齿轮啮合时有一定的接触斑点和正确的接触位置。

④ 保证滑动齿轮在轴上滑移时具有一定的灵活性和准确的定位位置。

⑤ 对转速高、直径大的齿轮，装配前要进行平衡试验，以免工作时产生较大的震动。

五、常用起重设备及其安全操作规程

① 起重设备的购置、安装、使用必须经相关部门检测合格并取得合格证和安全技术监督检测报告书后方可投入使用。

② 起重设备在使用过程中必须符合起重设备安全技术规程要求，操作人员不得带病运行。

③ 起重设备的操作人员，必须掌握起重安全技术知识和安全操作技能，掌握起重作业的基础知识，了解常用起重设备的基本构造、性能，熟悉起重作业的安全操作规程，了解起重事故发生的原因及其预防措施，取得劳动部门的上岗证者方可上岗，无证人员一律严禁开机。

④ 建立健全的安全管理规章制度，其内容如下：

（a）操作人员守则；

（b）设备安全操作规程；

（c）设备维修、保养制度；

（d）设备安全检查和检验制度；

（e）设备安全技术档案管理制度；

（f）设备操作和维修人员安全培训和考核制度。

六、表面处理与油漆简介（这部分内容需开展研究性学习）

1．涂料基础知识（涂料的分类、组成、性能、质量鉴别等）

2．涂装基础知识（表面预处理、各种涂装方法、工具、设备、配色、涂料的选择及配套、质量鉴别与处理、各种化学处理液的配制、漆工艺等）

表面处理与油漆工作：

① 用砂布、钢丝、铲刀、尖头锤等工具进行手工除锈、除旧漆等操作；

② 用风动和电动砂轮、钢丝刷等手工机械工具进行除锈等操作；

③ 了解并能初步使用喷砂、喷丸设备，对工件表面进行除锈等操作；

④ 对已清理的工件表面进行除锈处理；

⑤ 用有机溶剂清洗法、碱液清洗法及表面活性剂清洗法对工件表面脱脂；

⑥ 对已处理的工件表面涂刷、浸底漆；

⑦ 对塑料制品表面进行物理处理；

⑧ 正确使用各种漆刷并能维护、保养；

⑨ 按指定的材料调配漆液施工黏度；

⑩ 按刷涂基本操作方法涂漆，并能达到漆膜均匀等质量要求；

⑪ 稀释和刮涂常规腻子；

⑫ 使用电子调漆设备按样品颜色调配涂料颜色并能估算漆料的用量；

⑬ 手工或用腻子打磨机打磨腻子；

⑭ 正确选用砂布、砂纸；

⑮ 稀释常规涂料的黏度；

⑯ 使用常用喷漆枪完成中、低档车身的喷漆作业，对常见的喷漆缺陷进行识别和处理；

⑰ 对面漆打蜡抛光；

⑱ 维护、保养喷漆房等常用设备和工具。

七、设备的润滑、密封与治漏

1．设备的润滑

润滑是为了减轻机械摩擦与磨损，使机械运转平稳，提高设备的使用寿命。

（1）润滑的作用

① 降低摩擦因数。因为润滑剂能够在两摩擦表面之间形成油膜减摩层，所以它可以减小摩擦因数，减小摩擦阻力，降低能量的消耗。

② 降低温度。由于润滑油能降低摩擦表面的摩擦因数，因此必然使摩擦时产生的热量降低；若采用循环润滑，还能够带走摩擦所产生的部分热量，从而对设备可起到降温冷却的作用。

③ 减少磨损。润滑剂能将两摩擦表面隔离，从而可以减少由于硬粒、表面锈蚀等造成的磨损。

④ 防止腐蚀，保护金属表面。对金属没有腐蚀作用的润滑剂，能够隔绝潮湿空气中的水分和有害物质对金属表面的侵蚀，起到保护金属表面的作用。

⑤ 清洁冲洗作用。液体润滑剂能够冲洗掉摩擦面之间的磨粒，从而可减少磨料磨损。

⑥ 密封作用。液压装置中活塞与液压缸之间的液压油，有增强密封的作用，从而可以提高系统的工作效率。

（2）润滑剂的种类及选用

润滑剂可分为气体润滑剂、液体润滑剂（俗称润滑油）、半固体润滑剂（俗称润滑脂）和固体润滑剂等 4 种。

① 气体润滑剂。采用空气、蒸气或氮气、氦气等惰性气体作为润滑剂，将摩擦表面用高压气体分开，这种起到润滑作用的气体，称为气体润滑剂。例如，重型机器的推力轴承、高速内圆磨头的轴承都采用气体润滑。

② 液体润滑剂。用矿物油、合成润滑油、乳化油、水等液体制成的润滑油，统称液体润滑剂。

常用润滑油的牌号、性质和用途查阅相关手册。

③ 半固体润滑剂（国家标准中称润滑脂）。该润滑剂是一种介于流体和固体之间的塑性状态或膏质状态的半固体物质，它包括矿物润滑脂、合成润滑脂、动植物润滑脂等，统称半固体润滑剂。该类润滑剂广泛应用于轴承和垂直面的润滑。

常用润滑脂的牌号、性质和用途查阅相关手册。

为提高润滑剂的抗氧化、抗腐蚀和防锈等性能，需要在润滑剂中加入适当的添加剂。

④ 固体润滑剂。这种利用石墨、二硫化钼、二硫化钨等润滑性能良好的固体所制成的润滑剂，称为固体润滑剂。该种润滑剂可在高温、高压情况下使用。

（3）润滑方法与润滑装置

在选定润滑剂之后，要采用适当的方法和装置将润滑剂输送到需要进行润滑的部位。润滑脂常用油枪压入或直接涂附来实现润滑；固体润滑剂常用直接涂附的方法实现润滑；润滑油的输送方法和润滑装置如下。

① 手工定时润滑。该种方法适用于运动速度较低的零件所需润滑的部位，图 6-20 所示为一般手工定时润滑所使用的装置。

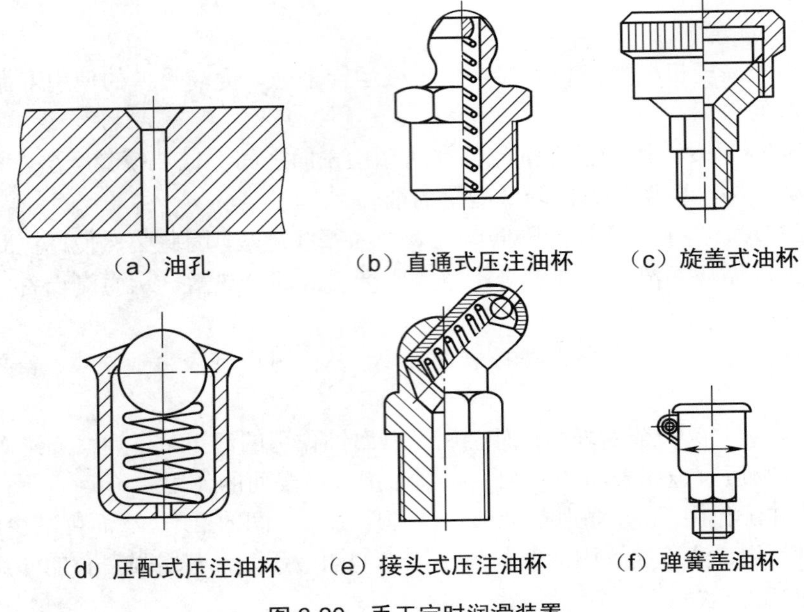
（a）油孔　（b）直通式压注油杯　（c）旋盖式油杯

（d）压配式压注油杯　（e）接头式压注油杯　（f）弹簧盖油杯

图 6-20　手工定时润滑装置

② 滴油润滑。利用润滑油的自重滴加到需要润滑的部位，其滴落速度可通过调整针阀式注油杯出口的大小来改变。它主要适用于轴承、齿轮、链条等处的润滑。常用的针阀式注油杯见图 6-21。

③ 油池润滑。通过浸入油池内的旋转件的旋转，将润滑油甩到各个润滑部位。该种润滑方法多用于封闭箱体内零部件的润滑，见图 6-22。

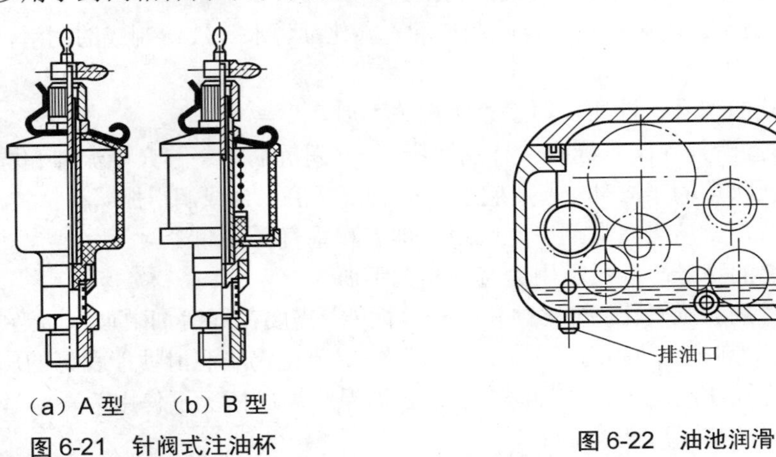

（a）A 型　（b）B 型

图 6-21　针阀式注油杯

图 6-22　油池润滑

④ 油环、油链及油轮润滑。利用浸入油池内的油环、油链或油轮将油从油池中带到需要润滑的部位而进行的润滑。其润滑装置见图 6-23、图 6-24。

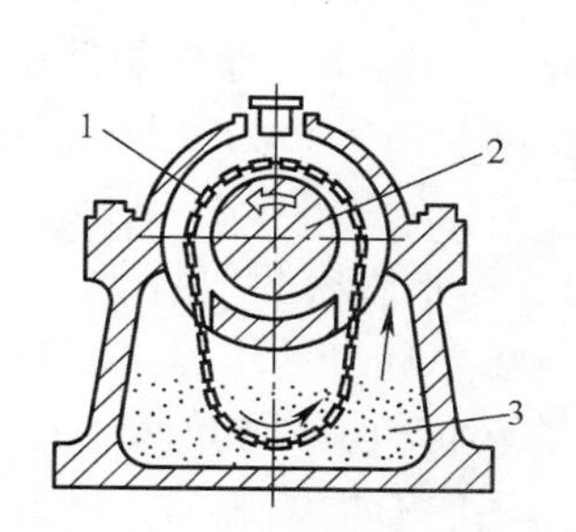

1—油链；2—轴；3—油池

图 6-23　油链润滑装置

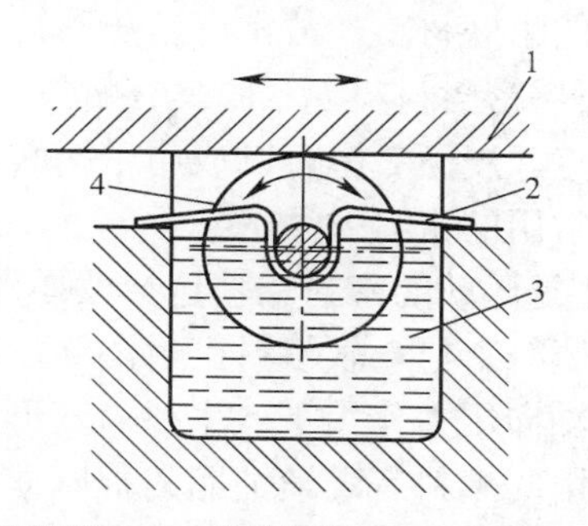

1—上导轨面；2—弹簧托架；3—油池；4—油轮

图 6-24　导轨面油轮润滑装置

⑤ 油芯、油垫润滑装置。它是指利用油芯、油垫的毛细管和虹吸原理制成的，向润滑部位提供润滑油的一种润滑装置。图 6-25 所示为油芯润滑装置，图 6-26 所示为油垫润滑装置。

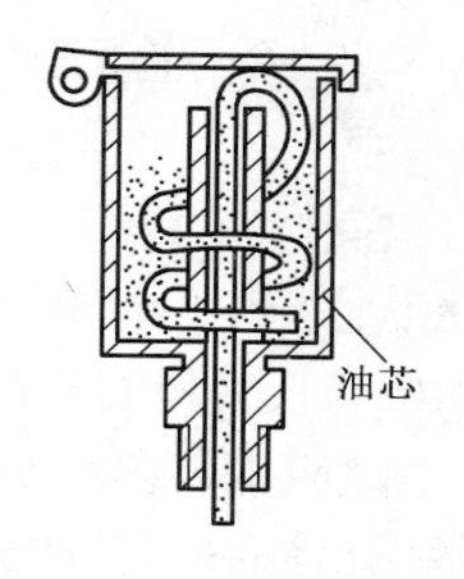

图 6-25　油芯润滑装置

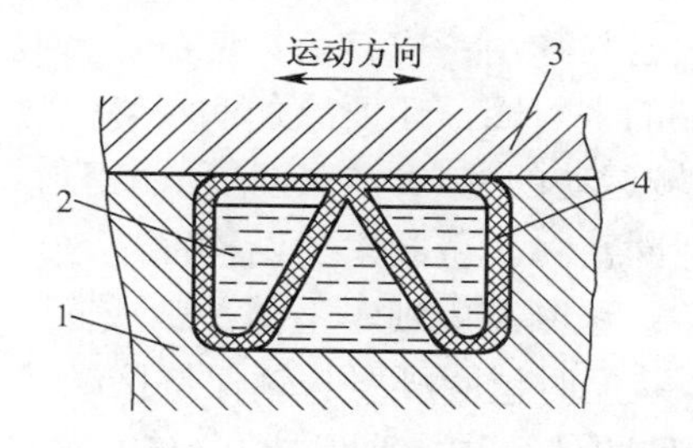

1—床身；2—油池；3—上滑动导轨；4—毛毡油垫

图 6-26　油垫润滑装置

⑥ 压力润滑装置。它分为间歇压力润滑装置和连续压力润滑装置两种。间歇压力润滑装置是利用油枪进行注油的，适用于速度低、载荷小、间歇工作的摩擦传动；连续压力润滑装置是通过液压泵进行供油的，可将润滑油同时输送到多个需要润滑的部位。

2．设备的密封与治漏

密封的功用是阻止流体泄漏。流体泄漏会导致机械设备运转异常、故障增多、效率降低、寿命缩短，并会造成能源浪费、环境污染，有碍文明生产，影响劳动者的健康。因此，防漏、治漏是一项重要工作，而采用密封技术来实现设备的防漏与治漏是最主要的、也是最常用的方法。

（1）常用的密封材料

① 橡胶类密封材料。橡胶类密封材料具有高弹性、耐液体介质腐蚀、耐高温、耐低温、易于模压成型等优点，是最主要的密封材料。橡胶可分为天然橡胶和合成橡胶，合成橡胶中应用最广的是丁腈橡胶、氯丁橡胶和氟橡胶等。

② 密封胶。把密封胶涂敷在结合面上，使两结合面实现胶接，以堵塞缝隙部位的泄

漏，这种治漏方法称为胶密封。

③ 塑料类密封材料。塑料类密封材料中应用较多的是聚四氟乙烯，它是一种化学稳定性很好的耐磨材料，故常用于防腐蚀、耐高温和减小摩擦、防止爬行的密封装置中。

④ 石墨密封材料。石墨具有耐热、耐腐蚀、耐辐射、自润滑、摩擦系数小、导热性能好等优点。浸渍石墨可制成用于端面密封的软环、石墨封带等作为密封阀门的材料。

（2）常用的密封方法

① 往复运动的密封。它包括填料密封、形圈密封、唇形圈密封等种类。

（a）填料密封。软填料密封俗称盘根，是用软填料填塞环缝的压紧式密封。软填料在压盖的轴向压力作用下产生径向变形，于是紧贴在轴表面和填料盒内壁以实现密封的作用。常用的填料有浸渍油脂的棉麻绳、浸渍油脂和石墨的石棉编织品、橡胶石棉布、氟纤维、碳纤维等。

（b）形圈密封。O 形圈是一种横截面形状为圆形的耐油橡胶环。拆卸或装配 O 形圈时要仔细，防止 O 形圈被划伤、切断等。

（c）唇形圈密封。唇形圈按端面形状不同，可分为 Y 形圈、V 形圈、U 形圈、L 形圈和 J 形圈等。使用唇形圈时应注意：安装部位各处的锐棱应倒钝，圆角半径应大于 0.3mm；按载荷方向合理安装密封圈，切勿装反，否则会将载荷加到密封圈的背面，使密封圈失去密封作用；安装前，应先在密封圈要通过的表面上涂上润滑油，对那些用于气动装置上的密封圈，还要涂加润滑脂。

② 回转运动的密封。它包括毡圈密封、间隙密封、油封等种类。

（a）毡圈密封。毡圈密封结构简单，同时具有密封、储油、防尘、抛光等作用。使用时应注意：毡圈需由细羊毛毡冲裁成圈，不能用毡条装入槽内代替毡圈；毡圈不能压紧在轴上，装配时毡圈既要与轴保持接触又不能压得过紧；毡圈应安装在斜度为 4° 的梯形沟槽内，毡圈外径与槽底保持 0.4～0.8mm 的径向间隙，轴和壳体间应有 0.25～0.40mm 的间隙。

（b）间隙密封。利用配合件的间隙对油流动的阻力来减少漏油的方法，称为间隙密封。其中，利用曲折通路节油效应降低压力差来减少泄漏的密封方式，称为迷宫密封。

（c）油封。带有唇口密封的旋转轴密封件，称为油封。油封由耐油橡胶制成，用金属骨架加强，并用环形弹簧加压。油封安装前要在唇口和轴表面上涂润滑油或润滑脂，安装时要注意方向，弹簧一侧朝里，操作时要防止弹簧脱落、唇口翻转。当油封通过轴上键槽、孔或花键时，要保护好油封唇口，不得被拉伤。油封装入座孔时应保持垂直压入，切勿歪斜。

③ 静密封。静密封是指对两固定结合面的密封。静密封常用垫片密封，要根据工作压力、工作温度和密封介质等因素合理选择密封垫片材料。常用的垫片材料有纸垫片、橡胶垫片、夹布橡胶垫片、聚氯乙烯垫片、橡胶石棉垫片、缠绕垫片和金属垫片等。

3．设备的治漏

（1）常用的治漏方法

① 封堵。应用密封技术以堵塞润滑油泄漏的通道。

② 疏导。使流体介质在易泄漏部位的流动畅通无阻，不积存，例如，加回油通道等。

③ 均压。消除壳体内、外压力差，例如，加放气孔。

④ 阻尼。增加泄漏通道的阻力，例如，加长泄漏通道的长度，以增加其泄漏的阻尼。

⑤ 抛甩。截流抛甩，使润滑油不能流向泄漏处，例如，在轴承附近加装甩油环。

⑥ 接引。设置接油盘、接油盒来盛接泄漏的油液，这是一种被动的治漏方法。

（2）箱体治漏

① 铸造箱体的缺陷易造成泄漏，如砂眼、气孔、缩孔、裂纹等。可分别采用焊接法焊补箱体的铸造裂缝缺陷，微孔可用浸渗密封胶密封；大的气孔可用机械加工方法挖去缺陷部分后，加堵头密封；有裂纹时，可先在裂纹两端稍前方一点钻孔，防止裂纹进一步延伸，然后用胶粘剂修补；对于焊接制成的箱体，则可用焊补的方法修补。

② 固定结合面，如观察孔、操作孔等，可用环形密封圈、密封垫或密封胶密封。

③ 密封箱体，由于温升高，内部压力增大而发生泄漏时，应在箱盖上适当位置加做一个通气孔，排出多余气体。

【多媒体（上网搜索）】

（1）观看“装配齿轮减速器”视频。

（2）浏览“装配图”网页、图片，观看“装配图”视频。

（3）浏览“机械常用件标准件”网页，观看“机械常用件标准件”视频。

（4）浏览“齿轮传动”网页、图片，观看“齿轮传动”视频。

【思与行（自我探索）——思考是进步的阶梯，实践能完善自己】

（1）设备空转试验要求。

（2）机械设备精度检验方法。

（3）齿轮与轮系知识

【多媒体——本项目课外阅读】

（1）《机械制图》书籍中的有关装配图内容。

（2）《钳工工艺学》、《钳工生产实习》书籍中的相关内容。

（3）机床夹具知识。

项目学习评价

一、思考练习题

（1）一般机械装配的步骤有哪些？

（2）如何识读装配图？

（3）举例说明齿轮传动。

（4）简述常用起重设备的安全操作规程。

（5）简单说明（或举例说明）设备如何进行润滑、密封与治漏。

二、个人学习小结

1．比较对照

（1）现在你能识读一般装配图吗？

（2）现在你能编写简单机械的装配工艺吗？

(3)“自检结果”和“得分”的差距在哪里？

(4)在本项目学习过程中，掌握了哪些技能与知识？

2．相互帮助

帮助同学纠正了哪些错误？在同学的帮助下，改正了哪些错误，解决了哪些问题？

装配简单机械项目总结

本项目介绍了机械设备的简单装配，如果真正掌握了其知识和技术，就能基本胜任工厂工作，如果有志于装配钳工的学习，你可以选择有关专业的机械装配方向，接着学习相关课程。本项目中开展了初步的研究性学习活动，面对要解决的问题，通过自己查找相关知识，编制装配工艺，再和同学交流，最后在全班交流，得到了最可靠的装配工艺程序。在此过程中，我们和同组的同学进行了良好的合作，为了全组的荣誉，和同学们进行了认真的讨论，增进了同学间的友情。组与组之间是竞争对手，想一想，你从竞争对手中学到了哪些。这次，你和这些同学一组，下次，你就可能和那些同学是一组，要注意取人之长，补己之短。同学之间要精诚团结，通力合作，在人际交往中宽容大度，求同存异。

※项目七　维修简单机械

项目情境创设

机械在使用过程中是会损坏的，损坏了就得维修，维修工使机器获得了新生。生活中需要机电维修工，因为从自行车、摩托车、汽车到家用机电设备都需要维修，有了机电维修工我们的生活才更方便。机械企业需要机械维修工，有了机械维修工工厂才能正常运转。

项目学习目标

学习目标	学习方式	学时
（1）学会修理和检验立式钻床类机械； （2）学会使用起重作业机械及工具进行设备拆卸、搬迁； （3）学会对设备进行日常保养	按照任务中“基本技能”的顺序，逐项训练。对不懂的问题，查看后面的“基本知识”。在掌握技术要领的基础上，通过维修多种简单机械，掌握其基本技能。还要会使用起重作业机械及工具进行设备拆卸、搬迁，会对设备进行日常保养	10

项目基本功

任务一　修理 Z525 立式钻床

一、读懂工作图样

本次任务是修理如图 7-1 所示的 Z525 立式钻床。对照 Z525 立式钻床实物和图 7-1 所示 Z525 立式钻床结构图熟悉整机结构。（设备维修知识见本任务的基本知识一、二，立式钻床保养见本任务的基本知识四）

二、工作过程和技术要领

1．工作准备

① Z525 立式钻床。

② 常坏零部件。（设备磨损零件的修换标准和更换原则见本任务的基本知识“三、设备磨损零件的修换标准和更换原则”）

③ 常用拆装工具：内外六角扳手一套、内卡簧钳、铜棒、专用钢套等。

2．按拆卸原则拆卸主要部件

先按序拆卸电气系统、变速箱、进给箱、工作台、立柱，然后全部拆卸。

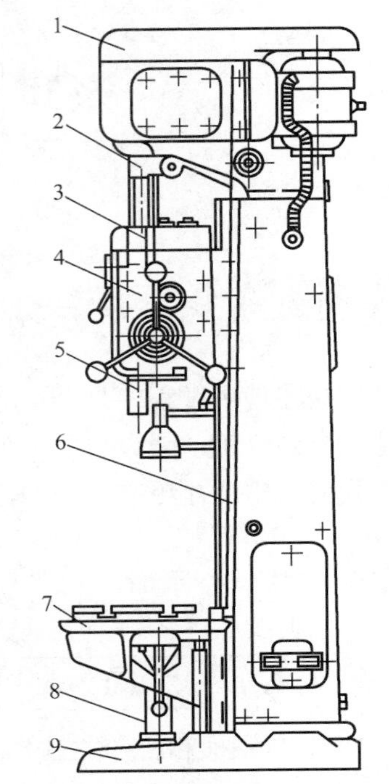

1—变速箱；2—空心轴；3—导向套；4—进给箱；5—主轴；6—立柱；7—工作台；8—托架；9—底座

图 7-1 Z525 立式钻床结构图

【技术点】 拆卸设备

（1）拆卸前的准备

在设备修理过程中，拆卸工作是一个重要环节。在拆卸中，若考虑不周、方法不当，就会造成被拆卸设备的零部件损坏，甚至使整台设备的精度、性能降低。

为了使拆卸工作能顺利进行，必须在设备拆卸前仔细熟悉待修设备的图样资料，分析了解设备的结构特点、传动系统及零部件的结构特点和相互间的配合关系，明确它们的用途和相互间的作用，在此基础上确定合适的拆卸方法，选用合适的拆卸工具，然后开始解体。

（2）拆卸原则

机械设备拆卸时，一般先拆电器元件后拆机械部分。机械部分应该按照与装配相反的顺序进行，一般原则是从外部拆至内部，从上部拆至下部，先拆成部件或组件、再拆成零件。另外，在拆卸中还必须注意下列原则。

① 对不易拆卸或拆卸后将会降低连接质量和损坏一部分连接零件的连接，应当尽量避免拆卸，例如，密封连接、过盈连接、铆接和焊接连接件等。

② 用击卸法冲击零件时，必须垫好软衬垫或者用软材料（如紫铜）做的锤子或冲棒，以防止损坏零件表面。

③ 拆卸时，用力应适当，特别要注意保护主要结构件，不使其发生任何损坏。对于相配合的两零件，在不得已必须拆坏一个零件的情况下，应保存价值较高、制造困难或质量较好的零件。

④ 长径比值较大的零件，如较精密的细长轴、丝杠等零件，拆下后，随即清洗、涂油并垂直悬挂。重型零件可用多支点支承卧放，以免变形。

⑤ 拆下的零件应尽快清洗并涂上防锈油。对精密零件，还需要用油纸包好，防止生锈腐蚀或碰伤表面。零件较多时还要按部件分门别类，做好标记后再放置。

⑥ 拆下的较细小、易丢失的零件，如紧定螺钉、螺母、垫圈及销子等，清理后尽可能再装到主要零件上，防止遗失。轴上的零件拆下后，最好按原次序方向临时装回轴上或用钢丝串起来放置，这样将给以后的装配工作带来很大方便。

⑦ 拆下的导管、油杯之类和润滑或冷却用的油、水、气的通路及各种液压件，在清洗后均应将进出口封好，以免灰尘杂质侵入。

⑧ 在拆卸旋转部件时，应注意尽量不破坏原来的平衡状态。

⑨ 容易产生位移而又无定位装置或有方向性的相配件，在拆卸时应先做好标记，以便在装配时容易辨认。

（3）常见的拆卸方法

在拆卸过程中，修理钳工往往根据具体零部件结构特点的不同，采用相应的拆卸方法。常用的拆卸方式有击卸法、拉拔法、顶压法、温差法和破坏法等。

① 击卸法拆卸。击卸法是利用手锤敲击，把零件拆下。用手锤敲击拆卸时应注意下列事项。

（a）要根据拆卸件尺寸及重量、配合牢固程度，选用重量适当的手锤。

（b）必须对受击部位采取保护措施，一般使用铜锤、胶木棒、木板等保护受击的轴端、套端或轮辐。对精密的重要的部件拆卸时，还必须制作专用工具加以保护。图 7-2（a）所示为保护主轴的垫铁，图 7-2（b）所示为保护轴端中心孔的垫铁，图 7-2（c）所示为保护轴端螺纹的垫铁，图 7-2（d）所示为保护轴套的垫套。

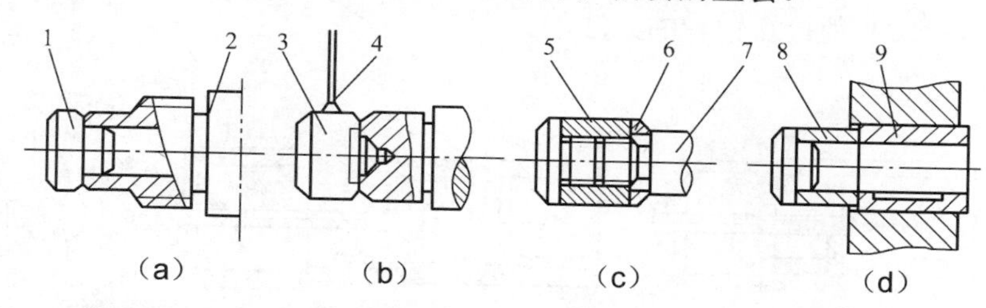

1、3—垫铁；2—主轴；4—铁条；5—螺母；6、8—垫套；7—轴；9—击卸套

图 7-2　击卸保护

（c）应选择合适的锤击点，以防止变形或破坏。例如，对于带有轮辐的带轮、齿轮、链轮，应锤击轮与轴配合处的端面，避免锤击外缘，锤击点要均匀分布。

（d）对配合面因为严重锈蚀而拆卸困难时，可加煤油浸润锈蚀面。当略有松动时，再拆卸。

② 拉拔法拆卸。拉拔法是一种静力或冲击力不大的拆卸方法。这种方法不容易损坏零件，适于拆卸精度比较高的零件。

（a）锥销的拉拔。图 7-3 所示为用拔销器拉出锥销。图 7-3（a）所示为大端带有内螺纹锥销的拉拔，图 7-3（b）所示为带螺尾锥销的拉拔。

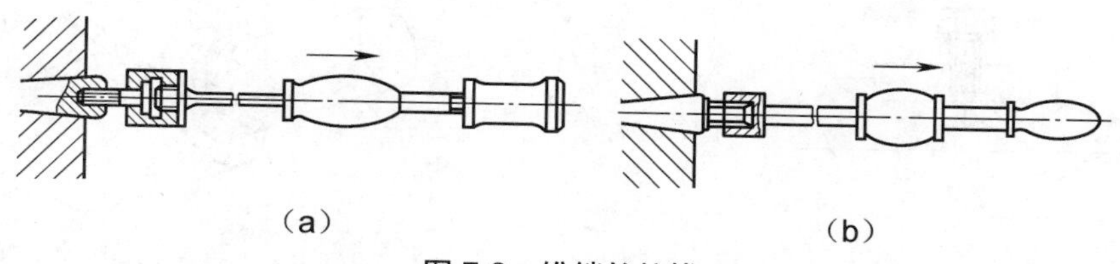

图 7-3　锥销的拉拔

（b）轴端零件的拉卸。位于轴端的带轮、链轮、齿轮及滚动轴承等零件的拆卸，可用各种螺旋拉卸器拉出。图 7-4（a）所示为拉卸器拉卸滚动轴承，图 7-4（b）所示为拉卸器拉卸滚动轴承外圈（轴承在拉钩上楔的上方，图中未画出），图 7-4（c）所示为顶拔带轮，图 7-4（d）所示为顶拔齿轮。

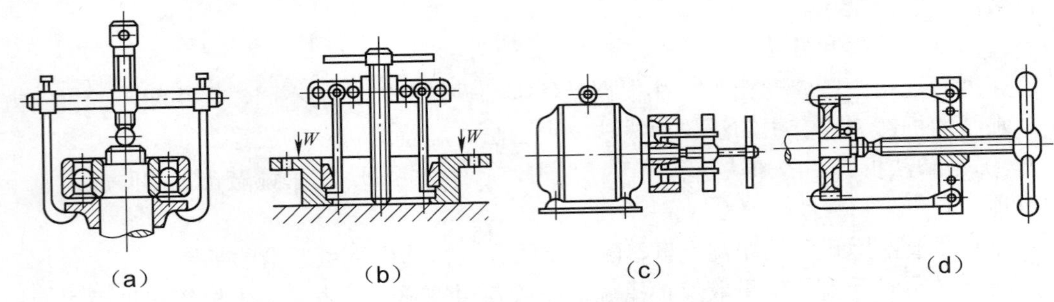

图 7-4　轴端零件的拉卸

（c）轴套的拉卸。由于轴套一般是以质地较软的铜、铸铁、轴承合金制成，若拉卸不当则很容易变形，因此，不必拆卸的尽可能不拆卸，必须拆卸时，可做些专用工具拉卸。图 7-5 所示为两种拉卸轴套的方法。

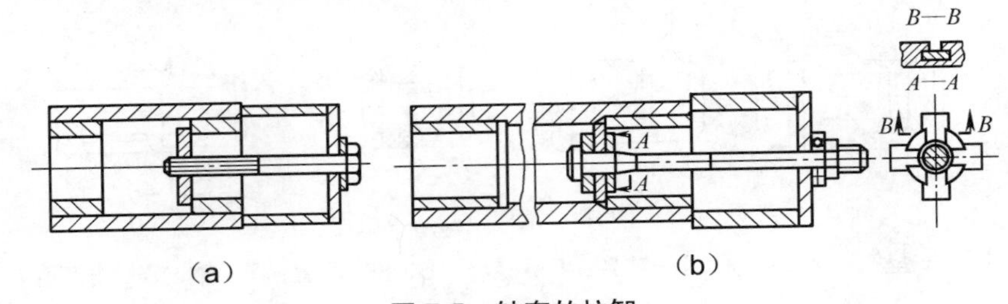

图 7-5　轴套的拉卸

③ 顶压法拆卸。顶压法适用于形状简单的过盈配合件的拆卸，常利用油压机、螺旋压力机、千斤顶、C 形夹头等进行拆卸。当不便使用上述工具进行拆卸时，可采用工艺螺孔，借助螺钉进行顶卸，见图 7-6。

④ 温差法拆卸。温差法是采用加热包容件或冷冻被包容件，同时借助专用工具来进行拆卸的一种方法。温差法适用于拆卸尺寸较大、配合过盈量较大的机件或精度要求较高的配合件。加热或冷冻必须快速，否则会使配合件一起胀缩，从而使包容件与被包容件不易分开。拆卸轴承内圈时可用如图 7-7 所示的简易方法进行。

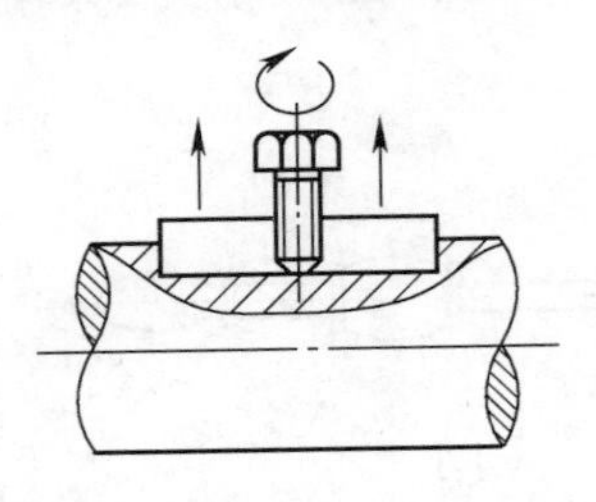

图 7-6　用顶压法拆卸平键

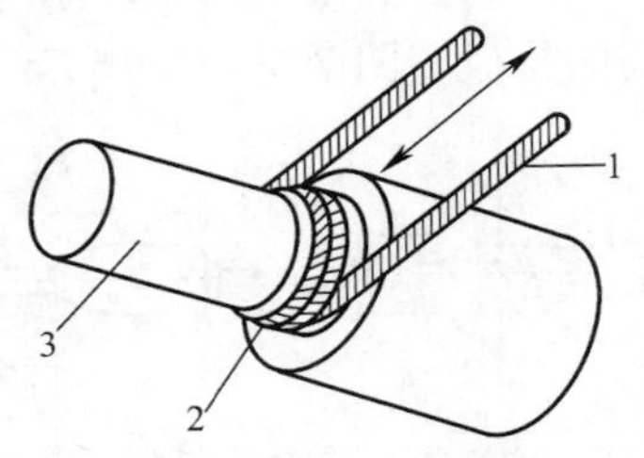

1—绳子；2—轴承内圈；3—轴

图 7-7　温差法拆卸轴承内圈

其具体方法是将绳子 1 绕在轴承内圈 2 上，反复快速拉动绳子，摩擦生热使轴承内圈增大，较容易地从轴 3 上拆下来。

⑤ 破坏法拆卸。对于必须拆卸的焊接、铆接、胶接以及难以拆卸的过盈连接等固定连接件，或因发生事故使键与轴扭曲变形、轴与轴套咬死及严重锈蚀而无法拆卸的连接件，可采用车、锯、錾、钻、气割等方法进行破坏性拆卸。

3．修刮底座

检修底座如图 7-8 所示，将底座用平板拖研，刮去毛刺，用水平仪校平，使 1、2 接触面都好。1、2 面可以不等高，但必须平行。

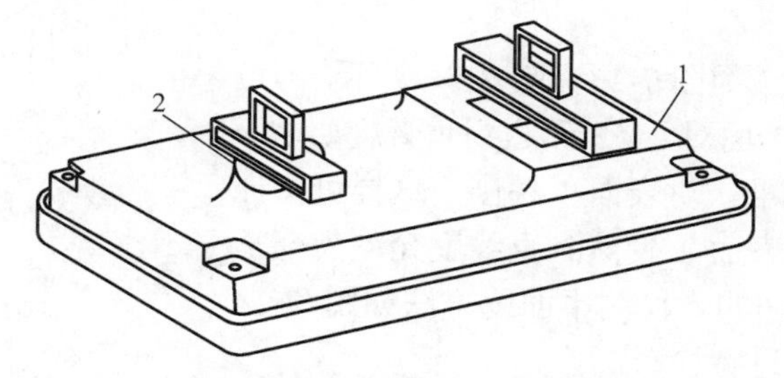

图 7-8　底座检查示意图

4．修刮立柱

检修立柱如图 7-9～图 7-12 所示。

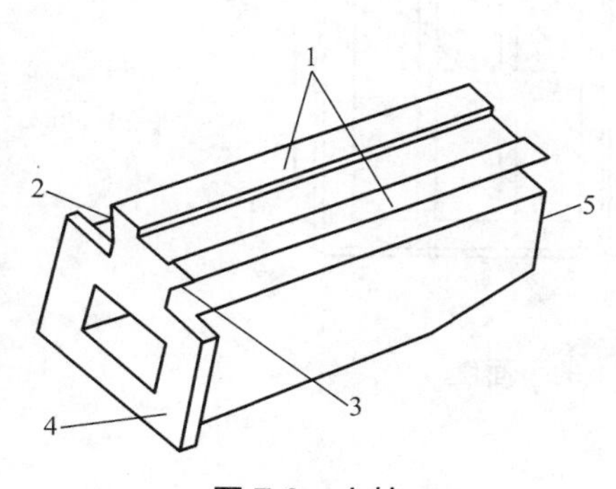

图 7-9　立柱

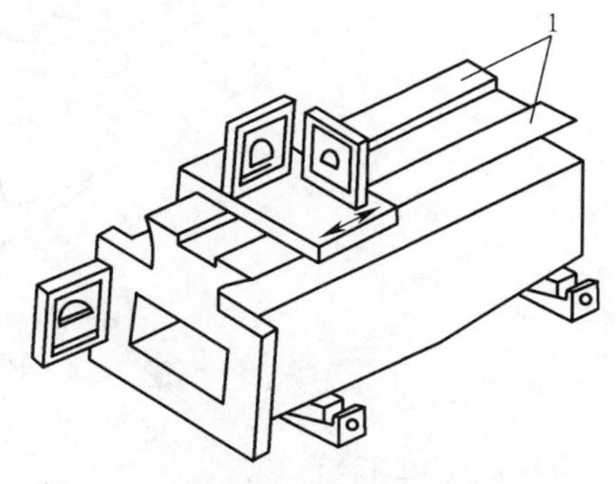

图 7-10　检查表面 1 的直线度和平行度

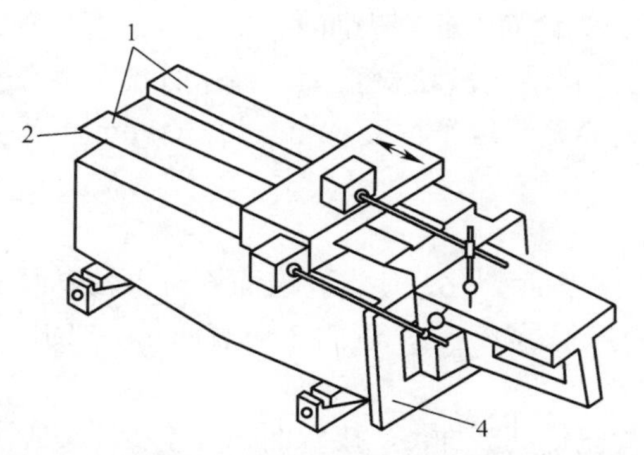

图 7-11　检查表面 1 和表面 2 对表面 4 的垂直度

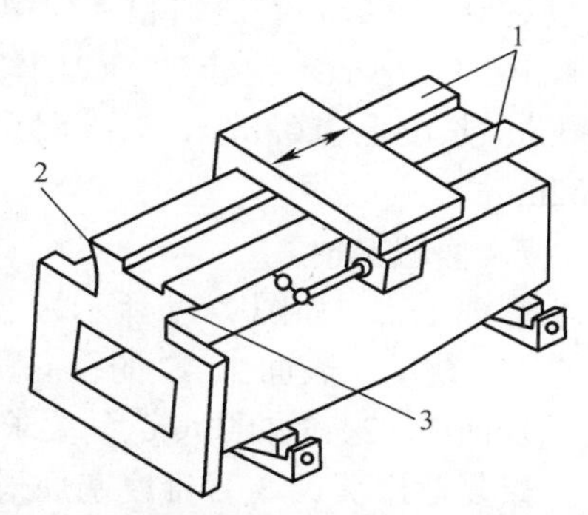

图 7-12　检查表面 3 对表面 2 的平行度

① 修刮立柱底面 4（如图 7-9 所示），要求接触面平。可用平板检查立柱底面 4。

② 修刮 1、2、3 面，确保 1 面的直线度和平行度、表面 1 和表面 2 对表面 4 的垂直度、表面 3 对表面 2 的平行度达到规定要求。可将表面 1 朝上，选取两端磨损较少处放置水平仪，将立柱校平，按图 7-10 所示的方法检查表面 1 的直线度和平行度，按图 7-11 所示的方法检查表面 1 和表面 2 对表面 4 的垂直度，按图 7-12 所示的方法检查表面 3 对表面 2 的平行度。（直线度的有关知识见项目二任务五中的基本知识）

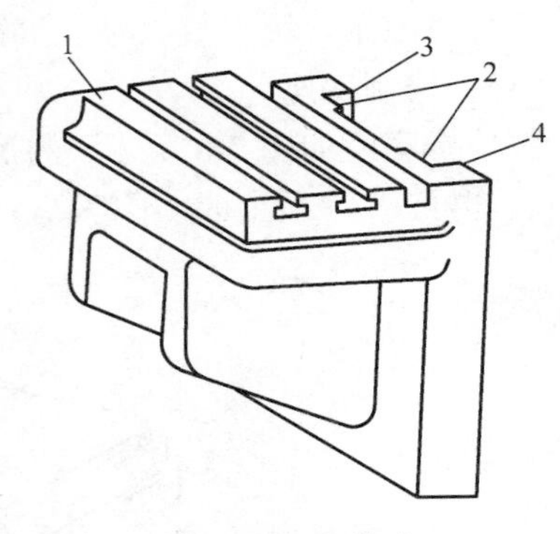

图 7-13　工作台

5．修理工作台

修理钻床工作台，如图 7-13、图 7-14 所示，使 1 面达到直线度要求，1 面对 2、3 面达到垂直度要求。可以表面 2 与 3 为基准，对表面 1 精刨，这样可保证其垂直度要求，精刨表面 1 使达到直线度允差为全长上 0.05mm，只许中间凹。检测平面度方法如图 7-14 所示，用平尺和塞尺进行检查。

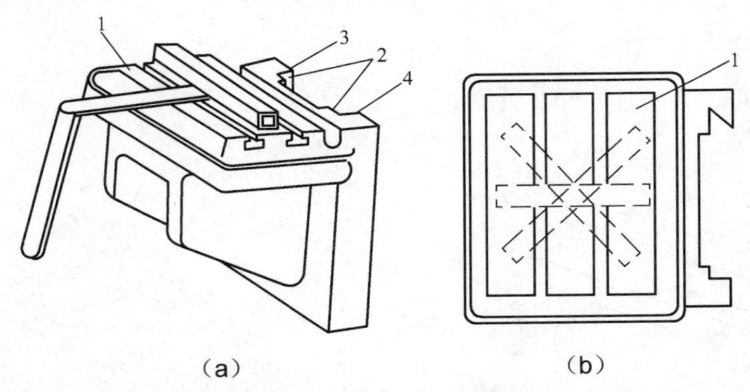

图 7-14　检查工作台表面 1 的平面度

6．修刮进给箱

修刮进给箱（如图 7-15、图 7-16 所示），确保进给箱中间的圆孔与 1、2、3 面的平行度达到要求。可在进给箱（如图 7-15 所示）立柱面上研刮表面 1、2、3，进行修理。在箱体的孔中插入检验棒（如图 7-16 所示），移动角度块检查上母线平行度，允差为 300mm 长度上 0.02mm，只准向立柱内偏；检查侧母线平行度，允差为 300mm 长度上 0.02mm。

7．修理主轴

修理主轴（如图 7-17 所示），要修刮或研磨表面 1～6，使锥孔表面 6 对主轴表面 1、2 的径向跳动，表面 1、2 的径向跳动，表面 5 的端面跳动，表面 3 对表面 1、2 的同轴度及表面 1、2、3 的圆度达到要求。

修复后用莫氏 3 号锥度塞规采用涂色法检查锥孔表面 6，接触面积应不少于 65%，应靠大端接触。检查锥孔表面 6 对主轴表面 1、2 的径向跳动，用锥度检验棒检查近主轴处，允差 0.01mm 及 300mm 处允差 0.03mm 的径向跳动。主轴表面 1、2 的径向跳动和表面 5 的端面跳动的检查，允差为 0.01mm。表面 3 对表面 1、2 的同轴度允差为 0.03mm。表面 1、2、3 的圆度允差为 0.01mm。如果磨损超差不严重，可作少量修磨。（相关形位公差知识见项目二任务五中的基本知识）

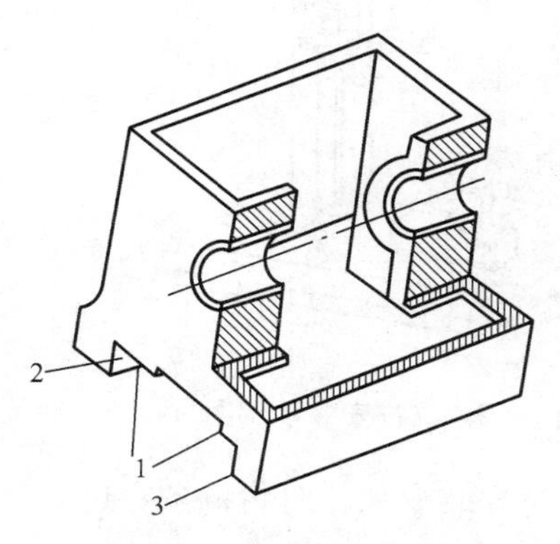

图 7-15　进给箱示意图

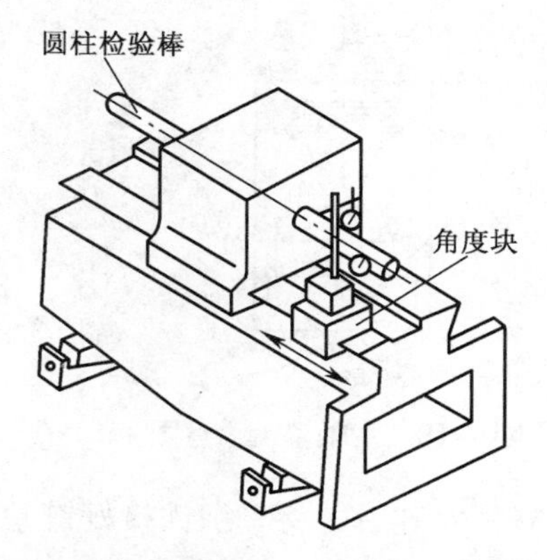

图 7-16　检查表面 1、2 对主轴中心平行度

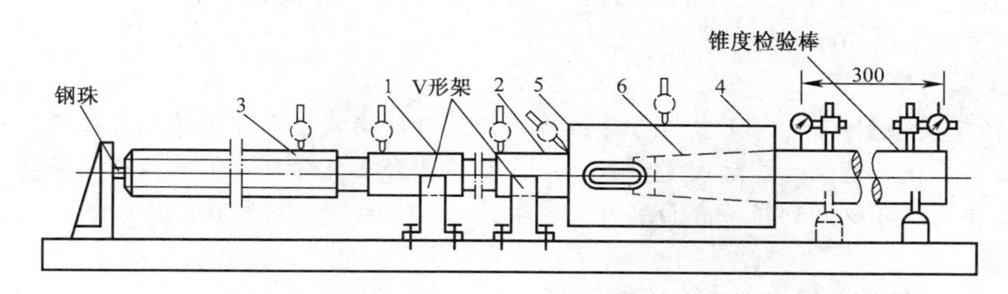

图 7-17　主轴检查示意图

若主轴锥孔和表面精度严重磨损及花键部分磨损也很严重或弯曲，则必须更换新轴。

8．修理主轴套筒与导向套

① 主轴套筒（见图 7-18）表面 1 如果磨损在 0.15mm 以内，可以作精磨外圆至达到技术要求。

② 导向套的修理与套筒配合间隙有关，如大于 0.02mm 时，必须更换新套，按套筒大小配制，外圆与箱体孔相配，装入箱体前应对箱体孔进行维修，达到配合要求。

9．部件装配与总装配

（1）装配变速箱与进给箱，达到装配技术要求

（2）安装立柱

【技术要领】将底座放在垫铁上，用水平仪校平，纵、横向允差为 1000mm 内 0.04mm；然后安装立柱，如图 7-19 所示，检查立柱对底座垂直度。纵向垂直度允差为 1000mm 内 0.15mm，只许立柱偏向工作台，横向垂直度允差为 1000mm 内 0.10mm。若装好检查超差，则拆下修刮立柱下支承面 4 至要求，如图 7-9 所示。立柱支承面与底座紧固后用 0.03mm 塞尺检查，插入深度不可超过 10mm。

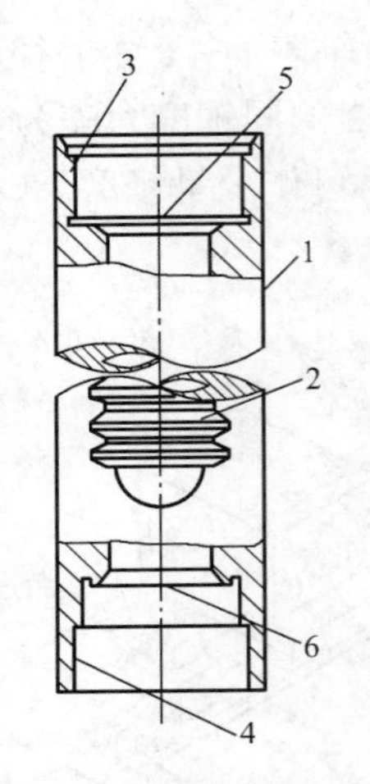

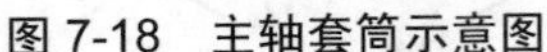
图 7-18　主轴套筒示意图

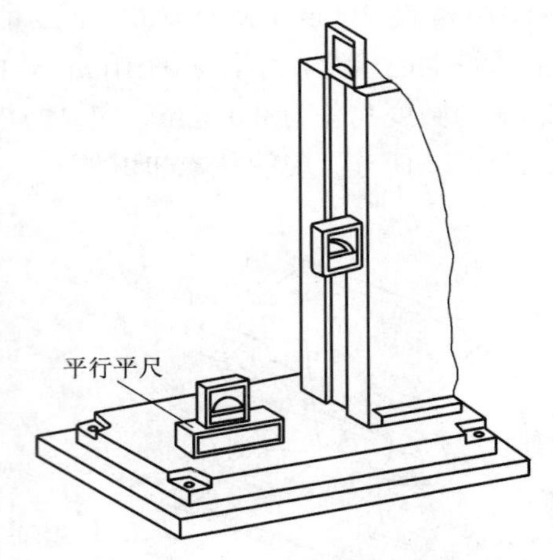

图 7-19　立柱安装示意图

立柱安装后，将平衡铁接好链条放入立柱内，待安装变速箱时将链条穿过立柱。

（3）安装工作台

① 将工作台安装于立柱上，用压板调整间隙，各滑动面间隙用 0.03mm 塞尺检查，插入深度不小于 20mm。

② 装升降丝杆。

【技术要领】 在托架上装好升降丝杆，把丝杆顶端装于工作台的丝杆孔内，并使丝杆自由安装在底座上，然后固定螺钉。应保证工作台在立柱导轨上能轻便地移动，如果松紧不合适，可以修刮托架底面到符合要求为止。最后将托架紧固，重新铰销孔，并用销钉定位。

③ 检查立柱导轨对工作台的垂直度。

【技术要领】 如图 7-20 所示，升降工作台用水平仪检查工作台台面对立柱导轨的垂直度，纵向允差为 1000mm 内 0.15mm，且只许立柱偏向工作台，横向允差为 1000mm 内 0.10mm。

（4）安装进给箱

① 将进给箱固定在立柱上（如图 7-21 所示），在主轴锥孔内插入检验棒，上下移动工作台，检查锥孔中心对立柱导轨的平行度，在 300mm 长度上纵向、横向允差为 0.05mm。若有超差，随即修刮进给箱导轨面。

② 检查主轴中心线对工作台台面的垂直度。

【技术要领】 如图 7-22 所示，将百分表装夹在主轴上，表针触及工作台台面，测量半径为 150mm，用手转动主轴，测量主轴回转中心对工作台台面的垂直度。测量直径在 300mm 内纵向允差为 0.10mm，且只许工作台向立柱上端倾斜，横向允差为 0.06mm。

（5）安装变速箱

① 检查空心轴对支承面的垂直度。

【技术要领】 如图 7-23 所示，将变速箱支承面清理后放于平板上，在空心轴上安装百分表，表针触及平板上，测量半径为 150mm。旋转空心轴，允差为 0.05mm，若超差可修刮变速箱与立柱的接触面。

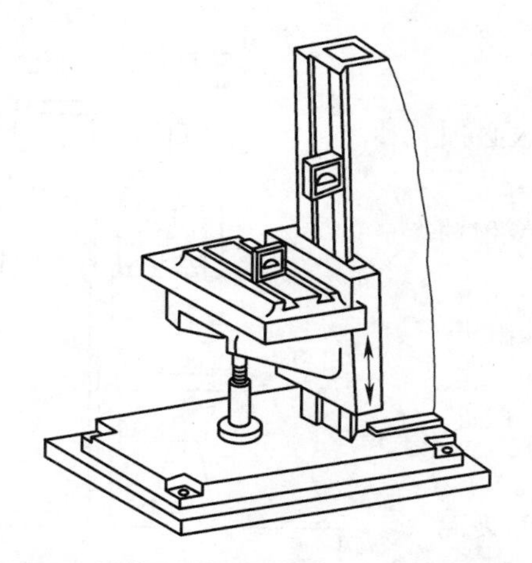
图 7-20　检查工作台台面对立柱导轨的垂直度

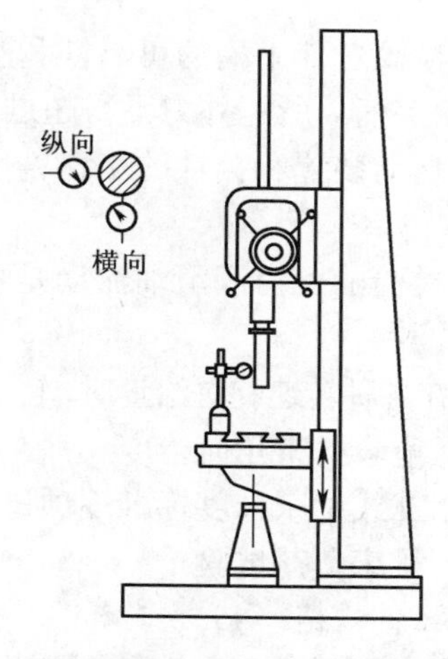

图 7-21　检查锥孔中心对立柱导轨的平行度

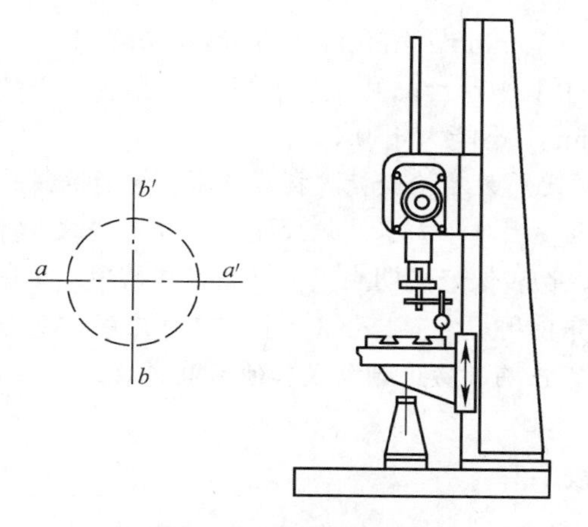

图 7-22　检查主轴回转中心对工作台台面的垂直度

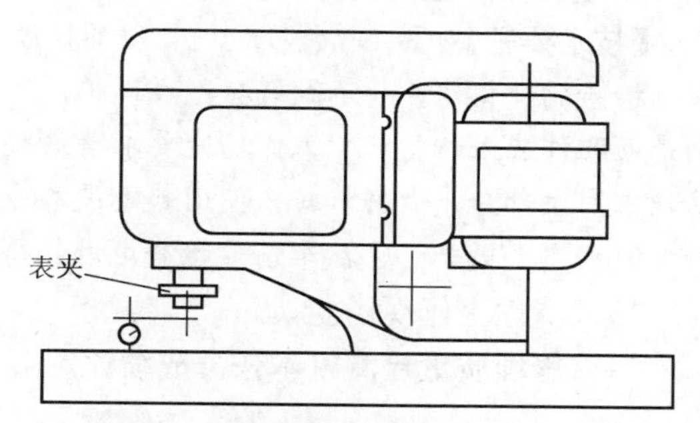

图 7-23　检查空心轴的回转中心对支承面的垂直度

② 检查主轴中心对空心轴的同轴度。

【技术要领】 按图 7-24 所示把变速箱安装在立柱上，在主轴上安装百分表，表针触及空心轴，旋转主轴进行测量，允差为 0.05mm，若超差，可调整变速箱在立柱顶上的位置，重新铰孔，并用销钉定位。最后接好链条，安装好平衡块。

10．机床空运转试验

① 在试验前，要对整机所有部件进行检查，检查所有紧固螺钉及调整螺钉，必须拧紧的要拧紧，必须调整好的要调整好。

② 机床通电后，主运动机构必须从最低速度起依次变速，每级速度运转时间不得少于 2min。在最高速度时，运转时间不得少于 30min，使主轴轴承达到稳定温度，温度不得超过 70℃。

③ 要求主轴能平稳升降，手柄的转动力不应大于50N。

④ 检验各部手柄的可靠性和准确性。用于变速和进给的手柄，所加外力不得超过40N。

⑤ 自动装置和挡铁的工作精度和动作要求必须准确。

⑥ 检验油窗内润滑油流动是否正常、箱盖和轴套有否渗漏。

⑦ 在各种转速和进给量时，转动应平稳无冲击声。

11．检验机床几何精度

根据立式钻床精度标准逐项进行检验。

12．机床负荷试验

① 试件规格：45号碳素钢，上、下两平面表面粗糙度须加工至$Ra6.3\mu m$，并应平行。

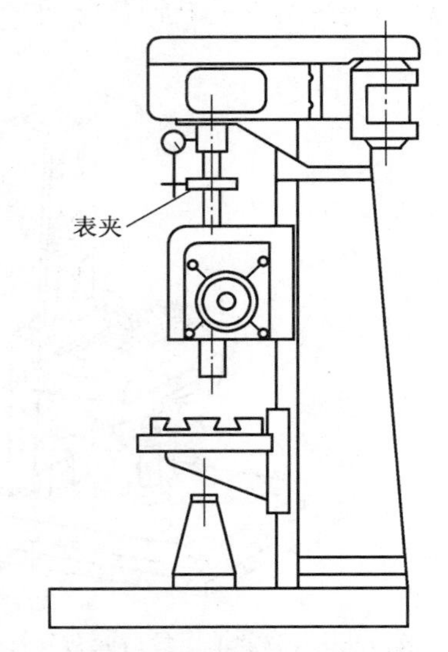

图7-24 检查主轴对空心轴的同轴度

② 刀具规格：ϕ25mm锥柄高速钢麻花钻。

③ 切削规范：主轴转速392r/min，进给量0.36mm/r，钻孔深度60mm，6个孔。

采用0.36mm/r进给量时，将水平仪纵向放在工作台台面和主轴套筒上，观察工作台因受钻削力而产生的变形，变形数值在每100mm上不能大于0.15mm。

【技术要领】 ①在单件研刮时，研刮精度必须比总装后检验精度提高要求，才能确保总装后检验的合格率，如不做好会造成返工，带来很多困难；②零件必须按部件分类安放，特别是互配件应做好标记。工作场地要求清洁整齐，切实做好文明生产，提高工作效率；③在修理中因大部分是大件加工，使用起重设备应遵守使用规定。2人以上合作工作应密切配合好，做到安全第一；④试车前要检查电源接得是否正确，防止触电或其他用电事故。

13．清理工作现场

14．修理质量检测（本任务成绩评定填入表7-1）

表7-1 修理Z525立式钻床评分表 总得分________

项次	项目和技术要求	配分	评 分 标 准	自检结果	小组互评	教师评价	得分
1	在熟悉整机结构的基础上拆卸主要部件	10	规范				
2	修刮底座、立柱	10	不合格不得分				
3	修理工件台	10	不合格不得分				
4	修刮进给箱	10	不合格不得分				
5	修理主轴	15	不合格不得分				
6	修理主轴套筒与导向筒	10	不合格不得分				
7	部件装配与总装配	15	不合格不得分				
8	空转试验	10	试验效果好				
9	负荷试验	10	试验效果好				
10	安全文明生产		违者扣1～10分				

【技术点】 使用电磨头

电磨头外形见图 7-25，它是一种高速运转的磨削工具，适用于零件的修理、修磨和除锈。使用电磨头时，应注意以下几点。

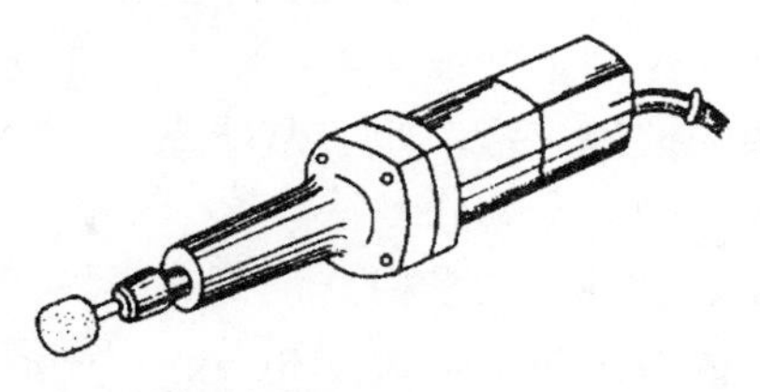

图 7-25 电磨头外形

① 使用前应开机空转 2～3min，以此来检查旋转声音是否正常。如有异常现象，应在故障排除后再使用。

② 新安装的砂轮应修整后再使用，否则因砂轮不平衡而产生离心力将造成剧烈的震动，严重影响磨削质量。

③ 砂轮外径不得超过磨头铭牌上规定的尺寸。

④ 磨削时，不宜用力过大，更不能用砂轮冲击工件，以防砂轮碎裂，造成严重事故。

一、设备修理概述

机器设备是现代化生产的主要手段。特别是随着设备自动化、加工连续化的发展和设备性能的不断提高，设备技术状态的好坏直接影响企业的正常生产、产品的产量、质量和成本。

设备从投产使用开始，由于磨损、腐蚀、维护不良、操作不当或设计缺陷等原因，必然会使设备的技术状态发生变化，导致机械设备的精度、性能和效率等不断下降，即出现设备劣化。

设备修理，就是修复由于正常或不正常的原因而引起的设备劣化，通过修复或更换已磨损、腐蚀或损坏的零部件，使设备的精度、性能、效率等得以恢复。

1．设备修理的类别

设备修理一般可按修理工作量大小分为小修理、中修理、大修理。

（1）小修理

工作量最小的局部修理。在设备安装的地点更换和修复少量的磨损零件，并调整设备的机构。

（2）中修理

更换与修复设备的主要零件及其他磨损零件，并校正机器设备的基准，以恢复和达到规定的精度和工艺要求。

（3）大修理

工作量最大的一种修理。它需要把设备全部拆卸，更换和修复全部磨损零件，使设备恢复原有精度、性能和效率。

2．设备修理的方法

（1）标准修理法

这种方法是根据设备磨损规律和零件的使用寿命，明确规定检修的日期、类别和内容。到了规定的修理时间，不管设备的技术状态如何，都要严格按计划强制进行修理。

这种方法的优点是能做好修前准备，缺点是难于完全切合实际，而且由于强制更换零件，从而提高了修理成本。因此，标准修理法只适用于那些必须确保安全运转的设备和生产中的关键设备，如动力设备、自动线上的设备等。

（2）定期修理法

这种方法是根据设备的实际使用情况，确定大致的修理日期、类别和内容。至于具体的修理日期、类别和内容，则需要根据修前的检查来确定。这种方法的优点是便于做好修前准备，能缩短设备停歇时间，比较切合实际。维修基础较好的企业，一般多采用这种方法。

（3）检查后修理法

这种方法是预先规定设备的检查期限，根据检查的结果编制修理计划并确定修理日期、类别和内容。这种方法的优点是简便易行，缺点是不便于做好修前准备，修理停歇时间较长。

3．设备修理的组织方法

（1）部件修理法

就是将需要修理设备的部件拆卸下来，换上事先准备好的同类部件。这种方法可以节省部件拆卸和装配时间，使设备停歇时间缩短。它适用于拥有大量同类型设备的企业和关键的生产设备。

（2）分部修理法

这种方法是设备的各个部件不在同一时间内修理，而是将设备各个独立的部分，按顺序分别进行修理，每次只集中修理一个部分。这种方法的优点是，由于把设备的修理工作量分散，因而可以利用非生产时间进行修理。这种方法适用于结构上具有相对独立部件的设备以及修理工作量大的设备，如组合机床、大型起重设备。

（3）同步修理法

这种方法是将在工艺上相互紧密联系的数台设备安排在同一时期内进行修理，实现同步化，以减少分散修理所占的停机时间。这种方法适用于流水生产线的设备等。

4．设备的检查

设备的检查，就是对设备的运转可靠性、精度保持性和零件耐磨性的检查。通过检查，可以了解设备零件的磨损情况和机械、液压、电器、润滑系统的技术状况；可以及时发现并消除隐患，防止发生急剧磨损和突然事故；可以针对检查发现的问题提出修理和改进措施，并做好修前的准备工作。设备的检查，从时间上可分为日常检查和定期检查，从技术上可分为机能检查和精度检查。

（1）日常检查（点检）

日常检查是指操作工人每天按照设备点检表所规定的检查项目，对设备进行检查。其目的是及时发现不正常现象并加以排除。

（2）定期检查

定期检查是指专业维修工人在操作工人的参与下，定期对设备进行检查。其目的是要查明零部件的实际磨损程度，以便确定修理的时间和修理的种类。定期检查是按计划进行的。在检查中，对多垢屑设备要进行清洗并定期换油。

（3）机能检查

机能检查就是对设备的各项机能进行检查和测定。例如，检查是否漏油、漏水、漏气及零件耐高温、高速、高压的性能等。

（4）精度检查

精度检查就是对设备的加工精度进行检查和测定，以确定设备的实际精度。精度检查能为设备的验收、修理和更新提供依据。

二、设备修理的工作过程和修理与起吊的安全技术

1．机械设备修理时的工作过程

机械设备修理时的工作过程一般包括修前准备、拆卸、修复或更换零部件、装配调整和试车验收等步骤。

（1）修前准备工作

修前准备工作对于修理设备的停歇时间和修理质量都有直接影响。修前准备包括：设备技术状态的调查、检测；熟悉技术资料与修理检验标准；确定修理工艺；准备工具、量具和工作场地等。

（2）设备的拆卸

机械设备是由若干零部件按照一定的顺序装配起来的。因此，在修理过程中设备的拆卸，就是如何正确地解除零部件在机构中相互间的约束和固定形式，把它们有次序地分解出来。

在拆卸时，应熟悉所拆部位的结构、零部件间的相互关系和作用，防止因盲目拆卸或方法不当而造成关键零部件的损坏。

拆卸下来的零部件应当妥善放置，防止拉伤、变形，同时还要考虑便于寻找。

（3）修理工作

对已经解体后的零部件，按照修理的类别、修理工艺进行修复或更换。

在修理过程中，首先应对拆卸下来的零部件进行清洗，然后对其尺寸和形位精度及损坏情况进行检查。对修前的调查、预检进行核实，以保证修复或更换的准确性。

（4）装配调整和试车验收工作

当零部件修复后，即可开始进行装配。在装配的过程中，要根据设备修理验收标准，进行精度检验、空运转试验和负荷试验。

2．修理钳工操作安全技术

① 设备修理前，在制订修理方案的同时，必须制订相应的安全措施。在施工中要组织好工作场地，注意将待修的设备切断电源，挂上“有人操作、禁止合闸”的标志。

② 使用手电钻时，应检查是否接地或接零线，并应配戴绝缘手套、胶靴。使用手持照明灯时，电压必须低于36V。

③ 修理中，如需要多人操作时，必须有专人指挥，密切配合。

④ 修理中，不准用手试摸滑动面、转动部位或用手指试探螺孔。

⑤ 使用起重设备时，应遵守起重工安全操作规程。

⑥ 高空作业必须戴安全帽、系安全带，不准上下投递工具或零件。

⑦ 试车前要检查电源接法是否正确，各部分的手柄、行程开关、撞块等是否灵敏可

靠，传动系统的安全防护装置是否齐全，确认无误后方可开车运转。

3．设备起吊安全技术

设备拆卸修复和装配过程中，一些笨重的零部件吊上吊下和翻转必须通过起重设备和吊装工具来完成。常用的起重设备有桥式天车、电动葫芦等。常用的吊装工具有手动葫芦、钢丝绳、链条、吊钩以及专用的吊装工具。起重设备和吊装工具在使用过程中，如果操作不正确，将发生人身和设备事故，危及人身安全。所以在工作中必须注意按照有关起重设备和吊具使用的安全操作规程进行操作，以确保安全。

① 工作前要明确分工，统一信号，准备好吊装工具、起重设备等，必须确定专人负责指挥。

② 起吊零部件，不准用铁丝、麻绳和三角带做起吊工具。不准用一根钢丝绳代替两根用，钢丝绳严禁超负荷使用。

③ 起吊时，吊钩要垂直于重心，绳与地面垂直线一般不得超过 45°。

④ 零部件起吊稍离地面时暂停起吊，检查起重设备、起吊工具和绳索是否牢固可靠，零部件是否平稳，棱角处要加软垫，确保无误方可进行继续起吊。吊件上下严禁站人。

三、设备磨损零件的修换标准和更换原则

1．设备磨损零件的修换标准

在什么情况下磨损零件可以继续使用、在什么情况下必须更换，主要决定于零件的磨损程度及其对设备精度、性能的影响，一般应考虑下列几个方面。

（1）对设备精度的影响

有些零件磨损后影响设备精度，使设备在使用中不能满足工艺要求。例如，设备的主轴、轴承及导轨等基础零件磨损时，则会影响设备加工出的工件的几何形状。此时，磨损零件就应修复或更换。

当零件磨损尚未超出规定公差，继续使用到下次修理也不会影响设备精度时，则可以不修换。

（2）对完成预定使用功能的影响

当零件磨损而不能完成预定的使用功能时，如离合器失去传递动力的作用，就该更换。

（3）对设备性能的影响

当零件磨损降低了设备的性能，如齿轮工作噪声增大、效率下降、破坏平稳性，这时就要进行修换。

（4）对设备生产效率的影响

当设备零件磨损，不能利用较高的切削用量或增加空行程的时间，增加工人的体力消耗，从而降低了生产效率，如导轨磨损、间隙增加、配合零件表面研伤，此时就应更换。

（5）对零件强度的影响

例如，锻压设备的曲轴、锤杆发现裂纹，继续使用可能迅速发生变化，引起严重事故，此时必须加以修复或更换。

（6）对磨损条件恶化的影响

磨损零件继续使用，除将加剧磨损外，还可能出现发热、卡住和断裂等事故，如渗碳主轴的渗碳层被磨损，继续使用就会引起剧烈的磨损，此时就必须修换。

2．磨损零件的更换原则

设备的磨损零件在保证设备精度的条件下，应尽量修复，避免更换。零件是否修复，要根据下列原则而定。

① 修理的经济性。在判断修复旧件和更换新件的经济性时，必须以二者的费用与使用期限的比值来比较，即以零件修复费用与修复后的使用期限之比值与新件费用与使用期限之比值来比较。比值小为经济合理。

② 修复后要能恢复零件的原有技术要求、尺寸公差、形位公差和表面粗糙度等。

③ 修理后的零件还必须保持或恢复足够的强度和刚度。

④ 修理后要考虑零件的耐用度，至少要能够维持到下次修理。

⑤ 工厂现有的修理工艺技术水平直接影响修理方法的选择和确定是否更换。

⑥ 一般零件的修理周期应比重新制作的周期要短，否则就要考虑更换。

四、立式钻床的一级保养

机床设备除必须按照正确的操作规程合理使用外，还需做好日常的维护保养工作。这对于减少设备事故、延长机床使用寿命和提高设备完好率等有着十分重要的作用。

钻床的日常维护保养包括：班前班后由操作者认真检查、擦拭钻床各个部位和注油保养，使钻床经常保持润滑、清洁；班中钻床发生故障，要及时给予排除，并认真做好记录。

钻床在累计运转满500h后应进行一级保养。一级保养是以操作者为主，维修工人配合，对钻床进行局部解体和检查，清洗规定的部位，疏通油路，更换油线、油毡，调整各部位配合间隙，紧固各个部位。

立式钻床的一级保养内容如下。

1．外保养

① 清洗机床外表面及死角，拆洗各罩盖，要求内外清洁，无锈蚀，无黄袍，漆见本色铁见亮。清除导轨面及工作台台面上的磕碰和毛刺。

② 检查补齐螺钉、手柄球、手柄。

③ 清洗工作台、丝杠、齿条、圆锥齿轮，要求无油垢。

2．润滑系统

① 油路畅通、清洁，无铁屑。

② 清洗油管、油孔、油线、油毡。

③ 检查油质，保持油质良好，油表、油位、油窗明亮，油杯齐全。

3．切削液系统

① 清洗冷却泵、过滤器及冷却油槽。

② 检查冷却液管路，保持无渗漏现象。

③ 根据情况调换切削液。

4．电器

① 清扫电器箱、电动机。检查调整电动机皮带，使松紧适当。

② 电器装置固定整齐。

5．主轴和进给箱

① 清除主轴锥孔的毛刺。

② 检查各手柄是否灵活，各工作位置是否可靠。

项目学习评价

一、思考练习题

（1）设备维修需达到什么要求？

（2）设备维修过程中要注意哪些事项？

（3）使用起重作业机械要注意什么？

（4）如何对设备进行日常保养？

（5）举例说明设备的拆卸方法。

二、个人学习小结

1．比较对照

（1）现在你能维修哪些机械设备？

（2）“自检结果”和“得分”的差距在哪里？

（3）在本项目学习过程中，掌握了哪些技能与知识？

2．相互帮助

帮助同学纠正了哪些错误？在同学的帮助下，改正了哪些错误，解决了哪些问题？

维修简单机械项目总结

这次的总结采用民主形式，大家谈谈各人最近维修了哪些机械设备？这些机械设备的工作原理能描述出来吗？维修时拆装顺序如何？是哪些零部件造成的机械故障？这些零部件是怎样修理好的？你修理过的机械的密封、润滑是何方式？修好后是如何进行空转试验、负载试验和几何精度检验的？大件设备是通过什么搬运的？你有何感受、体会、经验和同学们分享？你能把你的维修“绝招”和技能上的“绝活”告诉教师和同学吗？如果有志于维修钳工的学习，你可以选择相关专业的机械维修方向，接着学习相关课程。

在本课程学习结束之前，每个人拿出一两个得意之作（可配以适当的文字说明）在全班交流，大家推选出同一任务中的最佳作品或所有作品中最好的，请这些作品的制作者介绍经验。要仔细分析自己作品的不足之处，并研究出改进的措施，把作品做得更好。本课程是本专业技能学习的第一站，以后的比拼还较多，入选最佳作品的同学不要骄傲，没有作品入选的同学在接下去的学习中要更努力。

世纪英才·中职教材目录（机械、电子类）

书　　名	书　　号	定　　价
模块式技能实训·中职系列教材（电工电子类）		
电工基本理论	978-7-115-15078	15.00 元
电工电子元器件基础（第 2 版）	978-7-115-20881	20.00 元
电工实训基本功	978-7-115-15006	16.50 元
电子实训基本功	978-7-115-15066	17.00 元
电子元器件的识别与检测	978-7-115-15071	21.00 元
模拟电子技术	978-7-115-14932	19.00 元
电路数学	978-7-115-14755	16.50 元
复印机维修技能实训	978-7-115-16611	21.00 元
脉冲与数字电子技术	978-7-115-17236	19.00 元
家用电动电热器具原理与维修实训	978-7-115-17882	18.00 元
彩色电视机原理与维修实训	978-7-115-17687	22.00 元
手机原理与维修实训	978-7-115-18305	21.00 元
制冷设备原理与维修实训	978-7-115-18304	22.00 元
电子电器产品营销实务	978-7-115-18906	22.00 元
电气测量仪表使用实训	978-7-115-18916	21.00 元
单片机基础知识与技能实训	978-7-115-19424	17.00 元
模块式技能实训·中职系列教材（机电类）		
电工电子技术基础	978-7-115-16768	22.00 元
可编程控制器应用基础（第 2 版）	978-7-115-22187	23.00 元
数学	978-7-115-16163	20.00 元
机械制图	978-7-115-16583	24.00 元
机械制图习题集	978-7-115-16582	17.00 元
AutoCAD 实用教程（第 2 版）	978-7-115-20729	25.00 元
车工技能实训	978-7-115-16799	20.00 元
数控车床加工技能实训	978-7-115-16283	23.00 元
钳工技能实训	978-7-115-19320	17.00 元
电力拖动与控制技能实训	978-7-115-19123	25.00 元
低压电器及 PLC 技术	978-7-115-19647	22.00 元
S7-200 系列 PLC 应用基础	978-7-115-20855	22.00 元

续表

书　　名	书　　号	定　　价
中职项目教学系列规划教材		
数控车床编程与操作基本功	978-7-115-20589	23.00 元
单片机应用技术基本功	978-7-115-20591	19.00 元
电工技术基本功	978-7-115-20879	21.00 元
电热电动器具维修技术基本功	978-7-115-20852	19.00 元
电子线路 CAD 基本功	978-7-115-20813	26.00 元
电子技术基本功	978-7-115-20996	24.00 元
彩色电视机维修技术基本功	978-7-115-21640	23.00 元
手机维修技术基本功	978-7-115-21702	19.00 元
制冷设备维修技术基本功	978-7-115-21729	24.00 元
变频器与 PLC 应用技术基本功	978-7-115-23140	19.00 元
机械常识与钳工技术基本功	978-7-115-23193	25.00 元